现代摄影测量理论与方法

孙华生　编著

U0349862

科　学　出　版　社

北　京

内 容 简 介

本书主要介绍了现代摄影测量中关于空间定位的相关理论和方法。由于计算机视觉和摄影测量在空间定位方面有着共同的交叉点，而且随着这两个学科的深入发展，它们也在相互借鉴和融合。本书借鉴了计算机视觉领域中许多先进的空间定位理论，来优化和改进传统摄影测量的数据处理算法，从而形成适应性和稳健性更强的基于图像的空间定位理论和方法体系。本书中的理论和方法不仅可以满足传统的航空摄影测量空间定位的需求，而且还可以满足其他摄影测量手段（如无人机、车载或手持相机等）进行空间定位的需求。

本书可供学习摄影测量、计算机视觉定位的本科生、研究生，以及从事该领域研究的专业研究人员参考。

图书在版编目（CIP）数据

现代摄影测量理论与方法/孙华生编著.—北京：科学出版社，2019.10

ISBN 978-7-03-062435-2

I. ①现…　II. ①孙…　III. ①摄影测量　IV. ①P23

中国版本图书馆 CIP 数据核字（2019）第 215603 号

责任编辑：杨　红　郑欣虹 / 责任校对：樊雅琼

责任印制：张　伟 / 封面设计：陈　敬

科学出版社 出版

北京东黄城根北街 16 号

邮政编码：100717

http://www.sciencep.com

北京九州迅驰传媒文化有限公司 印刷

科学出版社发行　各地新华书店经销

*

2019 年 10 月第　一　版　开本：720 × 1000　B5

2020 年　7 月第二次印刷　印张：12 3/4

字数：254 000

定价：69.00 元

（如有印装质量问题，我社负责调换）

前　　言

传统航空摄影测量采用的图像获取设备都比较昂贵，通常还需要与其他辅助设备（如全球导航卫星系统、惯性导航系统等）共同完成数据获取。此外，传统的航空摄影测量对图像的拍摄条件有着非常严格的要求。例如，航空摄影测量要求相机必须进行严格标定，图像采用垂直摄影的方式获取，而且在图像获取时，相机的航向倾角、旁向倾角和航偏角都不能太大。其目的一方面是使成像比例尺尽可能保持一致，以保证摄影测量的定位精度；另一方面是简化数据处理的算法，例如，在相对定向时可以很容易地估计出转角和基线在各个方向分量上的初始值，从而可以直接进行非线性求解。此外，在以上情况下，实现图像密集匹配的算法也比倾斜摄影的更为简单。然而，受到以上条件的严格限制，航空摄影测量技术显得不够灵活。

后来，在作者学习了 Hartley 和 Zisserman 的著作《计算机视觉中的多视图几何》（*Multiview Geometry in Computer Vision*）之后，收获非常大，并认为其理论和方法可以更好地用于解决摄影测量的相关问题。这是因为：从本质上说，计算机视觉定位的目标与摄影测量是一致的，即利用相机拍摄的二维图像来还原被拍摄物体在三维空间中的位置，在这个过程中还可以实现对相机参数的获取，而且计算机视觉采用的理论和方法要比摄影测量的更为先进和灵活。例如，在计算机视觉中对图像的姿态不需要做太多的限制，可从任意角度和位置进行垂直或倾斜拍摄，而其位姿参数可以直接利用线性算法解算出来；甚至相机可以不必事先进行标定，因为相机内参数可通过自标定技术解算出来；而且计算机视觉的数据处理过程可以不借助任何辅助设备，所以其适应能力非常强，数据处理非常灵活方便，完全可以满足倾斜摄影测量的要求。此外，计算机视觉采用的理论是以射影几何和数值分析为基础的数学理论，在具体计算时采用向量和矩阵进行计算，各个参数之间的关系非常简洁，便于理解和计算。

近些年来，随着硬件技术的进步，出现了多种多样的摄影测量平台和设备，如无人机摄影测量设备、车载摄影测量设备，甚至是手持的数码相机和手机等，其数据获取能力非常强大。实际上，在摄影测量过程中，各种平台和设备只为摄影测量的实现提供最基本的素材（即图像），真正的核心部分是数据处理，而数据处理必须采用各种先进的算法来实现。如果采用传统的航空摄影测量算法对以上设备拍摄的图像进行处理，想实现实景三维建模功能是不可行的，必须采用计算机视觉的定位理论和方法来实现。一旦有了强大的算法和软件，就可以将那些看起来非常普通的二维图像变成真实场景的三维模型，生动地展现在人们的面前。目前，国内外已经开发出了多款较为成熟的实景三维建模软件，通过无人机和手机等拍摄的图像，即使在没有进行相机标定的条件下，也可以在相机自标定的基础上实现三维模型的构建。这些三维建模软件的功能非常强大，其理论基础就是计算机视觉的相关理论。

然而，目前国内出版的摄影测量方面的教材和专著，其内容大多介绍的仍然是传统的航空摄影测量理论和方法，这些方法无法满足现代摄影测量数据处理的要求。20 世纪 90 年代以来，在计算机视觉领域中出现了许多优秀的关于视觉定位的新理论和新算法，因此作者希望通过借鉴计算机视觉领域中的先进理论和方法，来满足现代摄影测量数据处理的要求。本书参阅大量文献资料，对摄影测量中涉及的主要内容进行深入研究，并对研究结果进行整理和汇总。本书重点关注现代摄影测量中的数学基础和几何问题，在介绍了现代摄影测量的背景、数学基础和基本约束之后，对其中涉及的基于二维图像进行空间定位的核心内容进行了详细的介绍，具体包括：空间前方交会、空间后方交会、相对定向与绝对定向、从运动恢复结构、基于已知参照物的相机标定、相机自标定、光束平差等。只要具备了现代摄影测量的数学基础，并且理解了现代摄影测量的基本约束，后面的内容就比较容易理解了。本书详细描述了现代摄影测量的各种理论和方法，并附有大量的数学公式，读者根据书中对各种具体算法的描述，即可通过计算机编程来实现各种数据处理算法。

本书的内容完全是基于作者的理解撰写的，由于个人的能力有限，难免存在一些不完善或者疏漏之处，欢迎各位读者对本书进行批评指正。如果读者对本书的内容有疑问、意见或者建议，可直接发送电子邮件到 sunhuasheng@126.com 联系作者。

孙华生

2019 年 3 月

目　　录

上篇　现代摄影测量的背景与理论基础

下篇 现代摄影测量空间定位的理论与方法

上篇　现代摄影测量的背景与理论基础

本篇共分为 3 章，包含了本书前 3 章的内容。其中，第 1 章为绪论，简要地介绍了摄影测量的背景、发展状况，以及本书关注的主要问题；第 2 章为现代摄影测量的数学基础，介绍了现代摄影测量涉及的常用的数学知识，尤其是线性与非线性优化、线性代数与矩阵论，以及射影几何等，是对实现空间定位至关重要的内容；第 3 章为现代摄影测量的基本约束，介绍了单视图的相机投影模型约束、两视图的对极约束，以及多视图的约束关系。第 2 章和第 3 章的内容是现代摄影测量基本的理论基础。

第1章　绪　　论

常规的大地测量、工程测量等主要依靠水准仪、经纬仪、全站仪等测量仪器实现。这种测量方式具有很高的精准度和可靠性，但对大区域范围的测量来说，其工作量大、作业效率低。随着现代科学技术的发展和进步，测量技术得以快速发展。在过去的几十年里，产生和发展了许多新的测量理论与技术，例如，惯性测量技术、全球导航卫星系统（global navigation satellite system，GNSS）定位技术、室内无线定位技术、摄影测量与遥感技术、三维激光扫描技术、立体合成孔径雷达（StereoSAR）技术和干涉合成孔径雷达（InSAR）技术等，极大地提高了测量的工作效率。随着这些新的理论和技术不断完善和成熟，它们已经在经济和社会发展过程中得到了广泛的应用，可以满足经济和社会发展对空间信息快速更新，甚至实时服务的要求。目前，测量技术正朝着自动化和智能化方向发展，这就使人可以从繁重的体力和脑力劳动中解放出来。

根据各种测量技术数据获取方式的差异，可对其进行如下分类：①点方式，即尺规测量、大地测量、工程测量、惯性测量中广泛应用的各种仪器设备，如测量尺、水准仪、经纬仪、全站仪、GNSS定位仪、惯性测量单元（inertial measurement unit，IMU，包括加速度计和陀螺仪）等，都是按照单个点的方式获取位置信息的；②面方式，如摄影测量与遥感技术、三维激光扫描技术、StereoSAR和InSAR技术等，都是以面的方式获取空间位置信息的；③体方式，如CT扫描、核磁共振、三维地震和超声波检测技术等，都是以体的方式获取空间位置信息的。

各种测量技术有着各自的优势，在不同的行业和应用领域中具有重要的应用价值。在以上测量技术中，摄影测量与遥感是利用搭载在各种遥感平台的多种类型的传感器，采用非接触成像的方式记录物体的电磁辐射信息，然后对获取的图像进行一系列的处理和分析，从而确定物体的空间位置及其各种理化属性的科学与技术。其中，摄影测量主要关注的是物体的空间定位问题，即根据传感器获取的图像及其辅助数据，最终生成数字地表模型（digital surface model，DSM）、数字正射影像（digital orthophoto map，DOM）、三维立体模型等产品；遥感则主要关注的是物体属性的确定问题，即根据传感器获取的不同波段（如紫外、可见光、近红外、热红外、太赫兹和微波等）的电磁辐射信息，在对其进行一系列的校正、增强、变换、定量化等处理后，从中提取出有用的遥感信息（如实现图像的分类，或得到地物各种量化的理化参数等）。尽管摄影测量与遥感各自关注的问题有所不同，但不管是物体的空间定位，还是其属性的确定，都是对地物空间信息进行获取的重要组成部分。因此，摄影测量与遥感并不是完全分离的两个学科，而是有着密切联系的两个研究方向，只是它们的关注点不同。

本书将重点关注利用摄影测量技术实现空间定位的相关理论和技术问题，对其他的技术不做介绍。如果读者对其他技术感兴趣，可参考相关的专业资料。下面对摄影测量的发展阶段及其分类进行简要的介绍。

摄影测量的发展历程大致分为三个发展阶段，即模拟摄影测量（1900～1960年）、解析摄影测量（1950～1990年）和数字摄影测量（1980年至今）。其中，在模拟摄影测量阶段，是利用航拍影像，并借助十分精密的光学机械投影设备来模拟摄影成像的过程并还原真实的场景，从而实现摄影测量的。在解析摄影测量阶段，是根据航拍影像，在模/数转换技术和计算机的辅助下，计算出物体的空间位置，从而实现摄影测量的。在数字摄影测量阶段，主要是对数码相机拍摄的数字图像（或者是对航拍影像进行扫描而得到的数字化图像），利用摄影测量中的各种约束，在计算机的辅助下，结合数字图像处理、模式识别、计算机视觉、机器学习等技术，实现对物体的自动定位，而且其输出的产品也主要是数字形式的。

根据数据的获取方式，摄影测量可以分为垂直摄影测量和倾斜摄影测量。垂直摄影测量（也称为正直摄影测量），即要求不同图像的相机主光轴彼此平行且垂直于摄影基线（或者相机主光轴彼此近似平行且垂直于摄影基线）的摄影测量方式，例如，传统的航空摄影测量即属于垂直摄影测量，其数据处理的算法和过程相对比较简单，但在三维立体地物侧面信息的获取方面存在一定的缺陷。倾斜摄影测量，即不同图像的相机主光轴不仅可以像垂直摄影测量那样彼此平行且垂直于摄影基线，而且还可以从任意的倾斜角度获取被拍摄物体图像的摄影测量方式。倾斜摄影测量突破了传统的垂直摄影测量只能从垂直角度拍摄的局限，可以获取更为详细的三维立体地物侧面信息，并可以快速高效地实现三维实景建模和立体测量，但其数据处理算法和过程比垂直摄影测量的复杂得多。近些年来，倾斜摄影测量得到了快速发展，并在精细的三维数字城市模型构建、变形监测等领域发挥了重要作用，该技术的最大优势在于其建模的成本非常低。

根据相机与被拍摄物体的距离，摄影测量可以分为航天摄影测量、航空摄影测量和近景摄影测量。其中，航天摄影测量主要是利用卫星、航天飞机、宇宙飞船等遥感平台进行的，其目的是从宏观尺度上对整个地球表面进行测绘，例如，空间分辨率为90 m或30 m的SRTM-DEM数据就是基于美国国家航空航天局发射的“奋进”号航天飞机上搭载的SRTM系统获取的；覆盖全球的空间分辨率为30 m的GDEM数据是利用NASA Terra卫星的ASTER传感器获取的；德国宇航中心利用两颗间距不到200 m的近地轨道TanDEM-X雷达卫星，可获取空间分辨率为12 m、高程精度为2 m的WorldDEM。航空摄影测量，即利用各种航空平台（如固定翼飞机、直升机、多旋翼飞行器、飞艇、热气球等）进行的摄影测量，其拍摄的对象主要是区域范围的地表，所以需要从较高的高度进行拍摄，而航空平台的高度通常在300 m以上直至大气层的平流层，一些高空侦察机甚至可以到达几万米的高度。受传感器的角分辨率或者瞬时视场角的限制，传感器距离被拍摄物体越远，其获取图像的分辨率越低。因此，为了获取更加清晰的图像，得到更加精细的测量结果，需要从较近的距离进行拍摄，由此产生了近景摄影测量。近景摄影测量，通常指相机与被拍摄物体的距离不超过300 m的摄影测量，其主要目的是获取具有极高精度（通常为亚毫米级至厘米级）的单个地物的三维立体模型，所以也称为非地形摄影测量，其数据获取可以用安装到三脚架上的相机、手持设备（如数码相机、手机）、小型航拍设备（如无人机）来实现，其数据获取通常需要采用倾斜摄影方式来实现。根据近景摄影测量的具体应用领域，可将其进一步划分为建筑摄影测量、工业摄影测量、工程摄影测量和生物医学摄影测量等。对建筑摄影测量而言，可获取各种建筑物（如古建筑、雕塑、文物、景观等）的立体模型、观测建筑物变形等；对工业摄影测量而言，可实现大型机械部件加工质量和装配质量的检测（如汽车外壳形状的测定）等；对工程摄影测量而言，可实现爆破量计算、爆破过程演示、采矿区或水利工程的三维立体测量和变形监测等；对生物医学摄影测量而言，可实现人或动物躯体的测量、生物发育过程的监测，以及构建外科、牙科等所需要的特别精细的三维立体模型等。需要注意的是：航天摄影测量、航空摄影测量及近景摄影测量，都既可以采取垂直摄影的方式，又可以采取倾斜摄影的方式成像。此外，有些遥感传感器不是采用传统的框幅摄影方式成像的，如SPOT卫星传感器是采用推帚式扫描的方式成像，即在传感器的运动方向上采用扫描的方式成像，而在垂直于运动方向上采用摄影的方式成像，所以需要特别的算法（如有理函数模型）来实现其数据处理。

此外，在20世纪60年代初，出现了一门新的关于图像处理和定位的学科，它就是计算机视觉。计算机视觉的发展受到了计算机硬件和软件性能的限制，随着计算机性能的不断提高，一直到了70年代后期，当计算机可以满足图像处理的时候，它才受到研究人员的关注并得到了快速发展。计算机视觉领域中许多重要的研究进展都是在80年代以后取得的。计算机视觉是人工智能的重要组成部分，它是利用各种成像设备（如照相机和摄像机）代替动物或人的眼睛作为图像获取的手段，并由计算机代替动物或人的中枢神经系统，实现对图像的获取、处理、表达和理解。计算机视觉的最终目标是使计算机能像动物或人一样通过视觉（图像）来观察和理解世界，从而可以根据获取的信息做出各种决策。计算机视觉需要解决基于二维图像实现空间定位和三维场景重建（立体视觉）、目标物体识别（如从图像中找到指定的物体，或者实现更为复杂的人脸、手势、指纹、文字等识别）、目标物体分类、特征（如颜色、大小、形状、纹理、结构等）提取、图像匹配、运动与跟踪等众多的内容，它与数字图像处理、计算机图形学、模式识别、机器学习、摄影测量与遥感等学科有着密切的联系和交叉。其中，对物体的定位和三维场景重建是计算机视觉领域中的重要研究内容，也是摄影测量关注的内容。

传统的摄影测量主要是根据搭载在各种航空和航天平台的专业量测相机获取的航空图像和卫星图像来完成地形图和各类专题图的制作，从而为测绘行业提供信息服务的技术。传统的摄影测量处理的数据具有很强的针对性，而且需要严格按照一定的规程获取数据，通常还需要一些辅助信息，如相机标定参数、GNSS定位仪和IMU等设备获取相机位置和姿态，以及地面控制点等，以实现后期的数据处理。因此，其适应性和灵活性受到了很大的限制。然而，计算机视觉可以以普通数码相机作为数据获取的设备，对相机的位置和姿态的要求不像航空摄影测量那么严格，但这要求其数据处理算法的适应性必须比传统算法的更强。计算机视觉领域中关于定位的理论，主要是以射影几何为基础的多视图几何理论，以及以数值分析为基础的计算数学理论，这些理论比传统的摄影测量理论更加灵活和先进。

尽管摄影测量和计算机视觉定位在发展的历史背景、相关概念的定义和名称、解决问题的算法、求解的数学方法等方面存在着一定的差异，但这两个研究领域涉及的研究内容和研究目标却有着很大的相似性，本质上它们是一致的，即都是研究如何利用相机获取的二维图像，来确定被拍摄物体和相机本身在三维空间中的精确位置，并实现三维场景的重建。而且，这两个学科之间也在相互借鉴和交叉融合，例如，摄影测量中图像特征点提取、图像匹配等算法都来源于计算机视觉定位领域，而计算机视觉定位中也引入了摄影测量领域最先提出的光束平差算法。随着研究的不断深入，这两个学科的联系必然会越来越紧密。因此，在进行摄影测量研究时必须突破原有的研究思路和方法，本着择优选取的原则，通过借鉴并吸收计算机视觉定位领域中的优秀算法，不断优化和改进传统的数据处理方法，使其具有更强的适应性和稳健性，从而可以更好地实现空间定位。

近些年来，无人机摄影测量和车载摄影测量技术得到了快速发展，它们在现代摄影测量中得到了广泛的应用。无人机可以通过搭载多个相机（包括垂直的和朝向不同方向的倾斜镜头）的方式，或者搭载单个相机并调整镜头观测角度进行多次拍摄的方式，很方便地获取测区内多个倾斜角度的图像；而车载摄影测量系统也可以同时搭载多个朝向不同方向的相机，全方位且高效率地获取街景信息，从而可以方便地实现街道的三维建模。只要有了强大的数据处理软件，即使非专业人员也可以利用普通的数码相机或者手机拍摄的图像，很容易地实现物体的三维建模。目前，已有许多公司开发出了功能强大的实景三维建模商业软件，如Astrium 公司（法国）2012 年推出的全自动三维模型处理系统街景工厂（Street Factory），Acute 3D 公司（法国）2013 年推出的 Smart3D capture（2015 年被美国 Bentley 公司收购并改名为 Contex Capture），以及后来的 Pix4D 公司（瑞士）开发的 Pix4Dmapper、Agisoft 公司(俄罗斯)开发的 Metashape(原名为 PhotoScan)、SmartEarth 公司(美国)开发的 Photomesh、香港科技大学开发的 Altizure、北京数字绿土科技有限公司开发的 LiMapper、中维空间科技(深圳)有限公司开发的 Pixel-Mosaic 等。与其他三维建模技术(如三维扫描技术)相比,利用摄影测量技术实现实景三维建模的效率高、效果理想,而且其建模的成本非常低。实景三维建模技术在城市三维建模、工程建设、工业设计与制造、逆向工程、医学、动漫制作、文物保护、考古等众多领域都得到了广泛的应用。

从二维图像转换为三维模型的基本过程如下。

(1)对图像进行稀疏匹配以获取不同图像之间的匹配点,通常采用基于特征的图像匹配算法(如 SIFT、SURF 等)来实现。在该过程中,需要去除错配点和移动物体对应的像点。

(2)如果事先没有进行相机标定,则需要进行自标定处理,以获取相机内参数(包括镜头畸变参数);如果相机已标定,则可忽略此步骤。

(3)采用从运动恢复结构(structure from motion,SfM)技术获取相机的相对位置和姿态,并得到所有稀疏匹配点在三维空间的位置,从而得到稀疏点云。在该过程中,需要对相机内参数、外参数和得到的稀疏点云的世界坐标进行光束平差处理,以提高结果的解算精度。

(4)根据以上步骤得到的结果,对图像进行密集匹配,并对密集匹配点进行前方交会处理,即可确定所有密集匹配点在三维空间的位置,从而得到密集点云。

(5)根据密集点云实现三维表面重建,以恢复物体表面的形状,生成光滑的、连续(无漏洞)的三维表面模型。

(6)为了得到更加逼真的三维表面,需要将一幅或多幅纹理图像映射到物体的三维表面上,即纹理映射(或称作纹理贴图)。

(7)生成数字表面模型(DSM),以及真正射影像图(true digital orthophoto map,TDOM,即在 DSM 的基础上对遮蔽区和阴影进行检测与补偿而得到的正射校正结果)。

(8)如果需要对模型中物体的长度、方向、面积和体积等进行量测,那么还需要利用一些控制点,对以上结果进行绝对定向处理,从而将模型的世界坐标转换为大地测量坐标系下的结果。注:如果有 GNSS/IMU 设备提供的辅助信息,以及已知的控制点信息,也可以在步骤(3)中直接实现绝对定向处理。

通过以上几个步骤的处理,即可利用一组二维图像构建出被测物体的三维模型。

本书突破了传统摄影测量的相关理论和数据处理方法,大量地吸收了计算机视觉领域中关于空间定位的相关理论,形成了适应性和稳健性更强的图像定位理论和方法体系,从而可以满足基于各种摄影测量手段实现现代摄影测量空间定位的要求。尽管图像稀疏匹配、密集匹配、三维表面重建、纹理映射、DSM 和 TDOM

生成等内容（涉及数字图像处理、计算机图形学、计算机视觉等领域的专业知识）对现代摄影测量是非常重要的，但因为本书重点关注的是现代摄影测量中关于定位的相关理论和方法，所以对以上内容不做详细介绍。如果读者对以上内容感兴趣，请参考其他文献资料的介绍。

第 2 章　现代摄影测量的数学基础

在现代摄影测量的数据处理过程中，几乎所有需要解决的问题都可以转化为数学问题，而数学是解决摄影测量问题最有力的工具。现代摄影测量涉及的数学知识非常广泛，本章就对其中经常涉及的数学知识进行较为系统的介绍，为从事该领域的研究人员提供参考。因为本书不是专业的数学参考书，所以只对现代摄影测量中经常涉及的数学问题进行简要的总结。如果读者对本书涉及的相关数学问题感兴趣，可参考相关的数学专业文献资料，进行更加深入的学习。

2.1　线性优化与非线性优化问题

2.1.1　线性优化问题

对线性优化问题，最常用的求解方法是最小二乘法（least squares method，LSM）。其基本思想是：训练样本，利用残差平方和（residual sum of squares, RSS）来描述样本与模型的拟合度，优化目标是使残差平方和最小，即 $\min \mathrm{RSS}(\beta) = \min \sum_{i=1}^{n} \|y_i - \hat{y}_i\|_2^2$。对其具体描述如下。

假设有 p 个自变量 $(x_1, x_2, \cdots, x_p)$，它们与因变量 y 之间的数学关系可用一个线性模型来模拟，即 $y = \beta_1 x_1 + \cdots + \beta_p x_p + \beta_{p+1}$，将其写为矩阵的形式：$y = \beta^{\mathrm{T}} x$，其中 β 为系数向量，$\beta = (\beta_1, \beta_2, \cdots, \beta_p, \beta_{p+1})^{\mathrm{T}}$，$x$ 为自变量的齐次形式，$x = (x_1, x_2, \cdots, x_p, 1)^{\mathrm{T}}$。此外，假设有 n 组样本 $(x_1, y_1), (x_2, y_2), \cdots, (x_n, y_n)$。利用该样本可构建以下关系：$\varepsilon = Y - X\beta$，$Y = (y_1, y_2, \cdots, y_n)^{\mathrm{T}}$，$X = \begin{bmatrix} x_{1,1}, x_{1,2}, \cdots, x_{1,p}, 1 \\ x_{2,1}, x_{2,2}, \cdots, x_{2,p}, 1 \\ \vdots \\ x_{n,1}, x_{n,2}, \cdots, x_{n,p}, 1 \end{bmatrix}$，$\varepsilon$ 为残差向量。对残差平方和的定义如下：$\mathrm{RSS}(\beta) = \sum_{i=1}^{n} \varepsilon_i^2 = \sum_{i=1}^{n} (y_i - \sum_{j=1}^{p+1} x_{ij}\beta_j)^2 = (Y - X\beta)^{\mathrm{T}} (Y - X\beta) = (X^{\mathrm{T}} X)(\beta^{\mathrm{T}} \beta) - 2(X^{\mathrm{T}} Y)\beta + Y^{\mathrm{T}} Y$。$\mathrm{RSS}(\beta)$ 越小，则表示模型拟合的效果越好。因此，该优化问题就可转换为 $\min \mathrm{RSS}(\beta)$ 问题。因为 $\mathrm{RSS}(\beta)$ 是一个凸二次函数，所以其一阶导数为 0 的解即为待求的优化结果，$J = \partial \mathrm{RSS}(\beta) / \partial \beta =$

$-2X^{\mathrm{T}}(Y-X\beta)=0$，即 $\hat{\beta}=(X^{\mathrm{T}}X)^{-1}X^{\mathrm{T}}Y$。根据理论分析可知，只要 $A=X^{\mathrm{T}}X$ 满秩即可对其求逆。因此，当 $n \geqslant p$ 时，就可计算出系数向量 β。

2.1.2 非线性优化问题

对非线性优化问题，通常的处理方法是将非线性的目标函数（或代价函数，cost function）进行线性化处理，包括以下几种常用的方法。

1）梯度下降法

梯度下降（gradient descent）法也称为最陡下降（steepest descent）法，其基本思想是：利用负梯度方向来决定每次迭代的新的搜索方向，每次迭代都能使待优化的目标函数逐步减小。它可用一种简单的形式表示：$f(x_{k+1})=f(x_k)-\alpha g(x_k)$，其中 α 为步长（或学习速率），x_k 为第 k 次迭代的初始值，$g(x_k)$ 为在 x_k 处的梯度。在 x_k 处沿着与梯度相反的下降最快的方向变化，如果 $\alpha>0$（α 是一个大于 0 的很小的数），$f(x_k)\geqslant f(x_{k+1})$ 成立，那么就将 x_{k+1} 作为第 $k+1$ 次迭代的初始值，如此经过多次迭代运算，即可得到最终的优化结果。在以上过程中，如果出现不收敛的情况，可不断尝试调整步长 α，直到结果收敛到期望的极值，或达到限定的最大迭代次数为止。

梯度下降法的缺点是其结果容易陷入局部最优解，所以得到全局最优解的前提是目标函数是凸函数，并且是光滑的。梯度下降法需要确定一个合适的步长，如果步长过大，则代价函数可能不收敛；如果步长过小，则收敛速度会非常缓慢。

2）高斯-牛顿法

高斯-牛顿法的基本思想是：首先，根据目标函数的泰勒展开式，即 $f(x)=f(x_0)+f'(x_0)(x-x_0)+\dfrac{f''(x_0)(x-x_0)^2}{2!}+\cdots+\dfrac{f^{(n)}(x_0)(x-x_0)^n}{n!}+R_n(x)$，通常取其常数项和一阶导数项，即可对原函数进行近似处理，其表达式为 $f(x_0+\delta_x)\approx f(x_0)+J\delta_x$（牛顿法），这样即可将非线性优化问题转化为线性优化问题。然后，采用最小二乘法（高斯法）使其残差平方和达到最小（其中的初始值 $\delta_x=(J^{\mathrm{T}}J)^{-1}J^{\mathrm{T}}\varepsilon$）。如此经过多次迭代运算，不断地修正初始值，即可使结果逐渐逼近最优解。以上求解过程是将高斯法和牛顿法结合起来实现的，故将其称为高斯-牛顿法。

3）Levenberg-Marquardt 算法

在高斯-牛顿法的计算过程中，为了避免目标函数发散，提高计算结果的稳定性，并兼顾其收敛的速度，通常采用 Levenberg-Marquardt 算法[或称作阻尼最小二乘(damped least squares）法]，即在计算修正值时加入一个阻尼系数 λ（通常其初始值可设定为 0.001，如果本次计算结果收敛，则下次计算需要将 λ 缩小一定的倍数；如果发散，则需要将其放大一定的倍数）。

最初，Levenberg 给出的修正值为 $\delta_x = (J^{\mathrm{T}}J + \lambda I)^{-1}J^{\mathrm{T}}\varepsilon$ ，$\lambda > 0$ ，其中 I 为单位矩阵。为了避免在梯度较小时 δ_x 的收敛速度过慢，甚至可能会出现不收敛的情况，后来 Marquardt 将修正值改为 $\delta_x = [J^{\mathrm{T}}J + \lambda \mathrm{diag}(J^{\mathrm{T}}J)]^{-1}J^{\mathrm{T}}\varepsilon$ ，$\lambda > 0$ 。因此，该算法被称为 Levenberg-Marquardt 算法。如果阻尼系数 $\lambda \to 0$ ，该算法的效果趋向于高斯-牛顿法；如果阻尼系数 $\lambda \to +\infty$ ，该算法的效果趋向于梯度下降法。

Levenberg-Marquardt 算法的思想与解决线性问题中岭回归的基本思想是一致的，但该方法适用于解决非线性优化问题。注：岭回归（ridge regression 或 Tikhonov regularization），是一种改良的最小二乘法，即 $\hat{\beta} = (X^{\mathrm{T}}X + \lambda I)^{-1}X^{\mathrm{T}}Y$ ，其中 λ 是一个很小的正数。岭回归是一种通过放弃最小二乘法的无偏性来提高数值稳定性并得到较高计算精度的算法，该法对病态数据的拟合要优于最小二乘法。

2.2　统计理论与方法

下面对摄影测量比较重要且理论相对较为复杂的统计理论与方法进行简要的总结。

2.2.1　正态分布概率密度函数的推导

正态分布是统计学中最常用的基本假设条件之一，但一般的教材和专业书都没有介绍其概率密度函数的具体推导过程，在此对其进行详细的推导，以加深理解。

如果满足以下两个条件：①误差概率分布与方向无关，②出现大误差的概率比出现小误差的概率小，那么，在一个二维空间中的某一区域的概率为 $P = p(x,y)\Delta x\Delta y = p(x)p(y)\cdot\Delta x\Delta y$ 。令 $g(r) = p(x)p(y)$ ，因为概率分布与方向无关，所以 $\dfrac{\mathrm{d}[g(r)]}{\mathrm{d}\theta} = \dfrac{\mathrm{d}[p(x)p(y)]}{\mathrm{d}\theta} = p(x)\dfrac{\mathrm{d}[p(y)]}{\mathrm{d}\theta} + p(y)\dfrac{\mathrm{d}[p(x)]}{\mathrm{d}\theta} = 0$ 。为了方便计算，将公式中的 x 和 y 采用极坐标表示，即 $x = r\cos\theta$ ，$y = r\sin\theta$ ，将它们代入以上公式得 $p(x)p'(y)r\cos\theta - p(y)p'(x)r\sin\theta = 0$ ，并将 $r\cos\theta = x$ ，$r\sin\theta = y$ 代入上式得 $\dfrac{p'(x)}{xp(x)} = \dfrac{p'(y)}{yp(y)} = c_1$（因为概率分布与方向无关，所以上式的结果一定是一个常数 c_1 ）。因为 $\dfrac{p'(x)}{xp(x)} = c_1$ ，所以 $\dfrac{p'(x)}{p(x)} = c_1 x$ ，对公式的两边进行积分得 $\ln[p(x)] = \dfrac{c_1 x^2}{2} + c_2$ ，即 $p(x) = \mathrm{e}^{\frac{c_1x^2}{2}+c_2} = \mathrm{e}^{c_2}\mathrm{e}^{\frac{c_1x^2}{2}} = A\mathrm{e}^{\frac{c_1x^2}{2}}$ ，其中 $A = \mathrm{e}^{c_2}$ 。因为 $A > 0$ ，且出现大

误差的概率要小于出现小误差的概率，即 $p(x)$ 一定是一个单调递减的函数，所以 c_1 一定是一个小于 0 的常数。假设 $k>0$，因此 $p(x)=Ae^{-\frac{kx^2}{2}}$；同理，$p(y)=Ae^{-\frac{ky^2}{2}}$。

下面需要确定公式中 A 和 k 的值，具体方法如下。

1）对 A 的求解

因为在整个二维空间的概率一定是 1，即 $\int_{-\infty}^{+\infty}p(x)\mathrm{d}x\int_{-\infty}^{+\infty}p(y)\mathrm{d}y=\int_{-\infty}^{+\infty}Ae^{-\frac{kx^2}{2}}\mathrm{d}x\int_{-\infty}^{+\infty}Ae^{-\frac{ky^2}{2}}\mathrm{d}y=4A^2\int_0^{+\infty}\int_0^{+\infty}e^{-\frac{k}{2}(x^2+y^2)}\mathrm{d}x\mathrm{d}y=1$，所以 $\int_0^{+\infty}\int_0^{+\infty}e^{-\frac{k}{2}(x^2+y^2)}\mathrm{d}x\mathrm{d}y=\frac{1}{4A^2}$。为了方便计算，将上式中的二重积分采用极坐标表示：$\frac{1}{4A^2}=\int_0^{+\infty}\int_0^{+\infty}e^{-\frac{k}{2}(x^2+y^2)}\mathrm{d}x\mathrm{d}y=\int_0^{\pi/2}\int_0^{+\infty}e^{-\frac{k}{2}r^2}r\mathrm{d}r\mathrm{d}\theta=\int_0^{\pi/2}\int_0^{-\infty}\frac{-1}{k}e^{\frac{-kr^2}{2}}\mathrm{d}\frac{-kr^2}{2}\mathrm{d}\theta=\frac{\pi}{2k}$，因为 $A=e^{c_2}>0$，所以 $A=\sqrt{\frac{k}{2\pi}}$，即 $p(x)=\sqrt{\frac{k}{2\pi}}e^{-\frac{kx^2}{2}}$。同理，$p(y)=\sqrt{\frac{k}{2\pi}}e^{-\frac{ky^2}{2}}$。

2）对 k 的求解

$f(x)=xp(x)=x\sqrt{\frac{k}{2\pi}}e^{-\frac{kx^2}{2}}$ 是一个奇函数，而且，如果 x 的均值 μ（期望值）为 0，即 $\mu=E(x)=\int_{-\infty}^{+\infty}xp(x)\mathrm{d}x=0$，那么，方差 $\sigma^2=E\{[x-E(x)]^2\}=\int_{-\infty}^{+\infty}[x-E(x)]^2p(x)\mathrm{d}x=\int_{-\infty}^{+\infty}x^2p(x)\mathrm{d}x=\sqrt{\frac{k}{2\pi}}\int_{-\infty}^{+\infty}x^2e^{-\frac{kx^2}{2}}\mathrm{d}x=\frac{-1}{k}\sqrt{\frac{k}{2\pi}}\int_{-\infty}^{+\infty}x\mathrm{d}e^{\frac{-kx^2}{2}}=\frac{-1}{k}\sqrt{\frac{k}{2\pi}}\left(xe^{\frac{-kx^2}{2}}\Big|_{-\infty}^{+\infty}-\int_{-\infty}^{+\infty}e^{\frac{-kx^2}{2}}\mathrm{d}x\right)=\frac{2}{k}\sqrt{\frac{k}{2\pi}}\int_0^{+\infty}e^{\frac{-kx^2}{2}}\mathrm{d}x=\frac{-2}{k}\sqrt{\frac{k}{2\pi}}\left(0-\frac{1}{2}\sqrt{\frac{2\pi}{k}}\right)=\frac{1}{k}$，因此 $k=\frac{1}{\sigma^2}$。注：因为 $f(x)=xe^{\frac{-kx^2}{2}}$ 是个奇函数，所以它在 $(-\infty,+\infty)$ 的积分为 0；此外，在计算 $\int_0^{+\infty}e^{\frac{-kx^2}{2}}\mathrm{d}x$ 时，需要用到 erf 函数（它不是一个初等函数），$\mathrm{erf}(x)=\frac{2}{\sqrt{\pi}}\int_0^x e^{-t^2}\mathrm{d}t$，因此 $\int_0^{+\infty}e^{\frac{-kx^2}{2}}\mathrm{d}x=\sqrt{\frac{2}{k}}\frac{\sqrt{\pi}}{2}\left(\frac{2}{\sqrt{\pi}}\int_0^{+\infty}e^{-\left(\sqrt{\frac{k}{2}}x\right)^2}\mathrm{d}\sqrt{\frac{k}{2}}x\right)=\frac{1}{2}\sqrt{\frac{2\pi}{k}}\mathrm{erf}\left(\sqrt{\frac{k}{2}}x\right)\Big|_0^{+\infty}=\frac{1}{2}\sqrt{\frac{2\pi}{k}}$。

关于 $s=\underset{x\to+\infty}{\mathrm{erf}}(x)=\frac{2}{\sqrt{\pi}}\int_0^{+\infty}\mathrm{e}^{-t^2}\mathrm{d}t=1$ 的证明：在 x 和 y 独立的情况下，$s^2=\frac{2}{\sqrt{\pi}}\int_0^{+\infty}\mathrm{e}^{-x^2}\mathrm{d}x\cdot\frac{2}{\sqrt{\pi}}\int_0^{+\infty}\mathrm{e}^{-y^2}\mathrm{d}y=\frac{4}{\pi}\int_0^{+\infty}\int_0^{+\infty}\mathrm{e}^{-(x^2+y^2)}\mathrm{d}x\mathrm{d}y$，将公式中的 x 和 y 采用极坐标表示，即 $x=r\cos\theta$，$y=r\sin\theta$，并将它们代入以上公式得 $s^2=\frac{4}{\pi}\int_0^{+\infty}\int_0^{+\infty}\mathrm{e}^{-r^2}r\mathrm{d}r\mathrm{d}\theta=\frac{-2}{\pi}\int_0^{\pi/2}\mathrm{d}\theta\int_0^{-\infty}\mathrm{e}^{-r^2}\mathrm{d}(-r^2)=\frac{-2}{\pi}\frac{\pi}{2}(0-1)=1$，且 $s>0$，因此 $s=\underset{x\to+\infty}{\mathrm{erf}}(x)=\frac{2}{\sqrt{\pi}}\int_0^{+\infty}\mathrm{e}^{-t^2}\mathrm{d}t=1$。

通过对以上公式进行整理得 $p(x)=\frac{1}{\sigma_x\sqrt{2\pi}}\exp\left[-\frac{1}{2}\left(\frac{x}{\sigma_x}\right)^2\right]$。同理，$p(y)=\frac{1}{\sigma_y\sqrt{2\pi}}\exp\left[-\frac{1}{2}\left(\frac{y}{\sigma_y}\right)^2\right]$。在以上计算过程中，如果均值 μ 不为 0，将原坐标系沿着 x 轴和 y 轴进行平移，即可满足以上条件，因此其结果可表示为 $p(x)=\frac{1}{\sigma_x\sqrt{2\pi}}\exp\left[-\frac{1}{2}\left(\frac{x-\mu_x}{\sigma_x}\right)^2\right]$。同理，$p(y)=\frac{1}{\sigma_y\sqrt{2\pi}}\exp\left[-\frac{1}{2}\left(\frac{y-\mu_y}{\sigma_y}\right)^2\right]$。

多维正态分布概率密度函数。如果在 x 方向和 y 方向上是线性无关的，其二维正态分布概率密度函数为 $p(x,y)=p(x)p(y)=\frac{1}{2\pi\sigma_x\sigma_y}\exp\left(-\frac{1}{2}\left(\frac{x-\mu_x}{\sigma_x}\right)^2+\left(\frac{y-\mu_y}{\sigma_y}\right)^2\right]\Bigg)$。

如果在 x 方向和 y 方向上是线性相关的，其二维正态分布概率密度函数为 $p(x,y)=\frac{1}{2\pi\sigma_x\sigma_y\sqrt{1-r^2}}\exp\left\{-\frac{1}{2(1-r^2)}\left[\left(\frac{x-\mu_x}{\sigma_x}\right)^2+\left(\frac{y-\mu_y}{\sigma_y}\right)^2-2r\frac{(x-\mu_x)(y-\mu_y)}{\sigma_x\sigma_y}\right]\right\}$，其中，$r$ 为 x 和 y 的相关系数。

对 n 维线性无关的正态分布概率密度函数，可将其简写为 $p(x)=\frac{1}{\sqrt{(2\pi)^n|\Sigma|}}\exp\left(-\frac{1}{2}\left[(x-\mu)^{\mathrm{T}}\Sigma^{-1}(x-\mu)\right]\right)$，其中 $x=(x_1,x_2,\cdots,x_n)$ 为 n 个参数（维数），$\mu=(\mu_1,\mu_2,\cdots,\mu_n)^{\mathrm{T}}$ 是由各个参数的均值组成的向量，Σ 是由各个参数的方差组成的矩阵，$\Sigma=\mathrm{diag}(\sigma_{x_1}^2,\sigma_{x_2}^2,\cdots,\sigma_{x_n}^2)$。

对 n 维线性相关的正态分布概率密度函数，可将其简写为 $p(x)=\frac{1}{\sqrt{(2\pi)^n|\Sigma|}}\exp\left(-\frac{1}{2}\left[(x-\mu)^{\mathrm{T}}\Sigma^{-1}(x-\mu)\right]\right)$，其中 $x=(x_1,x_2,\cdots,x_n)$ 为 n 个参数（维数），$\mu=(\mu_1,\mu_2,\cdots,\mu_n)^{\mathrm{T}}$ 是由各个参数的均值组成的向量，$|\Sigma|=\det(\Sigma)$，而 Σ 为协方差矩阵，Σ 是由各个参数之间的相关系数 r 和各个维度上的方差计算得到的，即

$$\Sigma=\begin{bmatrix}\sigma_{x_1}^2 & r_{12}\sigma_{x_1}\sigma_{x_2} & \cdots & r_{1n}\sigma_{x_1}\sigma_{x_n}\\ r_{12}\sigma_{x_1}\sigma_{x_2} & \sigma_{x_2}^2 & \cdots & r_{2n}\sigma_{x_2}\sigma_{x_n}\\ \vdots & \vdots & & \vdots\\ r_{1n}\sigma_{x_1}\sigma_{x_n} & r_{2n}\sigma_{x_2}\sigma_{x_n} & \cdots & \sigma_{x_n}^2\end{bmatrix}。$$

2.2.2　参数估计

1）最大似然估计

最大似然估计（maximum likelihood estimation）是 Fisher 在 1912 年首次提出，并在后来加以发展和完善的参数估计方法。该算法是参数估计最重要的方法之一，其应用十分广泛。它的最大优点是不需要先验概率信息，计算过程比较简单。最大似然估计法的目的是利用已知样本，来反推最有可能（最大似然）导致该结果的参数值，对其具体描述如下。

假定 n 维随机向量 D 的概率函数为 $p(D|\theta)$，其中 θ 是未知参数向量。对于固定的 θ，如果 $p(D|\theta)>p(D'|\theta)$，则表示在抽样时出现 D 的概率大于出现 D' 的概率。假设进行 k 次独立抽样，得到的样本为 $D=(x_1,x_2,\cdots,x_k)$，则其联合概率密度函数为 $p(D|\theta)=\prod_{i=1}^{k}p(x_i|\theta)$。现在需要解决的问题是：利用这 k 次独立抽样所得到的样本来估计参数向量 θ（假设它是固定的）。因为 θ 不是随机变量，这种“可能性”不是概率，所以通常将其称为“似然”（likelihood），其表达式为 $L(\theta;D)=p(D|\theta)=\prod_{i=1}^{k}p(x_i|\theta)$，其中 $L(\theta;D)$ 被称为似然函数。因此，对于固定的 $D=(x_1,x_2,\cdots,x_k)$，如果 $L(\theta';D)>L(\theta'';D)$，则表示 θ 是 θ' 的“可能性”比 θ 是 θ'' 的“可能性”更大。最大似然估计的目标就是求取使得似然函数达到最大的 θ 值，即 $\theta=\arg\max_{\theta}L(\theta;D)$。在具体计算时，可采用对数似然函数来计算，即求取 $L(\theta;D)$ 的自然对数 $l(\theta;D)=\ln L(\theta;D)=\sum_{i=1}^{k}\ln p(x_i|\theta)$，从而可将乘法运算变成加法运算，并且其单调性保持不变，所以 $\theta=\arg\max_{\theta}l(\theta;D)$。以上转换不仅简化了计算过

程，而且还避免了某个值为零而导致整个表达式结果为零的情况。最后，通过对各个参数求偏导数，并令其一阶偏导数为零，即可得到参数的最大似然估计值。

对一维数据，假设样本 $x=(x_1,x_2,\cdots,x_k)$ 是从服从正态分布 $N(\mu,\sigma^2)$ 的总体中进行抽样的结果，那么未知参数 μ 和 σ^2 的最大似然估计值分别为 $\mu^*=\frac{1}{k}\sum_{i=1}^{k}x_i=\overline{x}$，$\sigma^{*2}=\frac{1}{k}\sum_{i=1}^{k}(x_i-\overline{x})^2$。其具体证明过程如下：因为 $l(\mu,\sigma^2;x)=\ln\left(\frac{1}{\sigma\sqrt{2\pi}}\exp\left(-\frac{1}{2}\left(\frac{x-\mu}{\sigma}\right)^2\right)\right)=-\sum_{i=1}^{k}\left[\ln\sqrt{2\pi}+\frac{1}{2}\ln\sigma^2+\frac{1}{2\sigma^2}(x_i-\mu)^2\right]=-k\ln\sqrt{2\pi}-\frac{k}{2}\ln\sigma^2-\frac{1}{2\sigma^2}\sum_{i=1}^{k}(x_i-\mu)^2$，所以 $\frac{\partial l}{\partial\mu}=\frac{1}{\sigma^2}\sum_{i=1}^{k}(x_i-\mu)=\frac{1}{\sigma^2}\left(\sum_{i=1}^{k}x_i-k\mu\right)=0$，即 $\mu^*=\frac{1}{k}\sum_{i=1}^{k}x_i=\overline{x}$；$\frac{\partial l}{\partial\sigma^2}=-\frac{k}{2\sigma^2}+\frac{1}{2\sigma^4}\sum_{i=1}^{k}(x_i-\mu)^2=0$，即 $\sigma^{*2}=\frac{1}{k}\sum_{i=1}^{k}(x_i-\overline{x})^2$，再将 $\overline{x}=\frac{1}{k}\sum_{i=1}^{k}x_i$ 代入上式可得 $\sigma^{*2}=\frac{1}{k}\sum_{i=1}^{k}(x_i-\overline{x})^2=\frac{1}{k}\sum_{i=1}^{k}x_i^2-\frac{1}{k^2}\sum_{i=1}^{k}\sum_{j=1}^{k}x_ix_j$。

对二维数据，假设样本 $(x_1,y_1),(x_2,y_2),\cdots,(x_k,y_k)$ 是从服从二维正态分布的总体中进行抽样的结果，总体的均值 $\mu=0$，协方差矩阵 $\Sigma=\sigma^2\begin{bmatrix}1 & r\\ r & 1\end{bmatrix}$，$r$ 为相关系数（$-1\leqslant r\leqslant 1$），即该二维正态分布的概率密度函数为 $p(x,y|r,\sigma^2)=\frac{1}{2\pi\sigma^2\sqrt{1-r^2}}\exp\left(-\frac{x^2+y^2-2rxy}{2\sigma^2(1-r^2)}\right)$，那么未知参数 r 和 σ^2 的最大似然估计值分别为 $r^*=2\frac{\sum_{i=1}^{k}x_iy_i}{\sum_{i=1}^{k}(x_i^2+y_i^2)}$，$\sigma^{*2}=\frac{1}{2k}\sum_{i=1}^{k}(x_i^2+y_i^2)$。其具体证明过程如下：$l(r,\sigma^2;x,y)=\ln\left(\frac{1}{2\pi\sigma^2\sqrt{1-r^2}}\exp\left(-\frac{x^2+y^2-2rxy}{2\sigma^2(1-r^2)}\right)\right)=-\ln(2\pi)+\frac{1}{2}\ln\frac{1}{\sigma^4(1-r^2)}-\frac{x^2+y^2}{2\sigma^2(1-r^2)}+\frac{rxy}{\sigma^2(1-r^2)}$，令 $a_1=\frac{1}{\sigma^2(1-r^2)}$，$a_2=ra_1=\frac{r}{\sigma^2(1-r^2)}$，因此 $l(a_1^2,a_2^2;x,y)=-\ln(2\pi)+\frac{1}{2}\ln(a_1^2-a_2^2)-\frac{x^2+y^2}{2}a_1+xya_2$。$\frac{\partial l}{\partial a_1}=\frac{a_1}{a_1^2-a_2^2}-\frac{1}{2k}\sum_{i=1}^{k}(x_i^2+y_i^2)=0$，即 $\frac{a_1}{a_1^2-a_2^2}=\frac{1}{2k}\sum_{i=1}^{k}(x_i^2+y_i^2)$；

$\frac{\partial l}{\partial a_2}=-\frac{a_2}{a_1^2-a_2^2}+\frac{1}{k}\sum_{i=1}^{k}(x_i y_i)=0$，即 $\frac{a_2}{a_1^2-a_2^2}=\frac{1}{k}\sum_{i=1}^{k}(x_i y_i)$。因此，$r^*=a_2/a_1=2\frac{\sum_{i=1}^{k}x_i y_i}{\sum_{i=1}^{k}(x_i^2+y_i^2)}$，$\sigma^{*2}=\frac{1}{\sqrt{(1-r^2)(a_1^2-a_2^2)}}=\frac{1}{2k}\sum_{i=1}^{k}(x_i^2+y_i^2)$。

2）贝叶斯估计

经典的概率估计（点估计和区间估计）是通过从总体中随机抽取一定数量的样本来推断总体分布和特征的。在其推断过程中，只需要样本信息，但这种估计需要大量样本的支持。贝叶斯估计（Bayesian estimation）在推断总体分布和特征的过程中，除了用到样本信息外，还用到了先验信息。贝叶斯估计将参数看作符合某种已知的先验分布，即参数被看作满足某种统计规律的随机量，这与最大似然估计的假设完全不同，因为最大似然估计是将参数看作固定的值。在贝叶斯估计时，先验信息可以根据历史资料和经验得到，而该判断通常带有一定的主观性。尽管这种主观判断与客观状况可能会存在一定的偏差，但它在一定程度上提高了参数估计的准确性，而且克服了经典估计不能用于不可重复的独立事件的概率分析的缺点。

因为贝叶斯估计将参数看作随机的而不是固定的值，所以其结果需要利用概率表示，即贝叶斯估计的预测值是一个期望值。假设根据已知训练样本集 $D=(x_1,x_2,\cdots,x_k)$ 来预测新的数据 x，即求 $E(x|D)=\int xp(x|D)\mathrm{d}x$，其中 x 的分布与参数 θ 有关。因为参数 θ 服从某种概率分布，所以需要考虑参数 θ 所有可能出现的状况，即 $p(x|D)=\int p(x,\theta|D)\mathrm{d}\theta=\int p(x|\theta,D)p(\theta|D)\mathrm{d}\theta=\int p(x|\theta)p(\theta|D)\mathrm{d}\theta$。现在的关键问题是如何求算后验概率 $p(\theta|D)$，而其求解可以通过将参数的先验分布转化为后验分布来实现。根据贝叶斯公式可知：$p(\theta|D)=\frac{p(D|\theta)p(\theta)}{p(D)}=\frac{p(D|\theta)p(\theta)}{\int p(D|\theta)p(\theta)\mathrm{d}\theta}$，其中，$p(\theta|D)$ 为后验概率（posterior probability）；$p(D|\theta)$ 为似然函数（likelihood），且 $p(D|\theta)=\prod_{i=1}^{k}p(x_i|\theta)$；$p(\theta)$ 为先验概率（prior probability）或信念（belief），而 $p(\theta)$ 可由经验得到的超参数（设定值）给出；$p(D)$ 为边缘似然度或证据（evidence），而 $p(D)=\int p(D|\theta)p(\theta)\mathrm{d}\theta$。在实际计算时，最大的困难是求解 $p(D)$，因为需要对参数 θ 所有可能出现的状况进行积分运算，但却无法直接得到其闭合解（解析解）。因此，需要寻求解决该

问题最有效的方法。

在贝叶斯公式中，如果假设由抽样数据得到的后验分布函数与先验分布函数 $\pi(\theta)$ 有相同的形式（如果对先验分布的估计是准确的话，那么这种假设是合理的），则称先验分布函数 $\pi(\theta)$ 是参数 θ 的共轭先验分布。该假设极大地简化了贝叶斯分析的过程，其具体计算过程请参考相关文献资料的介绍，在此不做详细的介绍。常用的共轭先验分布包括 Beta 分布、Γ 分布、正态分布等，当对实验结果完全未知时，通常可以假设其先验分布为均匀分布。在实验数据较少的情况下，后验分布主要受先验分布的影响；在实验数据充分多时，后验分布主要依赖于实验数据，而先验分布的影响则可被忽略。

此外，为了进一步简化计算过程，可以假设 D 不依赖于 θ，即将 $p(D)$ 看作一个固定值，从而可以采用一种近似的处理方法，即利用最大后验概率（maximum a posteriori probability）$\theta_{\mathrm{MAP}} = \arg\max\limits_{\theta} p(D \mid \theta) p(\theta)$ 来实现参数的求解。最大后验概率估计与最大似然估计类似，只是多了一项先验概率，即最大后验概率估计需要考虑参数本身的概率分布状况，而最大似然估计则将参数看作均匀分布的。

从以上分析可看出，贝叶斯估计对参数的描述是最严密的，但其计算过程非常复杂，最大后验概率估计次之，而最大似然估计对参数的描述是不太严密的，但其计算过程非常简单。

2.2.3　RANSAC 算法

RANSAC（RANdom SAmple Consensus）算法，即随机抽样一致性算法。它是由 Fischler 和 Bolles 在 1981 年提出的稳健（或称为鲁棒，robust）估计算法。RANSAC 算法在摄影测量和计算机视觉领域中的应用非常广泛。例如，在利用一组包含异常值（粗差）的图像匹配点求解基本矩阵、本质矩阵，或者实现后方交会、相对定向等计算过程中，可以利用该算法来消除异常值的干扰，从而得出较为稳健的计算结果。

RANSAC 算法的基本假设：原始测量数据包含了内点（inliers）和外点（outliers），其中内点是对求取正确结果具有积极作用的有效数据，由所有内点组成的集合被称为一致集（consensus set）；外点是异常值（通常是由观测错误或较大的噪声干扰造成的），是对求取正确结果产生负面作用的干扰数据，是需要被剔除的。利用 RANSAC 算法判断原始测量数据中的点是内点还是外点的具体操作步骤如下。

（1）从原始数据中随机选取一定数量的点，且选取的点数能够满足建模的要求；

（2）根据选取的点进行建模，并根据拟合的模型，计算出原始数据中所有点的残差；

（3）根据得到的残差结果，通过设定一定的阈值（如可以方差或者某种距离作为判断的标准），来判断哪些点是内点，哪些点是外点，并统计出内点和外点的数量；

（4）重复以上过程，通过若干次迭代计算，找到内点数量最多的结果；

（5）根据以上步骤得出的所有内点重新建模，得到的结果作为最终的拟合结果。

在 RANSAC 算法的实际计算过程中，完全没有必要穷尽所有可能的抽样。在测量数据集的点数足够多的前提下，只要随机抽样的次数足够多，就能够以较高的置信度保证在所有抽取的样本（从测量数据集中随机抽取的子集）中至少有一个好样本（即样本所包含的点都是内点）。在一定置信度的条件下，所需要的抽样次数 k 的计算方法如下。

方法 1：假设测量数据集的点数足够多，在整个数据集中一个点为内点的比例为 ω（即外点的比例为 $1-\omega$），而一个样本所包含的点数为 n，那么该样本为一个好样本的概率为 $p=\omega^n$。通过 k 次抽样得到一个好样本的数学期望为 $E(k)=\sum_{i=1}^{k} ip_i = 1p_1+2p_2+3p_3+\cdots+kp_k$，其中 p_i 为第 i 次抽样才得到一个好样本的概率，而 $p_i=(1-\omega^n)^{i-1}\omega^n$。因此，$E(k)=\omega^n+2(1-\omega^n)\omega^n+3(1-\omega^n)^2\omega^n+\cdots+k(1-\omega^n)^{k-1}\omega^n=\omega^n\dfrac{1-(k+1)x^k+kx^{k+1}}{(1-x)^2}$，其中 $x=1-\omega^n\in(0,1)$，而当 k 较大时，$1-(k+1)x^k+kx^{k+1}\approx 1$，所以 $E(k)\approx\omega^{-n}$。同理，根据 $\sigma^2=\sum_{i=1}^{k}[i-E(k)]^2 p_i \approx \sum_{i=1}^{k}(i-\omega^{-n})^2(1-\omega^n)^{i-1}\omega^n$，可得其标准差为 $\mathrm{std}(k)\approx\omega^{-n}\sqrt{1-\omega^n}$，所以抽样次数 $k=E(k)+3\mathrm{std}(k)=\omega^{-n}(1+3\sqrt{1-\omega^n})$，即假设概率服从正态分布，可保证得到一个好样本的概率为 99.73%。

方法 2：假设测量数据集的点数足够多，在整个数据集中一个点为内点的比例为 ω（即外点的比例为 $1-\omega$），而一个样本所包含的点数为 n，那么该样本为一个好样本的概率为 $p=\omega^n$，为坏样本的概率为 $1-\omega^n$，而通过 k 次抽样得到的所有样本都是坏样本的概率为 $q=(1-\omega^n)^k$，即 $k=\ln q/\ln(1-\omega^n)$，从而通过 k 次抽样得到一个好样本的概率为 $1-q$。

例如，假设 $\omega=0.5$，令 $q=0.01$（即得到一个好样本的概率为 0.99），根据方法 2 得 $k=\ln 0.01/\ln(1-0.5^n)$，那么样本所包含的点数 n 与所需抽样次数 k 的关系如表 2.1 所示。

表 2.1　样本所包含的点数 n 与所需抽样次数 k 的关系（$\omega = 0.5$，$q = 0.01$）

n	2	3	4	5	6	7	8	9	10	12	14	16	18	20
k	17	35	72	146	293	588	1177	2356	4714	18861	75449	301803	1207216	4828869

由以上分析可知，随着样本包含的点数 n 的增加，需要的抽样次数 k 将急剧增加，这就是在利用 RANSAC 算法计算时要尽可能减少样本包含的点数 n 的原因。

此外，在要求的样本点数 n 一定的条件下，例如，假设 $n = 5$，令 $q = 0.01$（即得到一个好样本的概率为 0.99），根据方法 2 得 $k = \ln 0.01 / \ln(1-\omega^5)$，那么内点的比例 ω 与所需抽样次数 k 的关系如表 2.2 所示。

表 2.2　内点的比例 ω 与所需抽样次数 k 的关系（$n = 5$，$q = 0.01$）

ω	0.1	0.2	0.3	0.4	0.5	0.6	0.7	0.8	0.9
k	460515	14389	1893	448	146	57	26	12	6

由以上分析可知，即使在内点的比例 ω 较小的情况下，只要测量数据集的点数足够多，且抽样的次数 k 足够多，仍然可以得到较好的计算结果，这就解释了 RANSAC 算法具有鲁棒性的原因。需要注意的是：在内点的比例 ω 较小的情况下，要求外点最好满足随机分布，否则外点会对拟合结果产生严重的干扰，从而无法得到理想的计算结果。

传统的算法通常是直接利用原始数据中所有的点进行拟合，然后检验得到的模型对所有点的拟合状况，并采用一定的去噪算法去除与模型偏差较大的点，来实现噪声的去除。当原始数据中外点的数量较少且偏差较小时，这种算法通常是有效的。但是，如果外点较多且偏差较大，那么拟合的结果受其干扰较大，就有可能出现外点不能被完全去除，或者在去噪的同时将部分内点一起去除的情况，在这种情况下传统算法的效果较差。在以上情况下，RANSAC 算法的计算效果仍然很好，这是因为：它可以从包含大量外点的原始数据中有效地剔除外点而保留内点，从而避免拟合结果受到外点的干扰，得到精度较高的结果。实践检验表明，RANSAC 算法是一种稳健性很强的算法。但是，RANSAC 算法的缺点也很明显，即它必须通过大量的抽样运算才能得到置信度较高的结果，所以其计算效率较低。如果抽样次数过少，则其得到的结果是不可靠的，甚至还会出现严重的错误。

2.2.4　蒙特卡罗方法

蒙特卡罗方法（Monte Carlo method），也称统计模拟方法，是 20 世纪 40 年代中期随着科学技术的发展和电子计算机的发明而提出的，以概率统计理论为指导的一类非常重要的数值计算方法。蒙特卡罗方法是一类随机方法的统称，其特点是：可以利用随机采样得到近似的结果，而且随着采样次数的增多，结果的正确率会逐渐增大，但在得到真正的（或最优的）结果之前，无法确定计算结果是不是真正的（或最优的）结果。如果要求在有限的采样次数内必须给出一个近似的结果，而不要求结果是最优的，则可以采用蒙特卡罗方法来求解。因此，对于那些计算过于复杂而难以得到解析解，或者根本没有解析解的问题，蒙特卡罗方法是一种有效的数值计算方法。例如，利用蒙特卡罗方法求积分 $y=\int_0^1 f(x)\mathrm{d}x$，可根据估计期望值的方法，将上式转换为 $y=E[f(D)]=\frac{1}{n}\sum_{i=1}^{n}f(x_i)$，其中 D 为在 $[0,1]$ 内产生的随机数序列。再如，利用蒙特卡罗方法求圆周率 π 的近似值，即在一个正方形内有一个内切圆，理论上圆与正方形的面积之比为 $\pi/4$。可先在该正方形内部产生大量的随机点，通过判断点是否落在圆内部并计算其比例，从而得到圆周率 π 的近似值。

2.3 多项式代数

2.3.1 抽象代数中的基本概念

1）集合

集合（set），简称集，是具有某种特定性质的事物的总体。构成集合的事物或对象称作元素。如果 a 是集合 A 的元素，记作 $a\in A$。

集合的性质：无序性，互异性，确定性。

集合间的关系：对集合 A 和 B，如果 $\forall a\in A$，都满足 $a\in B$，则称 A 是 B 的子集，又称 A 包含于 B，或 B 包含 A，记作 $A\subseteq B$。如果 $A\subseteq B$，且 $A\neq B$，则称 A 是 B 的真子集，又称 A 真包含于 B，或 B 真包含 A，记作 $A\subset B$。

集合的运算。给定的集合 A 和 B，定义运算 $\cup$ 如下：$A\cup B=\{e\,|\,e\in A\text{或}e\in B\}$，$A\cup B$ 称为 A 和 B 的并集。给定的集合 A 和 B，定义运算 $\cap$ 如下：$A\cap B=\{e\,|\,e\in A\text{且}e\in B\}$，$A\cap B$ 称为 A 和 B 的交集。给定的集合 A 和 B，定义运算差集如下：$A-B=\{e\,|\,e\in A\text{且}e\notin B\}$，$A-B$ 称为 B 对于 A 的差集，又称相对补集或相对余集。两个集合的对称差是只属于其中一个集合，而不属于另一个集合的元素组成的集合，该运算相当于布尔逻辑中的异或运算。

2）映射

设 X、Y 是两个非空集合，如果存在一个法则 f，使得对 X 中的每个元素 x，按照法则 f，在 Y 中有唯一确定的元素 y 与之对应，则称 f 为从 X 到 Y 的映射（mapping），记作 $f:X\to Y$。其中，y 为元素 x 在映射 f 下的像，记作 $y=f(x)$；x 为 y 关于映射 f 的原像。集合 X 中所有元素的像的集合，称为映射 f 的值域，记

作 $f(X)$ 。需要注意的是：①对于 X 中不同的元素，在 Y 中不一定有不同的像（即可能出现 X 中不同的元素对应 Y 中相同的像）；②Y 中每个元素都有原像（即满射），且集合 X 中不同元素在集合 Y 中都有不同的像（即单射），则称映射 f 建立了集合 X 和集合 Y 之间的一个一一对应关系，也称 f 是 X 到 Y 上的一一映射（或双射）。

3）群、环和域

群（group）：在数学中，群是一种代数结构，由一个集合及一个二元运算（满足封闭性、结合律、有单位元、有逆元）组成。

环（ring）：在抽象代数中，集合 R 和定义于其上的二元运算+和·，$(R, +, \cdot)$ 构成一个环。已知环 $(R,+)$ 是可交换群（满足其元素的运算不依赖于它们的次序的群），如果 I 满足：①$(I,+)$ 构成 $(R,+)$ 的子群；②$\forall i \in I$，$r \in R$，$i \cdot r \in I$，那么 R 的子集 I 称为 R 的一个右理想。同理，如果以下条件成立：①$(I,+)$ 构成 $(R,+)$ 的子群；②$\forall i \in I$，$r \in R$，$i \cdot r \in I$，那么 I 称为 R 的左理想。如果 I 既是 R 的右理想，又是 R 的左理想，则称 I 为 R 的双边理想，简称 R 上的理想。如果 I 是 R 的（左、右、双边）理想，且 I 是 R 的真子集，I 称为 R 的真（左、右、双边）理想。如果不存在其他真（左、右、双边）理想 J，使得 I 是 J 的真子集，环 R 的一个真（左、右、双边）理想 I 被称为 R 的极大（左、右、双边）理想。如果 I 既是极大（左、右）理想，又是双边理想，则 I 是极大理想。注意：极大双边理想不一定是极大（左、右）理想。每个理想均可由单个元素生成的环被称为主理想。

域（field）：在抽象代数中，域是一种可进行加、减、乘和除运算的代数结构。域是环的一种。域可以定义为一种交换性除环；域还可以定义为一种交换环 $(F,+,\cdot)$，其中加法单位元（0）不等于乘法单位元（1），且所有非零元素有乘法逆元。域和环的区别在于，域要求它的元素可以进行除法运算，这等价于每个非零元素都有乘法逆元。

以上概念对理解多项式的求解具有重要意义。

2.3.2　多项式的求解

1）结式

假设 $F,G \in R[x]$（其中 $R[x]$ 为多项式环），$F = \sum_{i=0}^{m} a_i x^i$，$G = \sum_{j=0}^{n} b_i x^j$，存在 $A,B \in R[x]$，使得 $AF + BG = \text{res}(F,G,x)$，则 $\text{res}(F,G,x)$ 被称为结式（resultant）。利用结式可以有效地解决多项式的公共零点问题。

2）西尔维斯特（Sylvester）结式

以下 $m+n$ 阶方阵被称为 Sylvester 矩阵：$\text{syl}(F,G,x) =$

$\begin{bmatrix} a_m & a_{m-1} & \cdots & a_0 & 0 & 0 \\ 0 & \cdots & \cdots & \cdots & \cdots & 0 \\ 0 & 0 & a_m & a_{m-1} & \cdots & a_0 \\ b_n & b_{n-1} & \cdots & b_0 & 0 & 0 \\ 0 & \cdots & \cdots & \cdots & \cdots & 0 \\ 0 & 0 & b_n & b_{n-1} & \cdots & b_0 \end{bmatrix}\begin{matrix} \left.\vphantom{\begin{matrix}a\\a\\a\end{matrix}}\right\} n \\ \left.\vphantom{\begin{matrix}a\\a\\a\end{matrix}}\right\} m \end{matrix}$，而 Sylvester 结式则定义为 $\text{res}(F,G,x)=\det[\text{syl}(F,G,x)]$。当 $\text{res}(F,G,x)=0$ 时，存在非零多项式 $A,B\in R[x]$，使得 $AF+BG=0$，且 $\text{degree}(A)<n$，$\text{degree}(B)<m$，其中 degree 为多项式的次数。因此，当且仅当 Sylvester 结式为 0 时，F 和 G 存在公共解。

3）一元高次方程的求解问题

在求解一元高次方程时，可不通过非线性方法来求解，而将高次方程的求解，转化为线性求解问题。对任意一元高次方程 $F=a_0x^n+a_1x^{n-1}+\cdots+a_{n-1}x+a_n=0$（其中 $a_0\neq 0$，而如果 $a_0=0$，则相当于其次数降为 $n-1$ 次了），都可将其转化为 $F=x^n+\dfrac{a_1}{a_0}x^{n-1}+\cdots+\dfrac{a_{n-1}}{a_0}x+\dfrac{a_n}{a_0}=0$，令 $A=\begin{bmatrix} -\dfrac{a_1}{a_0} & \cdots & -\dfrac{a_{n-1}}{a_0} & -\dfrac{a_n}{a_0} \\ 1 & 0 & 0 & 0 \\ 0 & \cdots & 0 & 0 \\ 0 & 0 & 1 & 0 \end{bmatrix}$，$A$ 的特征值即为方程的解。

其证明过程如下：$|\lambda I-A|=\begin{vmatrix} \lambda+\dfrac{a_1}{a_0} & \cdots & \dfrac{a_{n-1}}{a_0} & \dfrac{a_n}{a_0} \\ -1 & \lambda & 0 & 0 \\ 0 & \cdots & \lambda & 0 \\ 0 & 0 & -1 & \lambda \end{vmatrix}$，将以上行列式按照第一行展开可得 $|\lambda I-A|=\lambda^n+\dfrac{a_1}{a_0}\lambda^{n-1}+\cdots+\dfrac{a_{n-1}}{a_0}\lambda+\dfrac{a_n}{a_0}=0$。将上式进行换元，即可得出以上结论。

以上求解方法可以直接得出其所有的解，包括复数域内的解；如果采用非线性方法求解，则会受选取的初始值的影响，通常只能得到初始值附近的解；如果给定的初始值与真值偏差较大，可能会得不到期望的结果，甚至可能会出现不收敛的情况。

4）多元多次方程的求解问题

对多元多次方程的求解，可通过线性化（linearization）、重线性化（relinearization）、Gröbner 基（Gröbner basis）和隐变量结式（hidden variable resultant）等算法，将多元多次方程转换为线性方程求解，但是这个过程必须有足够的约束条件才能实现。在后面的章节中，会结合具体的实例对各种求解算法进行详细的介绍。

2.4　线性代数与矩阵论

对于线性代数与矩阵论的一般知识，请参考相关的专业文献资料。下面仅介绍在摄影测量的数据处理过程中经常用到的相关知识。

2.4.1　常用的矩阵分解

在对矩阵进行求逆，或者在求解非齐次线性方程组 $Ax=b$、齐次线性方程组 $Ax=0$ 时，为了提高计算速度和节约计算机内存空间，通常会采用矩阵分解（matrix factorization）的方法来实现。例如，在对矩阵求逆时，可将矩阵分解为三角矩阵或者正交矩阵，其中三角矩阵的求逆过程（其求逆方法详见附注 2.1 的介绍）比较简单，可通过直接求解线性方程组的方法得出其逆矩阵；而正交矩阵的逆矩阵则更简单，其逆矩阵就是其转置矩阵。因此，矩阵分解极大地简化了矩阵求逆和求解线性方程组的过程。常用的矩阵分解方法包括：LU 分解、楚列斯基（Cholesky）分解、QR 分解、奇异值分解（singular value decomposition，SVD）、特征值分解、Schur 分解、Jordan 分解等。

1）LU 分解（或 LR 分解）

LU 分解将矩阵分解成一个下三角矩阵和一个上三角矩阵的乘积，任何一个矩阵（不一定是方阵）都可以进行 LU 分解。$[L_1,U_1,P]=\mathrm{lu}(A)$，其中 L_1 是一个经过排列的下三角矩阵，U_1 是一个上三角矩阵，使得 $L_1U_1=PA$；或者 $[L_2,U_2]=\mathrm{lu}(A)$，其中只需将 L_2 的各行进行重新排列即可得到一个下三角矩阵，即相当于 $L_2=P^{-1}L_1$，而 U_2 是一个上三角矩阵，使得 $L_2U_2=A$。

利用 LU 分解求解非齐次线性方程组 $Ax=b$ 的具体过程：如果采用常规的最小二乘算法，那么原公式等价于 $A^{\mathrm{T}}Ax=A^{\mathrm{T}}b$，令 $A_2=A^{\mathrm{T}}A$，$b_2=A^{\mathrm{T}}b$，即 $A_2x=b_2$。对方阵 A_2 进行 LU 分解得 $LU=PA_2$，求解 $A_2x=b_2$ 相当于求解 $PA_2x=Pb_2$，也就相当于求解 $LUx=Pb_2$，因为 A_2 是一个方阵，所以 L 和 U 也都是方阵。因此，x 的结果可表示为 $x=U^{-1}L^{-1}Pb_2=U^{-1}L^{-1}PA^{\mathrm{T}}b$。

2）Cholesky 分解

Cholesky 分解的目的是将一个对称正定矩阵 A（A 必须是一个方阵）分解为一个三角矩阵和其转置矩阵的乘积，$R=\mathrm{chol}(A)$，其中 R 是一个上三角矩阵，并且使得 $A=R^{\mathrm{T}}R$，Cholesky 分解可看作是 LU 分解的特殊情况。

利用 Cholesky 分解方法求解 $Ax=b$ 的具体过程：对方阵 A 进行 Cholesky 分

解得 $A=R^{\mathrm{T}}R$，因为求解 $Ax=b$ 相当于求解 $R^{\mathrm{T}}Rx=b$，所以 x 的结果可表示为 $x=R^{-1}R^{-\mathrm{T}}b$。由于 Cholesky 分解的运算量较小，特别适合于对大型矩阵的求逆运算，但该算法的缺点是它只能对正定的方阵进行分解。

3）QR 分解

QR 分解是将一个 $m\times n$ 的矩阵 A 分解成一个 $m\times m$ 的单位正交酉矩阵 R（$R^{\mathrm{T}}R=I$）和一个 $m\times n$ 的上三角矩阵 K。$[R,K]=\mathrm{qr}(A)$，使得 $A=RK$；或者 $[R,K,P]=\mathrm{qr}(A)$，使得 $AP=RK$（注：乘以矩阵 P 的目的是使 $\mathrm{abs}(\mathrm{diag}(K))$ 按照降序排列）。

利用 QR 分解求解非齐次线性方程组 $Ax=b$ 的具体过程：如果采用常规的最小二乘算法，那么原公式等价于 $A^{\mathrm{T}}Ax=A^{\mathrm{T}}b$，令 $A_2=A^{\mathrm{T}}A$（其中 A_2 是一个方阵），$b_2=A^{\mathrm{T}}b$，即 $A_2x=b_2$。对 A_2 进行 QR 分解得 $A_2P=RK$，即 $A_2=RKP^{-1}$。因此，求解 $A_2x=b_2$ 就相当于求解 $RKP^{-1}x=b_2$，因为正交矩阵 R 的逆矩阵为其转置矩阵，所以其结果可表示为 $x=PK^{-1}R^{\mathrm{T}}b_2=PK^{-1}R^{\mathrm{T}}A^{\mathrm{T}}b$。

4）SVD 分解

对于任意的一个 $m\times n$ 矩阵 A，可将其分解为 $m\times m$ 的正交矩阵 U，$m\times n$ 的对角阵 S（奇异值矩阵），以及 $n\times n$ 的正交矩阵 V 的乘积，即 $[U,S,V]=\mathrm{svd}(A)$，使得 $A=USV^{\mathrm{T}}$，其中 U 的 m 个列向量为 A 的左奇异向量，S 的对角线的元素为矩阵 $A^{\mathrm{T}}A$ 的特征值的平方根（按照从大到小排列），V 的 n 个列向量为 A 的右奇异向量。在求解 $Ax=b$ 时，有 m 个方程求解 n 个未知数，可能存在以下 3 种情形：

（1）如果 $m=n$ 且 A 为非奇异矩阵（A 是满秩的），则有唯一解，而因为 A 可逆，且其逆矩阵为 $A^{-1}=VS^{-1}U^{\mathrm{T}}$，所以结果可表示为 $x=VS^{-1}U^{\mathrm{T}}b$；

（2）如果 $m>n$，约束方程的个数大于未知数的个数，为超定问题（overdetermined），通常需要求其最小二乘解；

（3）如果 $m<n$，则为负定（或欠定，underdetermined）问题，也可以利用 SVD 算法来求解。对情形（2）和（3）的求解方法，在后面的章节中有详细的介绍。

5）特征值分解

特征值分解是将一个方阵 A 分解为一个特征向量 V 与特征值构成的一个对角阵 D 的乘积，即 $[V,D]=\mathrm{eig}(A)$，使得 $AV=VD$（即 $A=VDV^{-1}$，使得方阵 A 与对角阵 D 相似），其中 V 的各个列向量为矩阵 A 的各个特征值对应的特征向量。

6）Schur 分解

Schur 分解的目的是将一个方阵 A 分解为一个单位正交酉矩阵 U 和一个上三角矩阵 T 的组合，即 $[U,T]=\mathrm{schur}(A)$，使得 $A=UTU^{\mathrm{T}}$（即二者为合同关系）。例如，任意一个实对称矩阵都可以分解为 $A=UDU^{\mathrm{T}}$，其中 U 是一个单位正交矩阵（即方阵 A 的特征向量），D 是一个实对角阵，即方阵 A 的特征值；任意一个实反对称矩阵都可以分解为 $A=UBU^{\mathrm{T}}$，其中 U 是一个单位正交矩阵，$B=\mathrm{diag}(\lambda_1 Z,\lambda_2 Z,\cdots,\lambda_n Z,0,\cdots,0)$，而 $Z=\begin{bmatrix}0 & 1\\ -1 & 0\end{bmatrix}$，其特征值为纯虚数。

7）Jordan 分解

Jordan 分解的目的是将一个方阵 A 分解为 A 的相似矩阵 J 和一个变换矩阵 T 的组合，其中矩阵 J 的主对角线的元素为 A 的特征值，J 为矩阵 A 的 Jordan 标准型，即 $[T,J]=\mathrm{jordan}(A)$，使得 $A=TJT^{-1}$。

附注 2.1：三角矩阵的求逆方法

假设 A 为一个上三角矩阵，而如果 A 可逆，则 $AA^{-1}=I$，令 $x=A^{-1}$，那么 $Ax=I$。因此，可以得出以下关系：

$$\begin{bmatrix}a_{11} & a_{12} & \cdots & a_{1(n-1)} & a_{1n}\\ 0 & a_{22} & \cdots & a_{2(n-1)} & a_{2n}\\ \vdots & \vdots & & \vdots & \vdots\\ 0 & 0 & \cdots & a_{(n-1)(n-1)} & a_{(n-1)n}\\ 0 & 0 & \cdots & 0 & a_{nn}\end{bmatrix}\begin{bmatrix}x_{11} & x_{12} & \cdots & x_{1(n-1)} & x_{1n}\\ x_{21} & x_{22} & \cdots & x_{2(n-1)} & x_{2n}\\ \vdots & \vdots & & \vdots & \vdots\\ x_{(n-1)1} & x_{(n-1)2} & \cdots & x_{(n-1)(n-1)} & x_{(n-1)n}\\ x_{n1} & x_{n2} & \cdots & x_{n(n-1)} & x_{nn}\end{bmatrix}=\begin{bmatrix}1 & 0 & \cdots & 0 & 0\\ 0 & 1 & \cdots & 0 & 0\\ \vdots & \vdots & & \vdots & \vdots\\ 0 & 0 & \cdots & 1 & 0\\ 0 & 0 & \cdots & 0 & 1\end{bmatrix}$$。

根据以上公式，将矩阵 A 的各行按照从第 n 行到第 1 行的顺序，分别与矩阵 A^{-1} 的第 1 列相乘可得

$$\begin{cases}a_{nn}x_{n1}=0\\ a_{(n-1)(n-1)}x_{(n-1)1}+a_{(n-1)1}x_{n1}=0\\ \vdots\\ a_{11}x_{11}+a_{12}x_{21}+\cdots+a_{1n}x_{n1}=1\end{cases}$$

，而由此可以求出 A^{-1} 的第 1 列的各个元素 x_{n1}，$x_{(n-1)1}$，…，x_{21}，x_{11} 的结果；同理，可以求出 A^{-1} 的其他列的各个元素的结果。注：因为上三角矩阵的逆矩阵一定是一个上三角矩阵，所以它实际上可表示为

$$A^{-1}=\begin{bmatrix}x_{11} & x_{12} & \cdots & x_{1(n-1)} & x_{1n}\\ 0 & x_{22} & \cdots & x_{2(n-1)} & x_{2n}\\ \vdots & \vdots & & \vdots & \vdots\\ 0 & 0 & \cdots & x_{(n-1)(n-1)} & x_{(n-1)n}\\ 0 & 0 & \cdots & 0 & x_{nn}\end{bmatrix}$$

，从而可以减少计算量。同理，下三角矩阵的逆矩阵也可采用求解线性方程组的方法进行计算。在以上求解 A^{-1} 的过

程中，仅涉及标量的四则运算，所以其求逆过程非常简单。

2.4.2 非齐次线性方程组 $Ax=b$ 的求解

求解非齐次线性方程组 $Ax=b$（其中 A 是一个 $m\times n$ 的矩阵）是最经常遇到的问题。对线性方程组 $Ax=b$，A 的秩为 $\mathrm{rank}(A)$，其增广矩阵 $\tilde{A}=[A,b]$ 的秩为 $\mathrm{rank}(\tilde{A})$，因为 $\mathrm{rank}(A)$ 必然小于或等于 $\mathrm{rank}(\tilde{A})$，所以其结果可能存在以下几种情形。

（1）如果 $\mathrm{rank}(A)=\mathrm{rank}(\tilde{A})=n$，该线性方程组有唯一解。当 $m\times n$ 时，其解为 $x=A^{-1}b$；当 $m>n$ 时，说明其中含有线性相关的行向量，则需要去除线性相关的行向量后再求解。可采用 Gauss-Jordan 消元法实现（如利用 MATLAB 中的 rref 函数）。

（2）如果 $\mathrm{rank}(A)=\mathrm{rank}(\tilde{A})$，且 $m>n$，则说明线性无关方程的个数大于未知数的个数，除非 b 是由 A 的列向量生成的子空间，否则方程组是无解的。在这种情况下，通常需要求取该超定方程组的最小二乘解，作为最终的输出结果。

（3）如果 $\mathrm{rank}(A)=\mathrm{rank}(\tilde{A})<n$，则说明线性无关方程的个数小于未知数的个数，此时该方程组的解不唯一，而它可表示为一个向量空间（即零空间或核空间），即 $Ax=b$ 的通解可表示为 $Ax=b$ 的任意的一个特解加上 $Ax=0$ 的通解，其中 $Ax=0$ 右零空间的维数为 $n-\mathrm{rank}(A)$。

（4）如果 $\mathrm{rank}(A)<\mathrm{rank}(\tilde{A})$，则该线性方程组无解。

在以上几种可能的情形中，（1）是很容易解决的，而（2）和（3）需要利用 SVD 分解来实现，而且即使对情形（1）利用 SVD 分解也是适用的。其具体求解过程如下。

对情形（1）和（2），即当 $\mathrm{rank}(A)=\mathrm{rank}(\tilde{A})$，且 $m\geqslant n$ 时，可求解 $Ax=b$ 的最小二乘解，即寻求一个向量 x，使其残差的平方和最小，其优化的目标函数为 $\min\|Ax-b\|_2^2$，$A\in R^{m\times n}$，$x\in R^n,b\in R^m$。将 SVD 分解可得 $[U,S,V]=\mathrm{svd}(A)$，其中 U 和 V 为单位正交矩阵，S 为奇异值按照降序排列的对角阵，而 $A=USV^{\mathrm{T}}$，所以优化的目标函数可以转化为 $\min\|USV^{\mathrm{T}}x-b\|_2^2$。因为 U 为单位正交矩阵（其模值为 1），所以它具有保范性，即将目标函数乘以 U^{T} 不会改变该向量的 2-范数。因此，优化的目标函数等价于 $\min\|SV^{\mathrm{T}}x-U^{\mathrm{T}}b\|_2^2$。令 $y=V^{\mathrm{T}}x$，$c=U^{\mathrm{T}}b$，从而优化的目标函数

可以写为$\min\|Sy-c\|_2^2$。因此，$\min\|Sy-c\|_2^2=\min\left\|\begin{bmatrix}\sigma_1 & & & \\ & \sigma_2 & & \\ & & \cdots & \\ & & & \sigma_n \\ \hline & & 0 & \end{bmatrix}\begin{bmatrix}y_1\\ y_2\\ \cdots\\ y_n\end{bmatrix}-\begin{bmatrix}c_1\\ c_2\\ \vdots\\ c_n\\ c_{n+1}\\ \vdots\\ c_m\end{bmatrix}\right\|_2^2$，

当$c_{n+1},\cdots,c_m$等于 0 时目标函数取最小值，即$x=VS_n^{-1}(U^{\mathrm{T}}b)_n$，其中$S_n^{-1}$为$S$矩阵的前$n$行和$n$列组成的方阵的逆矩阵。需要注意的是：一般的非齐次方程组$Ax=b$的最小二乘解可表示为$x=(A^{\mathrm{T}}A)^{-1}A^{\mathrm{T}}b$，这种解法只有当$A^{\mathrm{T}}A$可逆时才能求解，而且矩阵$A^{\mathrm{T}}A$的条件数越大，结果对误差就越敏感。但是，对 SVD 分解法来说，因为U和V都是单位正交矩阵，其优点在于不会改变优化目标函数的模值（保范性），所以采用 SVD 分解法得到的计算结果的精度，通常比采用其他方法的高；此外，由于任何一个矩阵都可以实现 SVD 分解，它还可以实现$A^{\mathrm{T}}A$不可逆的情况下的求解，即$x=A^{+}b$，其中A^{+}（也记为$\mathrm{pinv}(A)$）为A的广义逆（或伪逆）。

对情形（3），$\mathrm{rank}(A)=\mathrm{rank}(\tilde{A})<n$，即当线性无关方程的个数小于未知数的个数时，方程组$Ax=b$解的向量空间（通解）可表示为$x=VS_n^{-1}(U^{\mathrm{T}}b)_n+k_{r+1}v_{r+1}+\cdots+k_nv_n$，其中$(U^{\mathrm{T}}b)_n$为$U^{\mathrm{T}}b$的前$n$行组成的矩阵，而$v_{r+1},\cdots,v_n$是$V$的最后$n-\mathrm{rank}(A)$列向量。

2.4.3　齐次线性方程组 $Ax=0$ 的求解

对齐次线性方程$Ax=0$（非齐次线性方程组$Ax=b$也可转换为齐次的形式），其优化的目标函数为$\min\|Ax\|_2^2,\mathrm{s.t.}\|x\|_2=1$。此时，其最小二乘解为$A^{\mathrm{T}}A$的最小奇异值对应的特征向量。其证明过程如下：因为$\|Ax\|_2^2=(Ax)^{\mathrm{T}}Ax=x^{\mathrm{T}}(A^{\mathrm{T}}A)x$，根据$A=USV^{\mathrm{T}}$，所以$A^{\mathrm{T}}A=(USV^{\mathrm{T}})^{\mathrm{T}}USV^{\mathrm{T}}=VS^{\mathrm{T}}U^{\mathrm{T}}USV^{\mathrm{T}}=VS^{\mathrm{T}}SV^{\mathrm{T}}$。令$V=(v_1,v_2,\cdots,v_n)$，因为$VV^{\mathrm{T}}=I$，所以$\|v_i\|=v_{\mathrm{i}}^{\mathrm{T}}v_i=1,v_i^{\mathrm{T}}v_j=0,i\neq j(i,j=1,2,\cdots,n)$。因此，$VS^{\mathrm{T}}SV^{\mathrm{T}}=\sigma_1^2v_1v_1^{\mathrm{T}}+\cdots+\sigma_n^2v_nv_{\mathrm{n}}^{\mathrm{T}}=\mathrm{diag}(\sigma_1^2,\cdots,\sigma_n^2)$，$\|Ax\|_2^2=(Ax)^{\mathrm{T}}Ax=x^{\mathrm{T}}\mathrm{diag}(\sigma_1^2,\cdots,\sigma_n^2)x$。令$x=\sum_{i=1}^{n}k_iv_i$（即$x$的通解），$\|Ax\|_2^2=x^{\mathrm{T}}(A^{\mathrm{T}}A)x=k_1^2\sigma_1^2+\cdots+k_n^2\sigma_n^2$。因为$\|x\|_2=1$，且$V$是单位正交矩阵，所以$\sum_{i=1}^{n}k_i^2=1$。因此，目标函数取最小值的条件是约束条件$\|Ax\|_2^2$的一阶偏导数为 0。奇异值是按照从大到小的顺序排列的，其结果对各个参

数都是单调的，所以只有当 $k_1 = k_2 = \cdots = k_{n-1} = 0$，且 $k_n = 1$ 时，以上约束条件才能成立。

如果 $A^{\mathrm{T}}A$ 是满秩的，其结果为最小奇异值对应的特征向量，此时齐次线性方程 $Ax = 0$ 的最小二乘解，可通过以下两种方法实现：①$[V, D] = \mathrm{eig}(A^{\mathrm{T}}A)$，最小奇异值对应的 V 的特征向量即为所要求的解；②$[U, S, V] = \mathrm{svd}(A)$，对角矩阵 S 的最小奇异值对应的 V 的右奇异向量（是一个列向量）即为所要求的解。注意：SVD 分解得到的 S 的奇异值是 $A^{\mathrm{T}}A$ 的特征值的平方根。

如果 $A^{\mathrm{T}}A$ 是不满秩的，则结果是奇异值为 0 的各个特征向量的线性组合，而方程组 $Ax = 0$ 的解可表示为由 $x = k_{r+1}v_{r+1} + \cdots + k_n v_n$ 张成的向量空间，其中 $v_{r+1}, \cdots, v_n$ 是 V 的最后 $n - \mathrm{rank}(A)$ 个列向量。

2.4.4　矩阵的广义逆

对任意 $m \times n$ 的矩阵 A，存在唯一的 $n \times m$ 矩阵 M 使得以下 3 个条件同时成立：① $AMA = A$；② $MAM = M$；③ AM 和 MA 为对称矩阵。满足以上条件的矩阵 M 即为矩阵 A 的 Moore-Penrose 广义逆（或伪逆）矩阵，记作 A^+。广义逆是对一般矩阵的逆矩阵的推广。如果 A 为非奇异矩阵，则 $A^+ = A^{-1}$。对任意 $m \times n$ 的矩阵 A，当 $m \leqslant n$ 时，$A^+ = A^{\mathrm{T}}(AA^{\mathrm{T}})^{-1}$；当 $m \geqslant n$ 时，$A^+ = (A^{\mathrm{T}}A)^{-1}A^{\mathrm{T}}$，但这种方法在 A 的奇异值接近于 0 的情况下计算效果不好。为了适应矩阵 A 的奇异值接近于 0 的情况，可采用 SVD 分解法求解。具体的求解过程如下：首先对矩阵 A 进行 SVD 分解，即 $[U, S, V] = \mathrm{svd}(A)$，使得 $A = USV^{\mathrm{T}}$。当 $m \geqslant n$ 时，A 的广义逆为 $A^+ = VS_n^{-1}U^{\mathrm{T}}$，其中 S_n^{-1} 为 S 矩阵的前 n 行和 n 列组成的方阵的逆矩阵；当 $m < n$ 时，可以对 A 的行向量添加零元素进行行扩充，然后即可采用上述方法求解。其中，在求解 S_n^{-1} 时，只对各个非零元素的奇异值（可通过设定一个非常小的阈值来判断）求其倒数即可，而奇异值为零或小于一定阈值的元素则仍为零。在输出 S_n^{-1} 的结果时，只保留奇异值为非零的列向量，而矩阵 U 只取奇异值为非零的行和列组成的矩阵。

2.4.5　基变换与坐标变换

假设 $\alpha_1, \alpha_2, \cdots, \alpha_n$ 是 n 维线性空间 V 的一组线性无关向量，记作 $\alpha = (\alpha_1, \alpha_2, \cdots, \alpha_n)$，则 $f = x_{\alpha 1}\alpha_1 + x_{\alpha 2}\alpha_2 + \cdots + x_{\alpha n}\alpha_n = (\alpha_1, \alpha_2, \cdots, \alpha_n)(x_{\alpha 1}, x_{\alpha 2}, \cdots, x_{\alpha n})^{\mathrm{T}} = \alpha x$，其中 $\alpha = (\alpha_1, \alpha_2, \cdots, \alpha_n)$ 即为 n 维线性空间 V 的一组基，而 $x = (x_{\alpha 1}, x_{\alpha 2}, \cdots, x_{\alpha n})^{\mathrm{T}}$ 为基 α 下的坐标。如果 α 的每个向量都是单位向量，且任意两个向量都是正交的，则称其为标准正交基。

如果 $\alpha = (\alpha_1, \alpha_2, \cdots, \alpha_n)$ 和 $\beta = (\beta_1, \beta_2, \cdots, \beta_n)$ 是 n 维线性空间 V 的两组基，并

且满足以下关系：$\begin{cases}\beta_1 = p_{11}\alpha_1 + p_{21}\alpha_2 + \cdots + p_{n1}\alpha_n \\ \beta_2 = p_{12}\alpha_1 + p_{22}\alpha_2 + \cdots + p_{n2}\alpha_n \\ \cdots\cdots \\ \beta_n = p_{1n}\alpha_1 + p_{2n}\alpha_2 + \cdots + p_{nn}\alpha_n\end{cases}$，将其写为矩阵的形式为$(\beta_1, \beta_2, \cdots, \beta_n) = (\alpha_1, \alpha_2, \cdots, \alpha_n)\begin{bmatrix} p_{11} & p_{12} & \cdots & p_{1n} \\ p_{21} & p_{22} & \cdots & p_{2n} \\ \vdots & \vdots & & \vdots \\ p_{n1} & p_{n2} & \cdots & p_{nn}\end{bmatrix}$，即$\beta = \alpha P$，则矩阵$P$为由基$\alpha$到基$\beta$的转换（过渡）矩阵。因为$\alpha$和$\beta$都是线性无关的，所以矩阵$P$一定是可逆的。

假设$x_\alpha = (x_{\alpha 1}, x_{\alpha 2}, \cdots, x_{\alpha n})^{\mathrm{T}}$为基$\alpha = (\alpha_1, \alpha_2, \cdots, \alpha_n)$下的坐标，而$x_\beta = (x_{\beta 1}, x_{\beta 2}, \cdots, x_{\beta n})^{\mathrm{T}}$为基$\beta = (\beta_1, \beta_2, \cdots, \beta_n)$下的坐标，且这两个基满足$\beta = \alpha P$，那么在这两个基下的坐标转换关系如下：因为$\beta x_\beta = \alpha x_\alpha$，即$\alpha P x_\beta = \alpha x_\alpha$，所以$x_\alpha = P x_\beta$，或$x_\beta = P^{-1} x_\alpha$。因为对基$\alpha = (\alpha_1, \alpha_2, \cdots, \alpha_n)$（即坐标系）与该基下的坐标$x_\alpha = (x_{\alpha 1}, x_{\alpha 2}, \cdots, x_{\alpha n})^{\mathrm{T}}$同时进行互逆的变换，并不会改变空间点的实际位置，而该过程的数学表达式可表示为$\alpha x_\alpha = (\alpha P)(P^{-1} x_\alpha) = \beta x_\beta$，所以以上基变换和坐标变换，实际上是在保持空间点位置不变的条件下，给出了计算该点在不同坐标系下坐标的方法。

然而，射影变换却会改变空间点的位置。例如，在射影变换$x'_\alpha = H x_\alpha$条件下，基与坐标之间的关系可表示为$\alpha x'_\alpha = \alpha(H x_\alpha) = (\alpha H) x_\alpha$，其中$\alpha x'_\alpha = \alpha(H x_\alpha)$可看作对坐标的变换（坐标由$x_\alpha$变为$H x_\alpha$），即假定图形所在的坐标系不发生变换（保持基$\alpha$不变），通过对图形的大小、转角、位置和形状的改变来实现射影变换；而$\alpha x'_\alpha = (\alpha H) x_\alpha$可以看作对坐标系的变换，即假定图形的大小、转角、位置、形状不发生变化（保持x_α不变），通过对坐标系的改变（基由α变为αH）来实现射影变换。

假设空间中的某个点，在基α下形成的坐标为x_α，在基β下形成的矩阵为x_β，而基α和基β的变换关系为$\beta = \alpha P$，其中P为基变换矩阵，那么$\alpha x_\alpha = (\alpha P)(P^{-1} x_\alpha) = \beta x_\beta$，其中$x_\beta = P^{-1} x_\alpha$。如果对坐标$x_\alpha$进行射影变换得$x'_\alpha = H_\alpha x_\alpha$（即$\alpha x'_\alpha = \alpha H_\alpha x_\alpha$），在基$\beta$下与以上变换等价的射影变换为$H_\beta$（即$x'_\beta = H_\beta x_\beta$），那么$\beta x'_\beta = \beta H_\beta x_\beta = (\alpha P) H_\beta (P^{-1} x_\alpha) = \alpha(P H_\beta P^{-1}) x_\alpha$。因此，可得出$H_\alpha = P H_\beta P^{-1}$，即$H_\beta = P^{-1} H_\alpha P$，而$H_\alpha$和$H_\beta$互为相似矩阵（二者有相同的特征值和行列式）。由此可见，两个矩阵相似的几何意义为：相似矩阵是同一变换在不同基下的描述。

2.4.6 分块矩阵求逆

假设$M=\begin{bmatrix} A & B \\ C & D \end{bmatrix}$，其中$A$是一个$m\times m$可逆矩阵，$B$是一个$m\times n$矩阵，$C$是一个$n\times m$矩阵，$D$是一个$n\times n$矩阵，且$D-CA^{-1}B$是一个$n\times n$可逆矩阵，那么$M^{-1}=\begin{bmatrix} A & B \\ C & D \end{bmatrix}^{-1}=\begin{bmatrix} A^{-1}+A^{-1}B(D-CA^{-1}B)^{-1}CA^{-1} & -A^{-1}B(D-CA^{-1}B)^{-1} \\ -(D-CA^{-1}B)^{-1}CA^{-1} & (D-CA^{-1}B)^{-1} \end{bmatrix}$。其中，以下两种特殊矩阵的求逆在摄影测量计算中用的比较多，具体如下：

（1）如果$B=0$，那么$M^{-1}=\begin{bmatrix} A & 0 \\ C & D \end{bmatrix}^{-1}=\begin{bmatrix} A^{-1} & 0 \\ -D^{-1}CA^{-1} & D^{-1} \end{bmatrix}$；

（2）如果$C=0$，那么$M^{-1}=\begin{bmatrix} A & B \\ 0 & D \end{bmatrix}^{-1}=\begin{bmatrix} A^{-1} & -A^{-1}BD^{-1} \\ 0 & D^{-1} \end{bmatrix}$。

2.5 向量代数与空间解析几何

2.5.1 向量代数

1）向量

既有大小，又有方向的量称为向量（或矢量）。假设n维空间中有两点$M_1=(x_1,x_2,\cdots,x_n)^{\mathrm{T}}$，$M_2=(y_1,y_2,\cdots,y_n)^{\mathrm{T}}$，那么向量$\overrightarrow{M_1M_2}=(y_1-x_1,y_2-x_2,\cdots,y_n-x_n)^{\mathrm{T}}$。在本书中，所有的向量都写为列的形式。所有的向量都是自由向量，即向量只有大小和方向，但没有特定的起点，可以在空间中任意平移。

2）单位向量

假设有向量v，那么其单位向量为$v/\|v\|_2$。

3）向量的加法

向量的加法满足平行四边形法则。两个向量相加，如v_1+v_2，其结果为从v_1的起点指向v_2的终点的向量。

4）向量的减法

两个向量相减，如v_1-v_2，即相当于$v_1+(-v_2)$，其中$-v_2$为v_2的负向量，即与v_2的模相同而方向相反的向量，同样也满足平行四边形法则。

5）向量的基本性质

向量的基本性质包括：①交换律：$v_1+v_2=v_2+v_1$；②结合律：$(v_1+v_2)+v_3=v_1+(v_2+v_3)$。

6）向量的模

向量的模表示空间中两点间的直线距离（欧氏距离）。假设n维空间中两点

的坐标分别为 $M_1=(x_1,x_2,\cdots,x_n)^{\mathrm{T}}$，$M_2=(y_1,y_2,\cdots,y_n)^{\mathrm{T}}$，那么 M_1 与 M_2 间的直线距离可表示为 $d=\left\|\overrightarrow{M_1M_2}\right\|_2=\sqrt{\sum_{i=1}^{n}(y_i-x_i)^2}\,(i=1,2,\cdots,n)$，其中下标 2 表示该向量的 2-范数（注：下标 2 通常可以省略）。

7）常用的几种范数的定义

常用的向量范数如下。

（1）0-范数：通常是指一个 n 维向量中非 0 元素的个数；

（2）1-范数（或曼哈顿距离）：是一个 n 维向量各个元素的绝对值之和，即 $\|v\|_1=\sum_{i=1}^{n}|v_i|$。对二维向量而言，该结果相当于求棋盘格上两点之间沿方格边缘的距离；

（3）2-范数（或欧几里得范数）：是一个 n 维向量的模，即 $\|v\|_2=\sqrt{\sum_{i=1}^{n}|v_i|^2}$（注：通常下标 2 可以省略），它表示 n 维空间中两点之间的直线距离（欧氏距离）；

（4）p-范数：是一个 n 维向量的各个元素的绝对值的 p 次方之和再开 p 次方的结果，即 $\|v\|_p=\sqrt[p]{\sum_{i=1}^{n}|v_i|^p}$，其中 p 为一个正实数；

（5）正无穷范数（或最大值范数）：是一个 n 维向量各个元素的绝对值的最大值，即 $\|v\|_{+\infty}=\max(|v_1|,|v_2|,\cdots,|v_n|)$；

（6）负无穷范数（或最小值范数）：是一个 n 维向量各个元素的绝对值的最小值，即 $\|v\|_{-\infty}=\min(|v_1|,|v_2|,\cdots,|v_n|)$。

常用的矩阵范数如下。

（1）1-范数（列范数）：矩阵每一列的各个元素绝对值之和的最大值；

（2）2-范数：对矩阵进行 SVD 分解得到的各个奇异值中的最大值；

（3）无穷范数（行范数）：矩阵每一行的各个元素绝对值之和的最大值；

（4）Frobenius 范数：对一个 $m\times n$（其中 m 和 n 都大于或等于 2）的矩阵 A，其 Frobenius 范数被定义为 $\|A\|_F=\sqrt{\sum_{i=1}^{m}\sum_{j=1}^{n}|a_{ij}|^2}=\sqrt{\mathrm{trace}(A^*A)}=\sqrt{\sum_{i=1}^{\min(m,n)}\sigma_i^2}$，其中 A^* 为 A 的共轭转置矩阵，σ_i 为 A 的奇异值，其结果为矩阵各个元素组成的向量的 2-范数。

8）方向角

非零向量与各个坐标轴的正方向的夹角称为方向角。假设一个 n 维非零向量 $v=(x_1,x_2,\cdots,x_n)^{\mathrm{T}}$，则向量 v 的方向余弦为 $\cos\alpha_i=x_i/\|v\|_2\,(i=1,2,\cdots,n)$。其基本性

质为$\sum_{i=1}^{n}\cos\alpha_i=1$。

9）向量的点积

点积也称为数量积或内积,其具体定义如下:假设有两个维数相同的列向量v_1和v_2，其点积为两个向量对应元素乘积之和，即$v_1\cdot v_2=v_1^{\mathrm{T}}v_2=v_2^{\mathrm{T}}v_1=\sum_{i=1}^{n}v_{1i}v_{2i}$。点积的基本性质如下。

（1）交换律：$v_1\cdot v_2=v_2\cdot v_1$；

（2）分配律：$(v_1+v_2)\cdot v_3=v_1\cdot v_3+v_2\cdot v_3$；

（3）如果λ为一个标量，那么$(\lambda v_1)\cdot v_2=v_1\cdot(\lambda v_2)=\lambda(v_1\cdot v_2)$；

（4）$v_1\cdot v_2=\|v_1\|_2\cdot\|v_2\|_2\cos\theta$，即$\cos\theta=(v_1\cdot v_2)/(\|v_1\|_2\cdot\|v_2\|_2)=(v_1^{\mathrm{T}}v_2)/(\|v_1\|_2\cdot\|v_2\|_2)$，其中$\theta$为$v_1$与$v_2$的夹角。其几何意义为：两向量的数量积等于一个向量的模和另一个向量在该向量的方向上的投影（其中$\mathrm{proj}_{v_1}v_2=\|v_2\|_2\cos\theta$，$\mathrm{proj}_{v_2}v_1=\|v_1\|_2\cos\theta$）的乘积。如果两个向量的点积为0，则说明两个向量是正交的。

10）向量的叉积

叉积也称为向量积或外积，它通常是对两个三维向量而言的。其具体定义如下：令$v_1=(x_1,y_1,z_1)^{\mathrm{T}}$，$v_2=(x_2,y_2,z_2)^{\mathrm{T}}$是两个三维向量，它们的叉积定义为矩阵$\begin{bmatrix}i & j & k\\ x_1 & y_1 & z_1\\ x_2 & y_2 & z_2\end{bmatrix}$中$i,j,k$元素的代数余子式组成的向量，即：$v_1\times v_2=\mathrm{cross}(v_1,v_2)=$
$\begin{bmatrix}y_1z_2-y_2z_1\\ x_2z_1-x_1z_2\\ x_1y_2-x_2y_1\end{bmatrix}=\begin{bmatrix}0 & -z_1 & y_1\\ z_1 & 0 & -x_1\\ -y_1 & x_1 & 0\end{bmatrix}\begin{bmatrix}x_2\\ y_2\\ z_2\end{bmatrix}=[v_1]_\times v_2$，其中$[v_1]_\times$为一个反对称矩阵。叉积的基本性质如下。

（1）反交换律：$v_1\times v_2=-v_2\times v_1$；

（2）分配律：$(v_1+v_2)\times v_3=v_1\times v_3+v_2\times v_3$；

（3）如果λ为标量，$(\lambda v_1)\times v_2=v_1\times(\lambda v_2)=\lambda(v_1\times v_2)$；

（4）$\|v_1\times v_2\|=\|v_1\|_2\cdot\|v_2\|_2\cdot\sin\theta$，其中$\theta$为$v_1$与$v_2$的夹角。其几何意义为：以这两个向量为邻边的平行四边形的面积。如果两个向量的叉积为 0，则说明两个向量是平行的或共线的。

11）向量的叉积与3阶反对称矩阵之间的关系

（1）对任意一个反对称矩阵S，都有$S^{\mathrm{T}}=-S$，即$S^{\mathrm{T}}+S=0$。

（2）对任意一个3×3的实反对称矩阵S，可将其分解为$S=\lambda UZU^{\mathrm{T}}$，其中$U$

为单位正交矩阵，$Z=\begin{bmatrix}0 & 1 & 0\\ -1 & 0 & 0\\ 0 & 0 & 0\end{bmatrix}$，$\lambda$为一个标量。注：可利用Schur分解来实现。

（3）一个三维向量$v_1=(x,y,z)^{\mathrm{T}}$与另一个三维向量v_2的叉积，可表示为一个反对称矩阵$[v_1]_\times=\begin{bmatrix}0 & -z & y\\ z & 0 & -x\\ -y & x & 0\end{bmatrix}$与$v_2$的乘积，即$v_1\times v_2=[v_1]_\times v_2$。

（4）如果平面上两点的齐次坐标为三维向量v_1和v_2，那么其叉积表示过这两点的直线，即$l=v_1\times v_2$；如果平面上两条直线的齐次坐标为三维向量l_1和l_2，那么其叉积表示这两条直线的交点，即$v=l_1\times l_2$。

（5）对两个三维向量v_1和v_2，$l=v_1\times v_2=[v_1]_\times v_2=-v_2\times v_1=-[v_2]_\times v_1=(v_1^{\mathrm{T}}[v_2]_\times)^{\mathrm{T}}$。而$[l]_\times=[v_1\times v_2]_\times=[v_1]_\times[v_2]_\times-[v_2]_\times[v_1]_\times=v_2v_1^{\mathrm{T}}-v_1v_2^{\mathrm{T}}$。

（6）对一个三维向量v，$[v]_\times^2=[v]_\times[v]_\times=vv^{\mathrm{T}}-\|v\|_2^2 I$，$[v]_\times^3=[v]_\times[v]_\times[v]_\times=-\|v\|_2^2[v]_\times\simeq[v]_\times$（注：$vv^{\mathrm{T}}[v]_\times=0$）。

（7）对任意一个3×3的矩阵A，$(Av_1)\times(Av_2)=A^*(v_1\times v_2)$，其中$A^*$为$A$的代数余子式矩阵，它的每个元素$A_{ij}^*=(-1)^{i+j}\det(\hat{A})$，其中$\hat{A}$为余子式（即去除第$i$行第$j$列后的矩阵）；$A^*$的转置为$A$的伴随矩阵$\mathrm{adjoint}(A)$，而$A\cdot\mathrm{adjoint}(A)=\mathrm{adjoint}(A)\cdot A=\det(A)\cdot I$。如果$A$可逆，那么$A^*=\det(A)A^{-\mathrm{T}}$，并且根据$(Av_1)\times(Av_2)=[Av_1]_\times Av_2=\det(A)A^{-\mathrm{T}}[v_1]_\times v_2$，可推导出$[Av_1]_\times=\det(A)A^{-\mathrm{T}}[v_1]_\times A^{-1}\simeq A^{-\mathrm{T}}[v_1]_\times A^{-1}$，以及$[v_1]_\times=[\det(A)]^{-1}A^{\mathrm{T}}[Av_1]_\times A\simeq A^{\mathrm{T}}[Av_1]_\times A$。

12）向量的混合积

向量的混合积的定义：假设有3个三维列向量v_1、v_2和v_3，那么这3个向量的混合积为$(v_1\times v_2)\cdot v_3=|v_1,v_2,v_3|$，即这3个向量组成的矩阵的行列式的值。其几何意义为：以这3个向量为棱的平行六面体的体积。

向量的混合积的基本性质：$(v_1\times v_2)\cdot v_3=(v_2\times v_3)\cdot v_1=(v_3\times v_1)\cdot v_2=\det([v_1,v_2,v_3])$。如果3个向量的混合积为0，则说明这3个向量是共面的。

13）向量二重叉积的性质

$v_1\times(v_2\times v_3)=v_2(v_1\cdot v_3)-v_3(v_1\cdot v_2)$，$(v_1\times v_2)\times v_3=v_2(v_1\cdot v_3)-v_1(v_2\cdot v_3)$。

14）空间向量的旋转

三维空间中的一个向量v，绕旋转轴$\boldsymbol{n}$（利用一个单位向量来表示）旋转一定的角度θ，得到的新向量v'可利用罗德里格斯（Rodrigues）旋转公式计算出来，即$v'=Rv$，其中R为旋转矩阵（注：此处的旋转矩阵R是指对坐标的旋转，而不是对坐标系的旋转），$R(n,\theta)=I+\sin\theta[n]_\times+(1-\cos\theta)[n]_\times^2=\cos\theta I+\sin\theta[n]_\times+$

$(1-\cos\theta)nn^{\mathrm{T}}$，而旋转轴$n$可通过旋转面上的任意两个非零向量$a$和$b$来确定，即$n=a\times b$（注：当$a\times b\neq 0$时，需要对其进行归一化处理，即$n=\dfrac{a\times b}{\|a\times b\|_2}=\dfrac{a\times b}{\|a\|_2\|b\|_2\sin\alpha}$，其中$\alpha$为向量$a$和$b$的夹角）。罗德里格斯旋转公式是刚体运动的基本计算公式，它被广泛应用于计算机图形学和计算机视觉领域中。其具体推导过程如下：向量v在旋转轴n正方向上的分量$v_{\|}=n(n^{\mathrm{T}}v)=(nn^{\mathrm{T}})v=(I+[n]_{\times}^2)v$（注：对单位向量$n$有$[n]_{\times}^2=nn^{\mathrm{T}}-I$）；在垂直于旋转轴$n$上的分量$v_{\perp}=v-v_{\|}=(I-nn^{\mathrm{T}})v$；因为$v'_{\perp}=\cos\theta v_{\perp}+\sin\theta[n]_{\times}v=(\cos\theta(I-nn^{\mathrm{T}})+\sin\theta[n]_{\times})v=(\sin\theta[n]_{\times}-\cos\theta[n]_{\times}^2)v$，而$v'_{\|}=v_{\|}=(I+[n]_{\times}^2)v$（$v'_{\|}$不受旋转的影响），所以$v'=v'_{\perp}+v'_{\|}=(I+\sin\theta[n]_{\times}+(1-\cos\theta)[n]_{\times}^2)v=(\cos\theta I+\sin\theta[n]_{\times}+(1-\cos\theta)nn^{\mathrm{T}})v=Rv$，从而可以得出上述结论。此外，$R(n,\theta)$还可采用指数的形式表示，即旋转$\theta$相当于$k$次旋转$\theta/k$，所以$R(n,\theta)=\lim\limits_{k\to\infty}(I+\frac{1}{k}[\theta n]_{\times})^k=\exp[\theta n]_{\times}=\exp[\phi]_{\times}$，其中$\phi=\theta n$，$\phi$为旋转向量。其推导过程如下：根据泰勒展开式可得，$\exp([\phi]_{\times})=\exp([\theta n]_{\times})=\exp(\theta[n]_{\times})=\sum\limits_{k=0}^{+\infty}\frac{1}{k!}(\theta[n]_{\times})^k=I+\theta[n]_{\times}+\frac{1}{2!}\theta^2[n]_{\times}^2+\frac{1}{3!}\theta^3[n]_{\times}^3+\cdots=I+(\theta-\frac{1}{3!}\theta^3+\frac{1}{5!}\theta^5-\cdots)[n]_{\times}+(\frac{1}{2!}\theta-\frac{1}{4!}\theta^4+\cdots)[n]_{\times}^2=I+\sin\theta[n]_{\times}+(1-\cos\theta)[n]_{\times}^2=R(n,\theta)$。

如果已知旋转矩阵R，那么可通过以下方法反求出θ和n：因为$\mathrm{trace}(R)=\mathrm{trace}(\cos\theta I+\sin\theta[n]_{\times}+(1-\cos\theta)nn^{\mathrm{T}})=1+2\cos\theta$，所以$\theta=\arccos(\dfrac{\mathrm{trace}(R)-1}{2})$；而$Rn=n$（即旋转轴自身不受旋转的影响），从而旋转轴$n$即为特征值1对应的特征向量（结果需进行归一化处理）。此外，还可通过另一种方法来求解θ和n：因为$(R-R^{\mathrm{T}})/2=\sin\theta[n]_{\times}$，且向量$n$为单位向量，所以可据此反求出$\theta$和$n$。注：$(n,\theta)$和$(-n,-\theta)$实际上表示相同的旋转，其几何意义为旋转轴$n$的正方向和$\theta$的旋转方向都相反，则旋转结果相同。

2.5.2 空间解析几何

1）平面上的直线方程

二维空间（平面）上的直线l可表示为$ax+by+c=0$。

2）平面上两直线的交点

假设二维平面上有两直线l_1：$a_1x+b_1y+c_1=0$，l_2：$a_2x+b_2y+c_2=0$，且它

们相交于一点 m ， m 可表示为 $\begin{cases} a_1x+b_1y+c_1=0 \\ a_2x+b_2y+c_2=0 \end{cases}$。

3）平面上两直线的夹角

假设二维平面上有两直线 l_1： $a_1x+b_1y+c_1=0$ ， l_2： $a_2x+b_2y+c_2=0$ ，其夹角余弦为 $\cos\theta=\dfrac{a_1a_2+b_1b_2}{\sqrt{a_1^2+b_1^2}\sqrt{a_2^2+b_2^2}}=\dfrac{n_1^{\mathrm{T}}n_2}{\sqrt{n_1^{\mathrm{T}}n_1}\sqrt{n_2^{\mathrm{T}}n_2}}=\dfrac{l_1^{\mathrm{T}}\tilde{I}l_2}{\sqrt{l_1^{\mathrm{T}}\tilde{I}l_1}\sqrt{l_2^{\mathrm{T}}\tilde{I}l_2}}$ ，其中 $n_1=(a_1,b_1)^{\mathrm{T}}$ ， $n_2=(a_2,b_2)^{\mathrm{T}}$ ， $l_1=(a_1,b_1,c_1)^{\mathrm{T}}$ ， $l_2=(a_2,b_2,c_2)^{\mathrm{T}}$ ， $\tilde{I}=\mathrm{diag}(1,1,0)$（注：将夹角余弦表示为 $\cos\theta=\dfrac{l_1^{\mathrm{T}}\tilde{I}l_2}{\sqrt{l_1^{\mathrm{T}}\tilde{I}l_1}\sqrt{l_2^{\mathrm{T}}\tilde{I}l_2}}$ 有着深层的含义，在后面关于虚圆点及其对偶部分有详细的介绍）。如果 $a_1a_2+b_1b_2=0$ ，则两个平面正交；如果 $a_1/a_2=b_1/b_2$ ，则这两条直线是平行的或重合的。

4）平面上点到直线的距离

假设二维空间（平面）有一点 m 的坐标为 (x_0,y_0) ，那么它距直线 l ： $ax+by+c=0$ 的距离为 $d=\dfrac{|ax_0+by_0+c|}{\sqrt{a^2+b^2}}$ 。

5）平面上的直线束方程

假设二维平面上有两直线 l_1： $a_1x+b_1y+c_1=0$ ， l_2： $a_2x+b_2y+c_2=0$ ，且它们相交于一点 m ， m 可表示为 $\begin{cases} a_1x+b_1y+c_1=0 \\ a_2x+b_2y+c_2=0 \end{cases}$，那么过点 m 的直线束可表示为 $\lambda_1(a_1x+b_1y+c_1)+\lambda_2(a_2x+b_2y+c_2)=0$ ，其中 λ_1 和 λ_2 为不同时为 0 的任意常数；或者 $\lambda(a_1x+b_1y+c_1)+(1-\lambda)(a_2x+b_2y+c_2)=0$ ，其中 λ 为任意的常数。直线束是摄影测量中非常重要的概念，例如，不同像点对应的极线就是相交于极点的一组直线束。

6）平面上的曲线

二维空间（平面）上的任意曲线都可表示为齐次方程 $F(x,y)=0$ 。其中，二次曲线是常用的平面曲线，包括：圆 $x^2+y^2=r^2$（可看作特殊的椭圆），椭圆 $\dfrac{x^2}{a^2}+\dfrac{y^2}{b^2}=1$ ，双曲线 $\dfrac{x^2}{a^2}-\dfrac{y^2}{b^2}=1$ ，抛物线 $y=ax^2$ 。此外，直线也可以看作特殊的二次曲线（直线是退化的二次曲线）。

以上平面上的二次曲线只给出了特定的方程，而其一般方程可以通过对该结果进行旋转、放缩、平移和错切等处理而得到。平面上所有的二次曲线（包含其特殊情况——直线），都可表示为 $c_{11}x^2+2c_{12}xy+c_{22}y^2+2c_{13}x+2c_{23}y+c_{33}=0$ ，可将该二元二次方程写为矩阵的形式： $m^{\mathrm{T}}Cm=0$ ，其中 $m=(x,y,1)^{\mathrm{T}}$ ， $C=$

$\begin{bmatrix} c_{11} & c_{12} & c_{13} \\ c_{12} & c_{22} & c_{23} \\ c_{13} & c_{23} & c_{33} \end{bmatrix}$（$C$为一个 3×3 的对称矩阵，是二次曲线的矩阵表示）。该方程即为二次曲线的一般方程。

7）空间中的平面及其方程

（1）平面的点法式方程。垂直于一个平面的非零向量称为该平面的法线向量，它可表示为$n=(a,b,c)^{\mathrm{T}}$。法线向量垂直于平面内的任一向量。法线向量可以通过与空间中的两个不平行或共线的向量是否正交，即二者的叉积来确定；也可以通过空间中的两点的连线来确定。

过点$M_0=(x_0,y_0,z_0)^{\mathrm{T}}$，法线向量为$n=(a,b,c)^{\mathrm{T}}$的平面的点法式方程可表示为$a(x-x_0)+b(y-y_0)+c(z-z_0)=0$。该方程即为平面的点法式方程。

（2）平面的三点式方程。如果空间中有不共线的三个点$M_i=(x_i,y_i,z_i)^{\mathrm{T}},i=1,2,3$，则这三个点可以确定一个平面，其方程可表示为以下行列式：$\begin{vmatrix} x-x_1 & y-y_1 & z-z_1 \\ x_2-x_1 & y_2-y_1 & z_2-z_1 \\ x_3-x_1 & y_3-y_1 & z_3-z_1 \end{vmatrix}=0$，或者$\begin{vmatrix} x & y & z & 1 \\ x_1 & y_1 & z_1 & 1 \\ x_2 & y_2 & z_2 & 1 \\ x_3 & y_3 & z_3 & 1 \end{vmatrix}=0$。该表达式即为平面的三点式方程。

（3）平面的一般方程。将平面的点法式方程$a(x-x_0)+b(y-y_0)+c(z-z_0)=0$进行整理可得$ax+by+cz+d=0$，其中$d=-(ax_0+by_0+cz_0)$。当$a,b,c$不全为零时，该方程表示一个平面，其法线向量为$n=(a,b,c)^{\mathrm{T}}$。该方程即为平面的一般方程。

（4）平面的截距式方程。假设一个平面与x、y、z轴分别交于$M_x=(x_0,0,0)^{\mathrm{T}}$、$M_y=(0,y_0,0)^{\mathrm{T}}$、$M_z=(0,0,z_0)^{\mathrm{T}}$，那么该平面可表示为$\frac{x}{x_0}+\frac{y}{y_0}+\frac{z}{z_0}=1$，其中$x_0\neq 0,\ y_0\neq 0,\ z_0\neq 0$。该方程即为平面的截距式方程。

8）两个平面的夹角

两个平面的法线向量之间的夹角称为这两个平面的夹角。假设有两个法线向量$n_1=(a_1,b_1,c_1)^{\mathrm{T}}$和$n_2=(a_2,b_2,c_2)^{\mathrm{T}}$，那么这两个平面的夹角余弦为$\cos\theta=\frac{n_1^{\mathrm{T}}n_2}{\sqrt{n_1^{\mathrm{T}}n_1}\sqrt{n_2^{\mathrm{T}}n_2}}=\frac{a_1a_2+b_1b_2+c_1c_2}{\sqrt{a_1^2+b_1^2+c_1^2}\sqrt{a_2^2+b_2^2+c_2^2}}$。如果$a_1a_2+b_1b_2+c_1c_2=0$，则两个平面正交；如果$a_1/a_2=b_1/b_2=c_1/c_2$，则这两个平面是平行的或重合的。

9）点到平面的距离

假设$M=(x_0,y_0,z_0)^{\mathrm{T}}$是平面$\pi$外的一点，平面$\pi$的一般方程为$ax+by+$

$cz+d=0$，那么点 M 到平面 π 的距离为 $d=\dfrac{|ax_0+by_0+cz_0+d|}{\sqrt{a^2+b^2+c^2}}$。

10）空间直线及其方程

（1）空间直线的一般方程。空间直线可以看作两个平面相交的结果。假设有两个平面 π_1：$a_1x+b_1y+c_1z+d_1=0$，π_2：$a_2x+b_2y+c_2z+d_2=0$，那么空间直线的一般方程可表示为 $\begin{cases}a_1x+b_1y+c_1z+d_1=0\\a_2x+b_2y+c_2z+d_2=0\end{cases}$。

（2）直线的点向式方程。如果一个非零向量平行于一条已知直线，则该向量称为这条直线的方向向量（注意：一个方向向量乘以任意非零常数，不会改变该向量的方向）。假设一条直线过点 $M_0=(x_0,y_0,z_0)^{\mathrm{T}}$，其方向向量为 $s=(m,n,p)^{\mathrm{T}}$，那么方程 $\dfrac{x-x_0}{m}=\dfrac{y-y_0}{n}=\dfrac{z-z_0}{p}$ 为该直线的点向式方程。根据其几何意义可知：如果平面 π_1 的法线向量为 $n_1=(a_1,b_1,c_1)^{\mathrm{T}}$，平面 π_2 的法线向量为 $n_2=(a_2,b_2,c_2)^{\mathrm{T}}$，那么这两个平面交线的方向向量为 $s=n_1\times n_2$。

（3）直线的参数方程。将直线的点向式方程进行变形，可以写为 $\begin{cases}x=x_0+\lambda m\\y=y_0+\lambda n\\z=z_0+\lambda p\end{cases}$，该公式即为直线的参数方程。

（4）直线的两点式方程。过点 $M_1=(x_1,y_1,z_1)^{\mathrm{T}}$ 和点 $M_2=(x_2,y_2,z_2)^{\mathrm{T}}$ 的直线可以表示为 $\dfrac{x-x_1}{x_2-x_1}=\dfrac{y-y_1}{y_2-y_1}=\dfrac{z-z_1}{z_2-z_1}$，该公式即为直线的两点式方程。

11）两空间直线的夹角

两空间直线的方向向量的夹角称为这两直线的夹角。假设有直线 L_1：$\dfrac{x-x_1}{m_1}=\dfrac{y-y_1}{n_1}=\dfrac{z-z_1}{p_1}$，直线 L_2：$\dfrac{x-x_2}{m_2}=\dfrac{y-y_2}{n_2}=\dfrac{z-z_2}{p_2}$，即各自的方向向量分别为 $s_1=(m_1,n_1,p_1)^{\mathrm{T}}$ 和 $s_2=(m_2,n_2,p_2)^{\mathrm{T}}$。那么这两直线的夹角余弦为 $\cos\theta=\dfrac{s_1^{\mathrm{T}}s_2}{\sqrt{s_1^{\mathrm{T}}s_1}\sqrt{s_2^{\mathrm{T}}s_2}}=\dfrac{m_1m_2+n_1n_2+p_1p_2}{\sqrt{m_1^2+n_1^2+p_1^2}\sqrt{m_2^2+n_2^2+p_2^2}}$。如果 $m_1m_2+n_1n_2+p_1p_2=0$，则两直线正交；如果 $m_1/m_2=n_1/n_2=p_1/p_2$，则两直线是平行的或重合的。

12）空间直线与平面的夹角

空间直线与它在某个平面上的投影所在的直线的夹角，称为直线与平面的夹角（即该直线与平面的法线的夹角的余角）。直线 L：$\dfrac{x-x_0}{m}=\dfrac{y-y_0}{n}=\dfrac{z-z_0}{p}$（其方向向量为 $s=(m,n,p)^{\mathrm{T}}$）与平面 π：$ax+by+cz+d=0$（其法线向量为 $n=(a,b,$

$c)^{\mathrm{T}}$）的夹角 φ 为 $\cos(\frac{\pi}{2}-\varphi)=\sin\varphi=\frac{n^{\mathrm{T}}s}{\sqrt{n^{\mathrm{T}}n}\sqrt{s^{\mathrm{T}}s}}=\frac{am+bn+cp}{\sqrt{a^2+b^2+c^2}\sqrt{m^2+n^2+p^2}}$。如果 $am+bn+cp=0$，则直线 L 与平面 π 平行或者直线 L 在平面 π 上（即直线 L 与平面 π 的法线向量正交）；如果 $a/m=b/n=c/p$，则直线 L 与平面 π 正交（即直线 L 与平面 π 的法线向量平行或者重合）。

13）点到空间直线的距离

假设空间中有一点 $M_0=(x_0,y_0,z_0)^{\mathrm{T}}$，以及过点 $M_1=(x_1,y_1,z_1)^{\mathrm{T}}$ 且方向向量为 $s=(m,n,p)^{\mathrm{T}}$ 的直线 L：$\frac{x-x_1}{m}=\frac{y-y_1}{n}=\frac{z-z_1}{p}$，在直线 L 上任取一点，可以直接取 $M_1=(x_1,y_1,z_1)^{\mathrm{T}}$，也可以取直线上的其他点，那么点 M_0 到直线 L 的距离可表示为 $d=\frac{\left|\overrightarrow{M_0M_1}\times s\right|}{\|s\|_2}$。

14）两异面空间直线的距离

两异面直线的距离，即介于两异面直线间公垂线段的长度，是空间中两直线之间的最小距离。假设直线 L_1：$\frac{x-x_1}{m_1}=\frac{y-y_1}{n_1}=\frac{z-z_1}{p_1}$，直线 L_2：$\frac{x-x_2}{m_2}=\frac{y-y_2}{n_2}=\frac{z-z_2}{p_2}$，即各自的方向向量分别为 $s_1=(m_1,n_1,p_1)^{\mathrm{T}}$ 和 $s_2=(m_2,n_2,p_2)^{\mathrm{T}}$，而 $M_1=(x_1,y_1,z_1)^{\mathrm{T}}$ 为直线 L_1 上的任意一点，$M_2=(x_2,y_2,z_2)^{\mathrm{T}}$ 为直线 L_2 上的任意一点，那么该两异面直线间的距离可表示为 $d=\frac{\left|\overrightarrow{M_1M_2}\cdot(s_1\times s_2)\right|}{\|s_1\times s_2\|_2}=\frac{\left|\det\left(\left[\overrightarrow{M_1M_2},s_1,s_2\right]\right)\right|}{\|s_1\times s_2\|_2}$。

15）三维空间中的平面束方程

三维空间中的平面束是对二维空间中的直线束的扩展。假设空间中有两个平面 π_1：$a_1x+b_1y+c_1z+d_1=0$，π_2：$a_2x+b_2y+c_2z+d_2=0$，且它们相交于一条直线 L，L 的一般方程可表示为 $\begin{cases}a_1x+b_1y+c_1z+d_1=0\\a_2x+b_2y+c_2z+d_2=0\end{cases}$，那么过直线 L 的平面束可表示为 $\lambda_1(a_1x+b_1y+c_1z+d_1)+\lambda_2(a_2x+b_2y+c_2z+d_2)=0$，其中 λ_1 和 λ_2 为不同时为 0 的任意常数；或者 $\lambda(a_1x+b_1y+c_1z+d_1)+(1-\lambda)(a_2x+b_2y+c_2z+d_2)=0$，其中 λ 为任意的常数。

平面束也是摄影测量中非常重要的概念，例如，不同世界坐标点对应的核面（即由某个世界坐标点与两个相机中心三点所确定的平面），就是以基线（两个相机中心所确定的直线）为轴而组成的平面束。

16）曲面及其方程

常见的曲面包括：柱面、旋转曲面、锥面等。下面对其各自的具体定义和方程进行简要介绍。

（1）一般柱面。$F(x,y)=0, z\in(-\infty,+\infty)$，表示母线平行于 z 轴的柱面。常用的柱面：$\frac{x^2}{a^2}+\frac{y^2}{b^2}=1$ 为椭圆柱面；$\frac{x^2}{a^2}-\frac{y^2}{b^2}=1$ 为双曲柱面；$y=ax^2$ 为抛物柱面。此外，空间平面也可以看作特殊的柱面。

（2）旋转曲面。将曲线 $F(x,y)=0$，且 $z=0$，绕 x 轴或 y 轴旋转一周而得到的旋转曲面为 $F(x,\pm\sqrt{y^2+z^2})=0$ 或 $F(\pm\sqrt{x^2+z^2},y)=0$。常用的旋转曲面：$\frac{x^2}{a^2}-\frac{y^2}{b^2}=1$，且 $z=0$，绕 x 轴旋转，则为双叶旋转双曲面 $\frac{x^2}{a^2}-\frac{y^2+z^2}{b^2}=1$；$\frac{x^2}{a^2}-\frac{y^2}{b^2}=1$，且 $z=0$，绕 y 轴旋转，则为单叶旋转双曲面 $\frac{x^2+z^2}{a^2}-\frac{y^2}{b^2}=1$；抛物线 $y=ax^2$，且 $z=0$，绕 y 轴旋转，则为旋转抛物面 $y=a(x^2+z^2)$；圆 $(x-a)^2+y^2=r^2$ $(a>r>0)$，绕 y 轴旋，则为环面 $(\pm\sqrt{x^2+z^2}-a)^2+y^2=r^2$，或表示为 $(x^2+y^2+z^2+a^2-r^2)^2=4a^2(x^2+z^2)$；$\frac{x^2}{a^2}+\frac{y^2}{b^2}+\frac{z^2}{c^2}=1$（当 $a=b=c\neq 0$ 时为一个球面）为椭球面；$\frac{x^2}{a^2}+\frac{y^2}{b^2}=z$ 为椭圆抛物面；$\frac{x^2}{a^2}-\frac{y^2}{b^2}=z$ 为双曲抛物面（马鞍面）。此外，空间平面也可以看作特殊的旋转曲面。

（3）一般锥面。在空间中通过一个定点，且与定曲线相交的一组直线（锥面的母线）所产生的曲面为一般锥面。以原点为顶点的一般锥面可表示为齐次方程 $F(x,y,z)=0$。锥面可以看作一种特殊的旋转曲面，例如，圆锥面可以通过对直线 $|y|=|bx|$（或 $y^2=b^2x^2$，是由两相交的直线组成的）绕 y 轴作正圆旋转而得到，它可表示为 $y=\pm b\sqrt{x^2+z^2}$，或 $y^2=b^2(x^2+z^2)$；而椭圆锥面是绕 y 轴旋转，但环绕的轨迹为椭圆 $\frac{x^2}{a^2}+\frac{z^2}{c^2}=1$ 的锥面，它可表示为 $\frac{y^2}{b^2}=\frac{x^2}{a^2}+\frac{z^2}{c^2}$。此外，空间平面也可以看作特殊的锥面。

以上列举的各种曲面只给出了特定的方程，而其一般方程可以通过对该结果进行旋转、放缩、平移和错切等处理而得到。空间中所有的二次曲面（包含其特殊情况——空间平面）都可表示为 $q_{11}x^2+2q_{12}xy+2q_{13}xz+2q_{14}x+q_{22}y^2+2q_{23}yz+2q_{24}y+q_{33}z^2+2q_{34}z+q_{44}=0$，可将该三元二次方程写为矩阵的形式：$M^{\mathrm{T}}QM=0$，其中，$M=(x,y,z,1)^{\mathrm{T}}$，$Q=\begin{bmatrix} q_{11} & q_{12} & q_{13} & q_{14} \\ q_{12} & q_{22} & q_{23} & q_{24} \\ q_{13} & q_{23} & q_{33} & q_{34} \\ q_{14} & q_{24} & q_{34} & q_{44} \end{bmatrix}$（$Q$为一个 4×4 对称矩阵，为二次曲面的矩阵表示）。该方程即为二次曲面的一般方程。

在以上曲面中，有一种特殊的曲面，即直纹曲面（ruled surface），其具体定义为：如果曲面方程可表示为$s(t,u)=p(t)+ur(t)$，其中$s(t,u)$为曲面上的任意一点，$p(t)$为沿曲面上一条曲线移动的点，$r(t)$为随t变动的单位向量，则称该曲面为直纹曲面，即直纹曲面的母线可表示为直线。在以上列举的曲面中，柱面、锥面、单叶双曲面、双曲抛物面是直纹曲面。

17）空间曲线及其方程

空间曲线可看作两个曲面的交线，其一般方程可表示为$\begin{cases} F(x,y,z)=0 \\ G(x,y,z)=0 \end{cases}$。此外，将空间曲线$C$上的动点坐标$x, y, z$表示成参数$t$的函数，即$\begin{cases} x=x(t) \\ y=y(t) \\ z=z(t) \end{cases}$，该方程为$C$的参数方程。例如，常用的圆柱螺旋线可表示为$\begin{cases} x=a\cdot\cos(\omega t) \\ y=a\cdot\sin(\omega t) \\ z=v\cdot t \end{cases}$，其中，$a$为圆柱的半径；$\omega$为圆柱旋转的角速度；$v$为$z$轴移动的速度。令$\theta=\omega t$，$b=v/\omega$，原方程可转化为$\begin{cases} x=a\cdot\cos\theta \\ y=a\cdot\sin\theta \\ z=b\theta \end{cases}$，其中，$b$为旋转单位角度在$z$轴方向上移动的距离；$h=2\pi b$为螺距（即旋转一周在$z$轴方向上移动的距离）。

三次绕线：三次绕线是一种特殊的空间曲线，它可看作平面二次曲线的三维类推。三次绕线的参数方程为$\begin{bmatrix} X_1 \\ X_2 \\ X_3 \\ X_4 \end{bmatrix}=\begin{bmatrix} a_{11} & a_{12} & a_{13} & a_{14} \\ a_{12} & a_{22} & a_{23} & a_{24} \\ a_{13} & a_{23} & a_{33} & a_{34} \\ a_{14} & a_{24} & a_{34} & a_{44} \end{bmatrix}\begin{bmatrix} 1 \\ \theta \\ \theta^2 \\ \theta^3 \end{bmatrix}$。三次绕线的主要性质包括：三次绕线不包含在任何一个平面内，它与一般空间平面有 3 个不同的交点；三次绕线方程有 12 个自由度，它可以利用一般空间位置的 6 个点来确定；所有非退化的三次绕线都是射影等价的。

2.6　射影几何基础

2.6.1　射影平面

1）非齐次坐标与齐次坐标

通常，平面上点的坐标可表示为一个二维向量：$\tilde{m}=(x, y)^{\mathrm{T}}$，该二维向量即为该点欧氏坐标的非齐次形式；而平面上的直线可以表示为$ax+by+c=0$，因为公式中包含了常数项，所以它是一个非齐次线性方程。如果在公式的两边同时乘以任意的非零常数t，即可将其转化为齐次形式（即用一个$n+1$维向量来表示一个n维向量），即：$t(ax+by+c)=0, t\neq 0$。因此，在点坐标系下，可将以上直线公式写为矩阵的形式：$l^{\mathrm{T}}m=0$，其中$l=(a,b,c)^{\mathrm{T}}$，$m=(tx,ty,t)^{\mathrm{T}}$；同理，在线坐标系下，可将以上直线公式写为矩阵的形式：$m^{\mathrm{T}}l=0$。注：在平面上，点和线是相互对偶的；在三维空间中，点和面是相互对偶的，而空间直线可以看作两个平面相交的结果。相互对偶的角色互换，可保持原有的结构关系不变，这就是对偶原理。

由齐次坐标的公式可知，齐次坐标可以相差任意的非零尺度系数，因为它们的非齐次坐标是相等的，即对齐次坐标表示的结果乘以任意的非零常数都不会改变其结果。将点和线的坐标转化为齐次形式的好处，主要体现在以下两个方面：①将矩阵运算中的加法变为乘法，方便其计算；②可以表示无穷远点和无穷远直线。

2）无穷远点与无穷远直线

齐次坐标为$m_{\infty}=(x,y,0)^{\mathrm{T}}$的点称为无穷远点，其中$x$和$y$不同时为 0。注意：因为$x/0=\infty$，$y/0=\infty$，所以在欧氏平面坐标系中是无法表示无穷远点的，这也是将其称为无穷远点的原因。平面上所有的无穷远点所构成的集合称为无穷远直线。因为所有无穷远点$m_{\infty}=(x,y,0)^{\mathrm{T}}$都满足方程$0\cdot x+0\cdot y+1\cdot 0=0$，所以无穷远直线的齐次坐标可以表示为$l_{\infty}=(0,0,1)^{\mathrm{T}}$。注：因为$m_{\infty}$和$l_{\infty}$都是齐次坐标，所以它们可以乘以任意的非零常数。实际上，无穷远点$m_{\infty}=(x,y,0)^{\mathrm{T}}$可看作平面上欧氏坐标点$\tilde{m}=(x,y)^{\mathrm{T}}$与原点的连线所确定的方向。

3）射影平面

由欧氏平面与无穷远直线的并集所形成的扩展平面称为射影平面（也称为二维射影空间）。射影平面上所有的点和线，都可以用齐次坐标来表示。

4）判断点在线上的方法

如果点$m=(x_0,y_0,1)^{\mathrm{T}}$在平面直线$l=(a,b,c)^{\mathrm{T}}$上（或直线$l$经过点$m$），则说明该点$m$到直线$l$的距离为 0，即$d=\dfrac{|ax_0+by_0+c|}{\sqrt{a^2+b^2}}=0$，只要$ax_0+by_0+c=0$即可

满足条件；反之亦然。因此，点 m 在直线 l 上的充要条件是它们的齐次坐标向量的点积为 0，即 $l \cdot m = l^{\mathrm{T}} m = m^{\mathrm{T}} l = 0$。

5）射影平面向量的叉积

（1）平面上两点的齐次坐标的叉积表示经过这两点的直线。假设有两点 $m_1 = (0,1,1)^{\mathrm{T}}$，$m_2 = (1,0,1)^{\mathrm{T}}$，那么 $l = m_1 \times m_2 = (1,1,-1)^{\mathrm{T}}$，即直线 l 为 $x + y - 1 = 0$。该计算方法可适用于对无穷远点的计算。例如，假设有一个无穷远点 $m_1 = (0,1,0)^{\mathrm{T}}$ 和一个非无穷远点 $m_2 = (1,0,1)^{\mathrm{T}}$，那么 $l = m_1 \times m_2 = (1,0,-1)^{\mathrm{T}}$，即直线 l 为 $x = 1$；或者，有两个无穷远点 $m_1 = (0,1,0)^{\mathrm{T}}$，$m_2 = (1,0,0)^{\mathrm{T}}$，那么 $l = m_1 \times m_2 = (0,0,-1)^{\mathrm{T}}$，即直线 l 为无穷远直线。

（2）平面上两直线的齐次坐标的叉积表示这两直线的交点。假设有两直线 $l_1 = (1,-1,0)^{\mathrm{T}}$，$l_2 = (1,1,-1)^{\mathrm{T}}$，那么 $m = l_1 \times l_2 = (1,1,2)^{\mathrm{T}}$。注意：该结果为点 m 的齐次坐标，所以它可以乘以任意的非零常数 t，即 $(t,t,2t)^{\mathrm{T}}$ 都是点 m 的解。由直线的非齐次线性方程 $ax + by + c = 0$ 可知，只要对点向量 m 的第 3 个元素进行归一化处理，即可得到其非齐次坐标，即两直线交点的欧氏坐标为 $\tilde{m} = (0.5,0.5)^{\mathrm{T}}$。

该计算方法也适用于确定无穷远点的计算。因为平面上的直线 $ax + by + c = 0$ 的无穷远点，可以看作直线 $ax + by + c = 0$ 与其平行线 $ax + by + c' = 0$ 的交点，所以 $m = l_1 \times l_2 = (c' - c)(b,-a,0)^{\mathrm{T}} \simeq (b,-a,0)^{\mathrm{T}}$，其中符号"$\simeq$"表示齐次相等，即在相差一个非零尺度系数的条件下相等（在后面的章节中，如果不作特殊说明都表示该含义）。例如，假设有两平行线 $l_1 = (1,1,0)^{\mathrm{T}}$，$l_2 = (1,1,-1)^{\mathrm{T}}$，那么 $m = l_1 \times l_2 = (-1,1,0)^{\mathrm{T}}$。

6）共线点与共点线的交比

交比是射影几何中最基本的不变量，在射影几何中具有重要的意义。交比包含共线点的交比和共点线的交比两种形式，具体如下。

（1）共线点的交比。给定直线上两个不同点的齐次坐标分别为 m_1 和 m_2，则该直线上任何一个点 m 均可表示为 $m = u m_1 + v m_2$。因此，利用直线上的两点 m_1 和 m_2（即以这两个点为基，如可取 $m_1 = (1,0)^{\mathrm{T}}$；$m_2 = (0,1)^{\mathrm{T}}$），该直线上所有点的坐标都可表示为一个二维向量 $\hat{m} = (u,v)^{\mathrm{T}}$，该二维向量即为直线上点的参数化齐次坐标。

假设 m_1, m_2, m_3, m_4 为直线上的任意 4 个点，它们的参数化齐次坐标为 $\hat{m}_i = (u_i, v_i)^{\mathrm{T}}, i = 1,2,3,4$，则其交比定义为 $R(m_1, m_2; m_3, m_4) = \dfrac{\det(\hat{m}_1, \hat{m}_3)}{\det(\hat{m}_2, \hat{m}_3)} : \dfrac{\det(\hat{m}_1, \hat{m}_4)}{\det(\hat{m}_2, \hat{m}_4)}$。如果 $R(m_1, m_2; m_3, m_4) = -1$，则称 m_1, m_2 与 m_3, m_4 互为调和共轭。

（2）共点线的交比。给定的共点直线束中两条不同直线的齐次坐标分别为 l_1 和 l_2，则直线束中任何一条直线均可表示为 $l = a l_1 + b l_2$。因此，利用两条直线 l_1 和 l_2

（即以这两条线为基），该直线束所有直线的坐标都可表示为一个二维向量 $\hat{l}=(a,b)^{\mathrm{T}}$，该二维向量即为直线的参数化齐次坐标。

假设l_1,l_2,l_3,l_4为直线束（相交于一点）中的任意 4 条直线，它们的参数化齐次坐标为$\hat{l}_i=(a_i,b_i)^{\mathrm{T}},i=1,2,3,4$，则其交比定义为$R(l_1,l_2;l_3,l_4)=\dfrac{\det(\hat{l}_1,\hat{l}_3)}{\det(\hat{l}_2,\hat{l}_3)}:\dfrac{\det(\hat{l}_1,\hat{l}_4)}{\det(\hat{l}_2,\hat{l}_4)}$。

根据该定义可以推导出，如果直线束中的 4 条直线l_1,l_2,l_3,l_4的斜率分别为k_1,k_2,k_3,k_4（都是有穷的），那么$R(l_1,l_2;l_3,l_4)=\dfrac{k_1-k_3}{k_2-k_3}:\dfrac{k_1-k_4}{k_2-k_4}$。此外，因为$k_1-k_3=\tan\theta_1-\tan\theta_3=\dfrac{\sin\theta_1\cos\theta_3-\sin\theta_3\cos\theta_1}{\cos\theta_1\cos\theta_3}=\dfrac{\sin(\theta_1-\theta_3)}{\cos\theta_1\cos\theta_3}$，其中$\theta_i$为直线$l_i$与$x$轴的夹角，对其他项也做类似的变换处理，所以$R(l_1,l_2;l_3,l_4)=\dfrac{k_1-k_3}{k_2-k_3}:\dfrac{k_1-k_4}{k_2-k_4}=\dfrac{\sin(\theta_1-\theta_3)}{\sin(\theta_2-\theta_3)}:\dfrac{\sin(\theta_1-\theta_4)}{\sin(\theta_2-\theta_4)}=\dfrac{\sin(l_1,l_3)}{\sin(l_2,l_3)}:\dfrac{\sin(l_1,l_4)}{\sin(l_2,l_4)}$，其中，$(l_i,l_j)$为$l_i$和$l_j$之间的夹角。

2.6.2　二次曲线与对偶二次曲线

1）二次曲线与对偶二次曲线的矩阵表示

由空间解析几何部分的介绍可知：平面上所有的二次曲线（包含其特殊情况——直线），都可表示为$m^{\mathrm{T}}Cm=0$，其中C为 3×3 的对称矩阵，该方程是利用点的齐次坐标表示的二次曲线的一般方程。二次曲线C有 6 个独立的元素，但只有 5 个自由度（相差一个整体的尺度系数），可利用 5 个点唯一确定二次曲线C（如果是退化的二次曲线，则可用更少的点）。

如果C是平面上的一条非退化的二次曲线，则在点m处的切线为直线$l=Cm$；如果直线l是平面二次曲线C的切线，则其切点为$m=C^{-1}l$；当且仅当$l^{\mathrm{T}}C^{-1}l=0$时，直线l是平面二次曲线C的切线。以上结论不仅对非退化的二次曲线成立，而且对退化的二次曲线（由两条直线l_1和l_2构成，其矩阵可表示为$C=l_1l_2^{\mathrm{T}}+l_2l_1^{\mathrm{T}}$）仍然成立。因此，点坐标系下表示的二次曲线的一般方程$m^{\mathrm{T}}Cm=0$，可以转化为线坐标系下表示的一般方程$l^{\mathrm{T}}C^{*}l=0$，其中，$l=Cm$，对非退化二次曲线而言，$C^{*}=C^{-1}$，且$(C^{*})^{*}=C$；而对退化的二次曲线而言，$(C^{*})^{*}\neq C$。C^{*}是对偶二次曲线的矩阵，它是由无数直线生成的二次曲线，即对偶二次曲线C^{*}是由二次曲线C的所有点的切线组成的。

2）过二次曲线外一点的两条切线的矩阵表示

对非退化二次曲线C外部的任意一点m，由过点m的两条切线l_1和l_2所构成的退化的二次曲线的矩阵表示为$T=[m]_{\times}C^{-1}[m]_{\times}$。

3）配极对应

给定一条二次曲线 C，则对平面上的任一点 m，$l=Cm$ 确定了一条直线 l，则直线 l 称为点 m 关于二次曲线 C 的极线（或核线），而点 m 称为直线 l 关于 C 的极点（或核点）。如果点 m 在二次曲线 C 上，则它关于 C 的极线是通过它的切线 l，而切线 l 关于 C 的极点是切点 m。由二次曲线所确定的这种点与直线之间的对应关系，称为二次曲线的配极对应。并且，非退化二次曲线的配极对应是点与直线之间的一一对应。如果一个三角形的三个顶点都是其对边关于二次曲线 C 的极点，则称它为 C 的自配极三角形。例如，二次曲线上的四点构成的完全四点形的对边三角形是该二次曲线的自配极三角形。

在摄影测量中，第 1 幅图像上的像点 m_1 与它在第 2 幅图像上的极线 $l_2=Fm_1$ 是配极对应，而第 2 幅图像上的像点 m_2 与它在第 1 幅图像上的极线 $l_1=F^{\mathrm{T}}m_2$ 也是配极对应，其中 F 为基本矩阵（详见第 3 章的介绍）。但是，因为 F 的秩为 2，它是一个退化的二次曲线（由两条直线构成），所以点与直线存在不是一一对应的可能，而这种情况只出现在两幅图像的极点处，即第 1 幅图像的极点 e_1 与第 2 幅图像上所有的过极点 e_2 的极线是配极对应，而第 2 幅图像的极点 e_2 与第 1 幅图像上所有的过极点 e_1 的极线是配极对应。

4）共轭点

如果两个点 m_1 和 m_2 满足 $m_2^{\mathrm{T}}Cm_1=0$，则称点 m_1 和 m_2 是一对共轭点。由此可见，点 m_2 关于 C 的所有共轭点所构成的集合，即为 m_2 关于 C 的极线；因为 $m_1^{\mathrm{T}}C^{\mathrm{T}}m_2=0$，所以点 m_1 关于 C^{T} 的所有共轭点所构成的集合，即为 m_1 关于 C^{T} 的极线。例如，一对匹配点 m_1 和 m_2 满足 $m_2^{\mathrm{T}}Fm_1=0$，其中 F 为基本矩阵，所以匹配点 m_1 和 m_2 是一对共轭点。

如果点 m_1 和 m_2 关于二次曲线 C 是一对共轭点，直线 $l=m_1\times m_2$ 交二次曲线 C 于两点 r_1,r_2，那么 $R(r_1,r_2;m_1,m_2)=-1$，即二者为调和共轭。可证明圆心 O 与过圆心的直线上的无穷远点是一对共轭点。假设任意一条过圆心 O 的直线，与圆的交点为 A、B 两点，与无穷远直线交于无穷远点 C，则点 A、B 和点 O、C 为调和共轭，即 $R(A,B;O,C)=-1$。

5）虚圆点及其对偶

虚圆点（或称为圆环点，circular points）是射影平面上的无穷远直线与任意圆的交点，其方程可表示为 $\begin{cases}x^2+y^2=0\\ t=0\end{cases}$。虚圆点有两个解，分别为 $I=(1,i,0)^{\mathrm{T}}$ 和 $J=(1,-i,0)^{\mathrm{T}}$，其中 $i=\sqrt{-1}$，所以它们是一对共轭的虚点，它们与圆的位置和大小无关。实际上，以上公式中的二次方程 $x^2+y^2=0$，还可以看作在点坐标系下的由两条虚直线$l_1=(1,i,0)^{\mathrm{T}}$和$l_2=(1,-i,0)^{\mathrm{T}}$（注：它们在实数域中是不存在的，只存在于复数域中，其斜率分别为i和$-i$）构成的一条退化的虚二次曲线（退化为两条虚直线），其矩阵表示为$C_\infty=l_1l_2^{\mathrm{T}}+l_2l_1^{\mathrm{T}}=\begin{bmatrix}2&0&0\\0&2&0\\0&0&0\end{bmatrix}\simeq\begin{bmatrix}1&0&0\\0&1&0\\0&0&0\end{bmatrix}$，而该退化的虚二次曲线与射影平面上的无穷远直线的交点即为该共轭的虚圆点。

虚圆点的对偶可以看作由在线坐标系下以虚圆点I和J为中心的两组直线束构成，其矩阵表示为$C_\infty^*=IJ^{\mathrm{T}}+JI^{\mathrm{T}}=\begin{bmatrix}2&0&0\\0&2&0\\0&0&0\end{bmatrix}\simeq\begin{bmatrix}1&0&0\\0&1&0\\0&0&0\end{bmatrix}$。

点坐标系下的两条虚直线,以及线坐标系下的以虚圆点I和J为中心的两组直线束中的直线都是迷向直线（isotropic lines）。这是因为，在线坐标系下，平面上的任意一条已知直线$l=(a,b,c)^{\mathrm{T}}$与两条虚直线l_1或者l_2的夹角是不确定的，例如，直线l与l_1的夹角余弦为$\cos\theta_1=\dfrac{l^{\mathrm{T}}\tilde{I}l_1}{\sqrt{l^{\mathrm{T}}\tilde{I}l}\sqrt{l_1^{\mathrm{T}}\tilde{I}l_1}}=\dfrac{a+ib}{\sqrt{1-1}\sqrt{a^2+b^2}}=\dfrac{a+ib}{0}$，其中$\tilde{I}=\mathrm{diag}(1,1,0)$；而直线$l$与$l_2$的夹角余弦为$\cos\theta_2=\dfrac{l^{\mathrm{T}}\tilde{I}l_2}{\sqrt{l^{\mathrm{T}}\tilde{I}l}\sqrt{l_2^{\mathrm{T}}\tilde{I}l_2}}=\dfrac{a-ib}{\sqrt{1-1}\sqrt{a^2+b^2}}=\dfrac{a-ib}{0}$。此外，直线$l_1$与$l_2$的夹角余弦为$\cos\theta_{12}=\dfrac{l_1^{\mathrm{T}}\tilde{I}l_2}{\sqrt{l_1^{\mathrm{T}}\tilde{I}l_1}\sqrt{l_2^{\mathrm{T}}\tilde{I}l_2}}=\dfrac{2}{\sqrt{1-1}\sqrt{1-1}}=\dfrac{2}{0}$。因此，平面上所有直线与迷向直线的夹角都是不确定的。同理，在线坐标系下也有类似的结果。

虚圆点与交比的相关理论,在相机标定过程中有着重要的意义,在第 8 章 8.3 节中有详细的介绍。

6）拉盖尔（Laguerre）定理

假设两条非迷向直线的夹角为θ，并且这两条直线与过它们交点，且以斜率为i和$-i$的两条迷向直线所成的交比为μ，则必有$\theta=\dfrac{1}{2i}\ln\mu$。该定理的重要意义在于，它把射影几何中交比的概念表达为欧氏几何中角度的概念，从而把射影几何与欧氏几何联系起来。

拉盖尔定理的推论：平面上的两条非迷向直线正交的充要条件是这两条直线与过其交点的以斜率为i和$-i$的两条迷向直线调和共轭（即其交比为-1），等价于这两条直线上的无穷远点与两个虚圆点调和共轭。因此，射影几何中调和共轭的概念，等价于欧氏几何中正交的概念。

2.6.3　二维射影变换

1）*二维射影变换群及其子群*

二维射影变换，是描述射影平面上的图形坐标变换（或者描述其坐标系变换）的数学模型。二维射影变换群的子群包括欧氏变换、等距变换、相似变换、仿射变换、射影变换等。对各个模型的具体描述如下。

（1）欧氏变换。射影平面上的欧氏变换的定义：$\begin{bmatrix} x' \\ y' \\ t' \end{bmatrix} = \begin{bmatrix} \cos\theta & -\sin\theta & t_x \\ \sin\theta & \cos\theta & t_y \\ 0 & 0 & 1 \end{bmatrix} \begin{bmatrix} x \\ y \\ t \end{bmatrix}$，当$t \neq 0$时表示欧氏平面上的点，当$t = 0$时表示无穷远点。因为第 3 行的前两个元素都为 0，所以$t' = t$。欧氏变换可以看作先对图形进行旋转，再进行平移的结果（需要注意的是：以上变换是在保持坐标系不变的情况下，对图形各个点的坐标变换，而不是对坐标系的变换。如果是对坐标系的变换，则其转换矩阵可表示为上式中的转换矩阵的逆矩阵）。平面的欧氏变换可以写为以下分块矩阵的形式：$m' = \begin{bmatrix} R & \tilde{T} \\ 0^{\mathrm{T}} & 1 \end{bmatrix} m$，其中$R$是 2×2 的单位正交旋转矩阵（$R^{\mathrm{T}}R = RR^{\mathrm{T}} = I$，且$\det(R) = 1$），$\tilde{T}$为二维平移向量，$m$为平面上点的齐次坐标，$m'$为射影变换后的结果（下同）。平面的欧氏变换有 3 个自由度，即一个旋转角，以及在x轴和y轴方向上的平移分量。可以利用两个点实现平面欧氏变换矩阵的线性求解。欧氏变换的全体构成一个变换群，称为欧氏变换群。

在欧氏变换中，两点之间的距离、两线之间的夹角及面积是不变量。另外，欧氏变换还保持无穷远直线及虚圆点不变。

（2）等距变换。射影平面上的等距变换的定义：$\begin{bmatrix} x' \\ y' \\ t' \end{bmatrix} = \begin{bmatrix} \cos\theta & -\sin\theta & t_x \\ \sin\theta & \cos\theta & t_y \\ 0 & 0 & 1 \end{bmatrix} \begin{bmatrix} \sigma_1 & 0 & 0 \\ 0 & \sigma_2 & 0 \\ 0 & 0 & 1 \end{bmatrix} \begin{bmatrix} x \\ y \\ t \end{bmatrix} = \begin{bmatrix} \sigma_1\cos\theta & -\sigma_2\sin\theta & t_x \\ \sigma_1\sin\theta & \sigma_2\cos\theta & t_y \\ 0 & 0 & 1 \end{bmatrix} \begin{bmatrix} x \\ y \\ t \end{bmatrix}$，当$t \neq 0$时表示欧氏平面上的点，当$t = 0$时表示无穷远点。因为第 3 行的前两个元素都为 0，所以$t' = t$。平面的等距变换也可以写为以下分块矩阵的形式：$m' = \begin{bmatrix} U & \tilde{T} \\ 0^{\mathrm{T}} & 1 \end{bmatrix} m$，其中$U$为 2×2 的单位正交矩阵，$\tilde{T}$为二维平移向量。等距变换可以看作先对图形进行对称处理，然后再对其进行旋转和平移的结果。在以上公式中$\sigma_1 = \pm 1$，$\sigma_2 = \pm 1$。当$\sigma_1 = 1$，$\sigma_2 = 1$

时是欧氏变换（结果是保向的）；当$\sigma_1=1$，$\sigma_2=-1$时是先求图形关于x轴对称的结果，再对结果进行欧氏变换（结果是逆向的）；当$\sigma_1=-1$，$\sigma_2=1$时是先求图形关于y轴对称的结果，再对结果进行欧氏变换（结果是逆向的）；当$\sigma_1=-1$，$\sigma_2=-1$时是先求图形关于坐标原点对称的结果，再对结果进行欧氏变换（结果是保向的，也可看作对原图形旋转$\theta+\pi$，然后再对结果进行平移的结果）。很明显，欧氏变换是一种特殊的等距变换，也是最常用的等距变换。等距变换的全体构成一个变换群，称为等距变换群。注：等距变换的本质为合同变换（或称为全等变换，是一种正交变换），即对某一坐标点进行对称、平移和旋转的变换。

在等距变换中，两点之间的距离、两线之间的夹角及面积是不变量。另外，欧氏变换保持无穷远直线不变，也保持虚圆点不变（注：如果是逆向的等距变换，则两个虚圆点互换）。

（3）相似变换。射影平面上的相似变换的定义：$\begin{bmatrix} x' \\ y' \\ t' \end{bmatrix}=\begin{bmatrix} s\cos\theta & -s\sin\theta & t_x \\ s\sin\theta & s\cos\theta & t_y \\ 0 & 0 & 1 \end{bmatrix}$ $\begin{bmatrix} \sigma_1 & 0 & 0 \\ 0 & \sigma_2 & 0 \\ 0 & 0 & 1 \end{bmatrix}\begin{bmatrix} x \\ y \\ t \end{bmatrix}=\begin{bmatrix} s\sigma_1\cos\theta & -s\sigma_2\sin\theta & t_x \\ s\sigma_1\sin\theta & s\sigma_2\cos\theta & t_y \\ 0 & 0 & 1 \end{bmatrix}\begin{bmatrix} x \\ y \\ t \end{bmatrix}$，当$t\neq 0$时表示欧氏平面上的点，当$t=0$时表示无穷远点。因为第 3 行的前两个元素都为 0，所以$t'=t$。或者将其写为分块矩阵的形式：$m'=\begin{bmatrix} sU & \tilde{T} \\ 0^{\mathrm{T}} & 1 \end{bmatrix}m$，其中标量$s$为尺度系数，$U$为 2×2 的单位正交矩阵，$\tilde{T}$为二维平移向量。相似变换可以看作对图形先进行对称处理，再对结果进行旋转、放缩和平移的结果。平面的相似变换有 4 个自由度，即一个旋转角，一个尺度系数，以及在x轴和y轴方向上的平移分量。可以利用两个点实现平面相似变换矩阵的线性求解（其中，尺度系数s可以根据各点到质心的平均距离计算出来，其他计算与欧氏变换矩阵的类似）。如果限制U是一个二维单位旋转矩阵R（$R^{\mathrm{T}}R=RR^{\mathrm{T}}=I$，且$\det(R)=1$），即只有放缩、旋转和平移变换，而没有对称变换，则以上变换称为二维旋转相似变换，即$m'=\begin{bmatrix} sR & \tilde{T} \\ 0^{\mathrm{T}} & 1 \end{bmatrix}m$，它也有 4 个自由度。相似变换的全体构成一个变换群，称为相似变换群。

在相似变换中，两线之间的夹角、长度的比率及面积的比率是不变量。此外，相似变换还保持无穷远直线不变、虚圆点不变、对偶二次曲线不变。

（4）仿射变换。射影平面上的仿射变换的定义：$\begin{bmatrix} x' \\ y' \\ t' \end{bmatrix} = \begin{bmatrix} a_1 & a_2 & t_x \\ a_3 & a_4 & t_y \\ 0 & 0 & 1 \end{bmatrix} \begin{bmatrix} x \\ y \\ t \end{bmatrix}$，当 $t \neq 0$ 时表示欧氏平面上的点，当 $t = 0$ 时表示无穷远点。因为第 3 行的前两个元素都为 0，所以 $t' = t$ 。或者将其写为分块矩阵的形式：$m' = \begin{bmatrix} A & \tilde{T} \\ 0^{\mathrm{T}} & 1 \end{bmatrix} m$，其中 A 为 2×2 的非奇异矩阵，$\tilde{T}$ 为二维平移向量。平面的仿射变换有 6 个自由度，可以利用 3 个不共线的点，线性求解仿射变换矩阵。通过对 A 进行 SVD 分解可得 $A = USV^{\mathrm{T}} = (UV^{\mathrm{T}})(VSV^{\mathrm{T}}) = R(\theta)[R(-\varphi)SR(\varphi)]$，其中 $S = \mathrm{diag}(s_1, s_2)$。因此，仿射变换可看作由两个旋转角、在 x 轴和 y 轴方向上的非均匀伸缩变换，以及平移变换的综合作用结果。此外，对 A 进行 QR 分解可得 $A = RK$，其中 R 是一个正交矩阵，K 是一个上三角矩阵，$K = \begin{bmatrix} s_x & e \\ 0 & s_y \end{bmatrix}$，其中 K 可进一步分解为 $K = \begin{bmatrix} s_x & e \\ 0 & s_y \end{bmatrix} = \begin{bmatrix} s_x & 0 \\ 0 & s_y \end{bmatrix} \begin{bmatrix} 1 & e/s_x \\ 0 & 1 \end{bmatrix} = SP$，而 P 为错切变换矩阵。因此，仿射变换也可看作由错切变换、在 x 轴和 y 轴方向上的非均匀伸缩变换、正交变换，以及平移变换综合作用的结果。仿射变换的全体也构成一个变换群，称为仿射变换群，相似变换群是它的子群。

在仿射变换中，平行性、平行线段长度的比值不变、面积的比值是不变量。此外，仿射变换保持无穷远直线 l_∞ 不变。

（5）射影变换。射影平面上的射影变换的定义：$\begin{bmatrix} x' \\ y' \\ t' \end{bmatrix} = \begin{bmatrix} h_{11} & h_{12} & h_{13} \\ h_{21} & h_{22} & h_{23} \\ h_{31} & h_{32} & h_{33} \end{bmatrix} \begin{bmatrix} x \\ y \\ t \end{bmatrix}$，当 $t \neq 0$ 时表示欧氏平面上的点，当 $t = 0$ 时表示无穷远点。或者将其简写为 $m' = Hm$，其中，3×3 的矩阵 H 称为点坐标系下的射影变换矩阵或单应矩阵。射影变换是射影平面上的可逆齐次线性变换。因为射影变换中点的坐标为齐次坐标，所以射影变换矩阵 H 可以乘以任意的非零常数，因此射影变换有 8 个自由度（相差一个整体的尺度系数），需要利用 4 个点（其中任意 3 个点不共线）来确定射影变换矩阵 H 。

对射影变换的解释：当空间中的世界坐标点投影到像平面上时，可利用相机投影模型 $\mu m = K[R, \tilde{T}]M = PM$ 来描述（详见第 3 章的介绍），其中 P 是一个 3×4 的相机矩阵；而将无穷远平面上的无穷远点投影到像平面上，不仅可以通过相机投影模型来描述，而且还可以通过射影变换模型来描述。这是因为，对无穷远点来说，相机矩阵 P 中的平移量是可以消除的（因为无穷远点的投影与平移向量无关，它仅与相机的内参矩阵 K 和旋转矩阵 R 有关）。在以相机中心为原点的三维空间中，将经过某一世界坐标点 $M=(x,y,z,1)^{\mathrm{T}}$（其中 x,y,z 不同时为 0）与相机中心 $C=(0,0,0,1)^{\mathrm{T}}$ 的直线所对应的无穷远点 $M_{\infty}=(x,y,z,0)^{\mathrm{T}}$ 投影到像平面上时，3×4 的相机矩阵 P 就退化为 3×3 的射影变换矩阵 $m=\mu^{-1}KR\tilde{M}_{\infty}$，其中 $\tilde{M}_{\infty}=(x,y,z)^{\mathrm{T}}$，即射影变换矩阵 $H=\mu^{-1}KR\simeq KR$。因此，当无穷远平面上的无穷远点投影到某一像平面上，或者某一像平面上的点投影到无穷远平面上时（因为 H 是可逆的），可以通过射影变换来模拟。此外，当利用相机投影模型来描述二维平面上的点的投影时，即 $\mu m=PM=P(x,y,0,t)^{\mathrm{T}}=K(r_1,r_2,\tilde{T})(x,y,t)^{\mathrm{T}}$，也可以利用射影变换矩阵 H 来表示其转换关系。需要注意的是：空间中的无穷远点 $M_{\infty}=(x,y,z,0)^{\mathrm{T}}$ 是一个齐次向量，所以可以乘以任意的非零常数，而当 3×4 的相机矩阵 P 退化为 3×3 的射影变换矩阵 H 时，该无穷远点则可表示为 $\tilde{M}_{\infty}=(x,y,z)^{\mathrm{T}}$，其中 x,y,z 不同时为 0。如果令 $t=z$，即将无穷远点的非齐次坐标看作二维平面上点的齐次坐标，那么 $\tilde{M}_{\infty}\simeq m=(x,y,t)^{\mathrm{T}}$，其中 x,y,t 不同时为 0。

射影变换矩阵 H 的一种分解：射影变换可以表示为 $\begin{bmatrix} x' \\ y' \\ t' \end{bmatrix}=\begin{bmatrix} a_1 & a_2 & t_x \\ a_3 & a_4 & t_y \\ v_1 & v_2 & c \end{bmatrix}\begin{bmatrix} x \\ y \\ t \end{bmatrix}$，或者将其写为分块矩阵的形式 $m'=\begin{bmatrix} A & \tilde{T} \\ v^{\mathrm{T}} & c \end{bmatrix}m=Hm$，其中，$A$ 为 2×2 的非奇异矩阵；$\tilde{T}$ 为二维平移向量；$v=(v_1,v_2)^{\mathrm{T}}$；c 为任意常数。当 $c\neq 0$ 时，矩阵 H 可分解为 $H=H_S H_A H_P=\begin{bmatrix} sR & \tilde{T}/c \\ 0 & 1 \end{bmatrix}\begin{bmatrix} K & 0 \\ 0 & 1 \end{bmatrix}\begin{bmatrix} I & 0 \\ v^{\mathrm{T}} & c \end{bmatrix}=\begin{bmatrix} A & \tilde{T} \\ v^{\mathrm{T}} & c \end{bmatrix}$，其中 H_S,H_A,H_P 分别为相似变换、仿射变换和改变无穷远直线的射影变换，K 为一个上三角矩阵，且 $\det(K)=1$，R 为一个正交矩阵，$A=sRK+\dfrac{\tilde{T}v^{\mathrm{T}}}{c}$，而且当 $s>0$ 时该分解是唯一的；但当 $c=0$ 时，则不能做以上分解。

射影变换矩阵 H 的另一种分解：将任意的射影变换矩阵 H 分解为一个上三角矩阵 K 和一个正交矩阵 R（如果 $\det(R)=1$ 则为旋转矩阵）的乘积。具体的实现方法如下：因为利用 QR 分解可将矩阵 H 的逆矩阵 H^{-1} 分解为一个正交矩阵 R_0 和一个上三角矩阵 K_0 的乘积，即 $[R_0,K_0]=\mathrm{qr}(H^{-1})$，使得 $H^{-1}=R_0K_0$，所以 $H=K_0^{-1}R_0^{\mathrm{T}}=KR$，其中，$K=K_0^{-1}$，$R=R_0^{\mathrm{T}}$。需要注意的是：如果射影变换矩阵 H 描述的是空间中无穷远点的投影变换，那么得到的结果则为 $\mu m=PM=P(x,y,z,0)^{\mathrm{T}}=$

$K(r_1,r_2,r_3)(x,y,z)^{\mathrm{T}}$，所以 $H_\infty = \dfrac{1}{\mu}KR \simeq KR$。如果射影变换矩阵 H 描述的是二维平面之间的变换，即 $\mu m = PM = P(x,y,0,t)^{\mathrm{T}} = K(r_1,r_2,\tilde{T})(x,y,t)^{\mathrm{T}}$，那么该结果与利用无穷远点得到的结果是不同的，因为此时 $H = \dfrac{1}{\mu}K(r_1,r_2,\tilde{T}) \simeq K(r_1,r_2,\tilde{T})$。

在射影变换中，共点、共线、相交、相切、拐点等基本性质是不变量，直线在射影变换后仍为直线，且 4 个共线点或 4 条共点线的交比是不变量。

射影变换矩阵 H 的求解：因为射影变换中的单应矩阵 H 是一个齐次矩阵，所以 $m_2 \simeq Hm_1$ 实际上隐含了一个非零系数 μ。将 μ 显式写出可得 $\mu m_2 = Hm_1$，即 $\mu\begin{bmatrix} x_2 \\ y_2 \\ t_2 \end{bmatrix} = \begin{bmatrix} h_{11} & h_{12} & h_{13} \\ h_{21} & h_{22} & h_{23} \\ h_{31} & h_{32} & h_{33} \end{bmatrix}\begin{bmatrix} x_1 \\ y_1 \\ t_1 \end{bmatrix}$。把上式展开后得 $\begin{cases} \mu x_2 = h_{11}x_1 + h_{12}y_1 + h_{13}t_1 \\ \mu y_2 = h_{21}x_1 + h_{22}y_1 + h_{23}t_1 \\ \mu t_2 = h_{31}x_1 + h_{32}y_1 + h_{33}t_1 \end{cases}$，即 $\begin{cases} (h_{31}x_1 + h_{32}y_1 + h_{33}t_1)x_2 = (h_{11}x_1 + h_{12}y_1 + h_{13}t_1)t_2 \\ (h_{31}x_1 + h_{32}y_1 + h_{33}t_1)y_2 = (h_{21}x_1 + h_{22}y_1 + h_{23}t_1)t_2 \end{cases}$。可将其进一步转换为 $\begin{cases} x_1t_2h_{11} + y_1t_2h_{12} + t_1t_2h_{13} + 0 + 0 + 0 - x_1x_2h_{31} - x_2y_1h_{32} - x_2t_1h_{33} = 0 \\ 0 + 0 + 0 + x_1t_2h_{21} + y_1t_2h_{22} + t_1t_2h_{23} - x_1y_2h_{31} - y_1y_2h_{32} - y_2t_1h_{33} = 0 \end{cases}$。因此，只要利用 4 对或者更多的匹配点，即可通过 SVD 分解得出其最小二乘解（即单应矩阵 H 的 9 个元素的值）。因为 H 只有 8 个自由度，所以通常得到的是模值为 1 的结果。注意：为了消除坐标变换的影响，并提高单应矩阵 H 的计算精度，需要对 m_1 和 m_2 进行归一化处理（详见第 3 章的介绍）。

2）直线的射影变换

令 l 是平面上的一条直线，l' 是经过射影变换 H 后的直线，那么 l' 和 l 的关系可按照以下推导过程得出：因为 $m' = Hm$，即 $m = H^{-1}m'$，且 $l^{\mathrm{T}}m = 0$，所以 $l^{\mathrm{T}}H^{-1}m' = 0$，即 $(H^{-\mathrm{T}}l)^{\mathrm{T}}m' = 0$，因此 $l' = H^{-\mathrm{T}}l$，其中 $H^{-\mathrm{T}}$ 称为射影变换 H 的对偶。

3）二次曲线的射影变换

令 C 是平面上的一条二次曲线，C' 是经过点坐标系下的射影变换 H 后的二次曲线，那么 C' 和 C 的关系可按照以下推导过程得出：因为 $m' = Hm$，即 $m = H^{-1}m'$，且 $m^{\mathrm{T}}Cm = 0$，所以 $(H^{-1}m')^{\mathrm{T}}C(H^{-1}m') = 0$，即 $(m')^{\mathrm{T}}(H^{-\mathrm{T}}CH^{-1})m' = 0$，因此 $C' = H^{-\mathrm{T}}CH^{-1}$，而射影变换 H 对二次曲线 C 的变换为对偶合同变换。

4）对偶二次曲线的射影变换

因为 $C^* = C^{-1}$，且 $C' = H^{-\mathrm{T}}CH^{-1}$，所以 $C'^* = (C')^{-1} = (H^{-\mathrm{T}}CH^{-1})^{-1} = HC^{-1}H^{\mathrm{T}} = HC^*H^{\mathrm{T}}$。

5）射影变换后直线之间的夹角

假设l_1和l_2是二维平面上的两条直线，即$l_1^{\mathrm{T}}m=0$，$l_2^{\mathrm{T}}m=0$，其夹角余弦为$\cos\theta=\dfrac{l_1^{\mathrm{T}}\tilde{I}l_2}{\sqrt{l_1^{\mathrm{T}}\tilde{I}l_1}\sqrt{l_2^{\mathrm{T}}\tilde{I}l_2}}$，其中$\tilde{I}=\mathrm{diag}(1,1,0)$。那么经过点坐标系下的射影变换$H$后，两直线之间的在原坐标系下的夹角可按照以下推导过程得出：由平面上直线的射影变换可得$l_1'=H^{-\mathrm{T}}l_1$，$l_2'=H^{-\mathrm{T}}l_2$，即$l_1=H^{\mathrm{T}}l_1'$，$l_2=H^{\mathrm{T}}l_2'$，代入夹角余弦公式可得$\cos\theta=\dfrac{(H^{\mathrm{T}}l_1')^{\mathrm{T}}\tilde{I}(H^{\mathrm{T}}l_2')}{\sqrt{(H^{\mathrm{T}}l_1')^{\mathrm{T}}\tilde{I}(H^{\mathrm{T}}l_1')}\sqrt{(H^{\mathrm{T}}l_2')^{\mathrm{T}}\tilde{I}(H^{\mathrm{T}}l_2')}}$，即$\cos\theta=\dfrac{(l_1')^{\mathrm{T}}(H\tilde{I}H^{\mathrm{T}})(l_2')}{\sqrt{(l_1')^{\mathrm{T}}(H\tilde{I}H^{\mathrm{T}})(l_1')}\sqrt{(l_2')^{\mathrm{T}}(H\tilde{I}H^{\mathrm{T}})(l_2')}}$。

2.6.4　三维射影变换

1）空间点与空间平面

在三维射影空间中，空间点与空间平面是对偶的。空间平面的方程可表示为$ax+by+cz+dw=0$，即$\pi^{\mathrm{T}}M=0$，其中$\pi=(a,b,c,d)^{\mathrm{T}}$为该空间平面的齐次坐标，其中平面$\pi=(0,0,0,1)^{\mathrm{T}}$称为无穷远平面，记为$\pi_\infty$，它是所有无穷远点的集合；$M=(x,y,z,w)^{\mathrm{T}}$为空间点的齐次坐标，其中$x,y,z,w$不同时为 0，当$w\neq0$时，点为空间中的有穷远点；当$w=0$时，点为空间中的无穷远点，记为$M_\infty=(x,y,z,0)^{\mathrm{T}}$，而空间中的无穷远点$M_\infty$可以看作三维空间中欧氏坐标点$\tilde{M}=(x,y,z)^{\mathrm{T}}$与原点的连线所确定的方向。

根据三维射影空间的平面方程可知，3 个不共线的点（即其系数矩阵的秩为 3）可以确定一个平面；3 个点共线（即其系数矩阵的秩为 2）则可以确定一个平面束；3 个重合的点（即其系数矩阵的秩为 1）则表示过该点的任意平面。空间平面π上的无穷远直线可表示为$\pi^{\mathrm{T}}M_\infty=n^{\mathrm{T}}\tilde{M}=0$，其中$n=(a,b,c)^{\mathrm{T}}$为空间平面$\pi$的法向量，$\tilde{M}=(x,y,z)^{\mathrm{T}}$为空间点的非齐次形式。因此，平面$\pi$的法向量$n$即为该平面上的无穷远直线，而平面上的无穷远直线也表示该平面的法向量。

2）空间直线及其对偶

在前面的章节中已经介绍过空间直线的一般方程、点向式方程、参数方程、两点式方程，下面再介绍另一种表示方法，即空间直线的 Plücker 矩阵，它可以看作二维平面上点的叉积表示直线的方式，或者直线的叉积表示点的方式在三维空间中的推广，具体如下：假设空间中有不重合的两点A和B，那么连接A、B两点的直线可表示为$L=AB^{\mathrm{T}}-BA^{\mathrm{T}}$，$L$是一个 4×4 的反对称矩阵，直线$L$上所有点的集合即为矩阵$L$的二维右零空间。此外，因为空间直线是自对偶的，所以其对偶的 Plücker 矩阵为$L^*=PQ^{\mathrm{T}}-QP^{\mathrm{T}}$，表示直线是两个平面$P$和$Q$相交的结果。

3）空间二次曲面及其对偶

根据前面章节的介绍可知，空间中所有的二次曲面（包含其特殊情况——空间平面）都可表示为 $M^{\mathrm{T}}QM=0$，其中 Q 是一个 4×4 的对称矩阵，该方程即为利用点的齐次坐标表示的二次曲面的一般方程。二次曲面 Q 有 10 个独立的元素，但只有 9 个自由度（相差一个整体的尺度系数），因此空间的 9 个点可唯一确定二次曲面 Q（如果是退化的二次曲面，则可用更少的点）。

因为在三维空间中，点和面是对偶的，所以可以得出以下结论：如果 Q 是空间中的一个非退化的二次曲面，则在点 M 处的切平面为 $\pi=QM$；如果平面 π 是空间二次曲面 Q 的切平面，则其切点为 $M=Q^{-1}\pi$；当且仅当 $\pi^{\mathrm{T}}Q^{-1}\pi=0$ 时，平面 π 是二次曲面 Q 的切平面。因此，点坐标系下表示的二次曲线的一般方程 $M^{\mathrm{T}}QM=0$，可以转化为切平面坐标系下表示的一般方程，即 $\pi^{\mathrm{T}}Q^{*}\pi=0$，其中 $\pi=QM$，$Q^{*}=Q^{-1}$。Q^{*} 是对偶二次曲面的矩阵，它是由无数平面生成的二次曲面，即对偶二次曲面 Q^{*} 是由二次曲面 Q 的所有点的切平面组成的。

锥面的对偶二次曲面：当 Q 的秩为 3 时，Q 表示一个锥面。因为 Q 不满秩，所以它是一个退化二次曲面，且 Q 有一维零空间，该零空间为锥面 Q 的顶点 V 的齐次坐标。由于在顶点 V 处不存在切平面，而在锥面 Q 上除顶点 V 外的任意一点 M，其切平面为 $\pi=QM$，且任意点的切平面都过顶点 V，即锥面的对偶二次曲面可表示为 $\begin{cases}\pi^{\mathrm{T}}Q^{+}\pi=0\\ V^{\mathrm{T}}\pi=0\end{cases}$，其中 Q^{+} 为矩阵 Q 的广义逆。在对偶空间中，锥面的对偶二次曲面是锥面与平面的交线，因此它是一条平面二次曲线。

4）三维射影变换群及其子群

三维射影变换是描述三维空间图形变换（或者描述其坐标系变换）的数学模型。三维射影变换群的子群包括欧氏变换、等距变换、相似变换、仿射变换、射影变换等。对各个模型的具体描述如下。

（1）三维等距变换。三维等距变换的定义：$M'=\begin{bmatrix}U & \tilde{T}\\ 0^{\mathrm{T}} & 1\end{bmatrix}M$，其中 U 为一个三维单位正交矩阵，$\tilde{T}$ 为平移向量。三维空间的等距变换可以看作由对称、旋转和平移综合作用的结果，它有 6 个自由度。由三维等距变换的全体构成的群，称为等距变换群（注：它是对二维等距变换的扩展，其中矩阵 U 可包含对称变换）。如果限制 U 是一个三维单位旋转矩阵 R（$R^{\mathrm{T}}R=RR^{\mathrm{T}}=I$，且 $\det(R)=1$），则以上变换称为欧氏变换，即 $M'=\begin{bmatrix}R & \tilde{T}\\ 0^{\mathrm{T}} & 1\end{bmatrix}M$，它有 6 个自由度。欧氏变换是一种特殊的等距变换，也是最常用的等距变换。

三维等距变换的不变量：三维立体图形中的直线和平面的夹角，以及其长度、面积和体积。

（2）三维相似变换。三维相似变换的定义：$M'=\begin{bmatrix} sU & \tilde{T} \\ 0^{\mathrm{T}} & 1 \end{bmatrix} M$，其中 s 为尺度系数，U 为一个三维单位正交矩阵，$\tilde{T}$ 为平移向量。三维相似变换可以看作由对称、放缩、旋转和平移综合作用的结果，它有 7 个自由度。由三维相似变换的全体构成的群，称为相似变换群（注：它是对二维相似变换的扩展，其中矩阵 U 可包含对称变换）。如果限制 U 是一个三维单位旋转矩阵 R（$R^{\mathrm{T}}R=RR^{\mathrm{T}}=I$，且 $\det(R)=1$），即只有放缩、旋转和平移变换，而没有对称变换，则以上变换称为三维旋转相似变换，即 $M'=\begin{bmatrix} sR & \tilde{T} \\ 0^{\mathrm{T}} & 1 \end{bmatrix} M$，它有 7 个自由度。在后面介绍的世界坐标的绝对定向过程，实际上就是求取三维旋转相似变换参数的过程。

三维相似变换的不变量：三维立体图形中的直线和平面的夹角，以及其长度比、面积比和体积比。此外，还保持绝对二次曲线 Ω_∞ 不变。

（3）三维仿射变换。三维仿射变换的定义：$M'=\begin{bmatrix} A & \tilde{T} \\ 0^{\mathrm{T}} & 1 \end{bmatrix} M$，其中 A 为一个三阶可逆矩阵，$\tilde{T}$ 为平移向量。三维仿射变换有 12 个自由度。由三维仿射变换的全体构成的群，称为仿射变换群。

三维仿射变换的不变量：无穷平面，直线、平面的平行性，面积比、体积比，平行线段（或在同一直线上的线段）的长度比。

（4）三维射影变换。三维射影变换的定义：$M'=HM$，其中 H 为一个 4×4 的矩阵，即射影变换矩阵，或称单应矩阵。三维射影变换是一个可逆的齐次线性变换，H 可以乘以任意的非零常数。虽然 H 有 16 个独立的元素，但是它只有 15 个自由度（相差 1 个整体的尺度系数），因此可利用 5 个点（其中的任意 4 个点不共面）来确定三维射影变换矩阵 H。

三维射影变换的不变量：相交、相切、高斯曲率的符号。

5）空间点、空间平面和空间直线的三维射影变换

空间中的点和面是对偶的，$M'=HM$，即 $M=H^{-1}M'$，而点 M 为平面 π 上的一点，即 $\pi^{\mathrm{T}}M=0$，所以 $\pi^{\mathrm{T}}H^{-1}M'=(H^{-\mathrm{T}}\pi)^{\mathrm{T}}=0$，$\pi'=H^{-\mathrm{T}}\pi$。因此，三维射影变换矩阵 H 的对偶为 $H^{-\mathrm{T}}$。因为空间直线可表示为 $L=AB^{\mathrm{T}}-BA^{\mathrm{T}}$，而 $A'=HA$，$B'=HB$，所以 $L'=A'B'^{\mathrm{T}}-B'A'^{\mathrm{T}}=(HA)(HB)^{\mathrm{T}}-(HB)(HA)^{\mathrm{T}}=H(AB^{\mathrm{T}}-BA^{\mathrm{T}})H^{\mathrm{T}}=HLH^{\mathrm{T}}$。

6）空间二次曲面与对偶二次曲面的三维射影变换

（1）空间二次曲面的三维射影变换。空间非退化的二次曲面可表示为 $M^{\mathrm{T}}QM=0$，$M'=HM$，即 $M=H^{-1}M'$，所以 $(H^{-1}M')^{\mathrm{T}}Q(H^{-1}M')=0$，即

$M'^{\mathrm{T}}(H^{-\mathrm{T}}QH^{-1})M'=0$。因此，$Q'=H^{-\mathrm{T}}QH^{-1}$。此外，对退化的情况，当$Q$的秩为 3 时，$Q$表示一个锥面，上式仍然适用。

（2）对偶二次曲面的三维射影变换。空间非退化的对偶二次曲面可表示为$\pi^{\mathrm{T}}Q^{*}\pi=0$，而$\pi'=H^{-\mathrm{T}}\pi$，所以$Q^{*\prime}=HQ^{*}H^{\mathrm{T}}$。但是，对锥面的对偶二次曲面，以上公式并不适用。因为锥面的对偶二次曲面可表示为$\begin{cases}\pi^{\mathrm{T}}Q^{+}\pi=0\\V^{\mathrm{T}}\pi=0\end{cases}$，所以其三维射影变换可表示为$\begin{cases}(H^{\mathrm{T}}\pi')^{\mathrm{T}}Q^{+}(H^{\mathrm{T}}\pi')=0\\V^{\mathrm{T}}(H^{\mathrm{T}}\pi')=0\end{cases}$，即$\begin{cases}\pi'^{\mathrm{T}}(HQ^{+}H^{\mathrm{T}})\pi'=0\\V^{\mathrm{T}}(H^{\mathrm{T}}\pi')=0\end{cases}$。

7）绝对二次曲线与绝对二次曲面

绝对二次曲线与绝对二次曲面在相机标定过程中有重要的应用。对其具体描述如下。

（1）绝对二次曲线。绝对二次曲线Ω_∞是方程$\begin{cases}x^2+y^2+z^2=0\\w^2=0\end{cases}$的解，其中，$x,y,z,w$不同时为 0。很明显，$w=0$，而且因为$x,y,z,w$不同时为 0，所以点$M$一定是复数域中的无穷远点。因为$w=0$，所以三维空间中的虚二次曲面$x^2+y^2+z^2+kw^2=0$（其中$k$为任意的常数）就退化为二维空间中的一条虚二次曲线$x^2+y^2+t^2=0$（即用$t$代替$z$，而$t$为任意的常数）。将其表示为矩阵的形式，即$m^{\mathrm{T}}\Omega_\infty m=0$，其中$m=(x,y,t)^{\mathrm{T}}$，$\Omega_\infty=\mathrm{diag}(1,1,1)=I$。这就是绝对二次曲线在二维空间的矩阵表示。为了使其适应三维空间的情形，可特别规定$\Omega_\infty=\mathrm{diag}(1,1,1,0)$为三维空间的矩阵表示。绝对二次曲线可以看作三维空间中所有平面的虚圆点所构成的集合，所以任意的圆与绝对二次曲线相交于两个虚圆点；此外，还可将其看作三维空间中任意的球面与空间无穷远平面的交集，即将其看作射影平面上的圆与无穷远直线的交点是两个虚圆点在三维空间中的推广。

尽管绝对二次曲线Ω_∞没有实点，但它具有二次曲线的共同性质，如切线、配极对应等。过任意的无穷远点M_∞，且与绝对二次曲线Ω_∞相切的切线为$l_\infty=\Omega_\infty M_\infty$（该公式确定了绝对二次曲线的配极对应）；反之，如果l_∞是绝对二次曲线Ω_∞的切线，那么其切点为$M_\infty=\Omega_\infty^{-1}l_\infty$。空间两条正交的直线与无穷远平面的交点是绝对二次曲线上的一对共轭点，而三条两两正交的直线与无穷远平面的三个交点构成绝对二次曲线的一个自配极三角形。

在射影变换H的作用下，绝对二次曲线Ω_∞是不变二次曲线的充要条件是H为相似变换。其具体证明过程如下：因为绝对二次曲线在无穷远平面上，使它不变的变换必须使无穷远平面保持不变，所以该变换首先必须是一个仿射变换，所

以其形式可表示为 $H_A=\begin{bmatrix} A & t \\ 0^{\mathrm{T}} & 1 \end{bmatrix}$，而无穷远平面上的绝对二次曲线可由矩阵 $I_{3\times3}$ 表示。如果在 H_A 的作用下保持不变，那么 $A^{-\mathrm{T}}IA^{-1}=A^{-\mathrm{T}}A^{-1}\simeq I$，即 A 为一个带有缩放系数的正交矩阵，所以 H 一定为相似变换。

（2）绝对二次曲面。由前面介绍的锥面的对偶二次曲面可知：三维空间中的退化的二次曲面（虚锥面）的对偶为绝对二次曲线；而反过来，绝对二次曲线的对偶则为退化的二次曲面（虚锥面），因此将其称为绝对二次曲线的对偶，即退化的二次曲面（虚锥面）为绝对二次曲面，记为 Q_∞^*。满足条件的一般二次曲面的矩阵表示为 $\Omega=\mathrm{diag}(1,1,1,k)$，其中 k 为任意常数，那么该一般二次曲面的对偶可表示为 $\Omega^*=\Omega^{-1}=\mathrm{diag}(1,1,1,1/k)$。当 $k\to\infty$ 时，即为绝对二次曲线的对偶——绝对二次曲面 Q_∞^*，其表达式为 $Q_\infty^*=\mathrm{diag}(1,1,1,0)$（注：因为绝对二次曲面 Q_∞^* 的秩为 3，是不满秩的，所以它不等于 Ω_∞^*，而 $\Omega_\infty^*=\Omega_\infty^{-1}$，这也是它表示为 Q_∞^* 而不表示为 Ω_∞^* 的原因）。尽管绝对二次曲面 Q_∞^* 有 10 个独立的元素，但它实际上只有 8 个自由度，因为存在 1 个整体的尺度系数和 1 个零特征值的约束。

8）三维射影空间中两直线的夹角、两平面的夹角

假设三维射影空间中的两条直线与绝对二次曲线 Ω_∞ 所在平面 π_∞ 的交点为 d_1 和 d_2，该交点表示这两条直线在射影空间中的方向，是绝对二次曲线 Ω_∞ 在平面 π_∞ 的矩阵表示，那么这两条直线的夹角可表示为 $\cos\theta=\dfrac{d_1^{\mathrm{T}}\Omega_\infty d_2}{\sqrt{d_1^{\mathrm{T}}\Omega_\infty d_1}\sqrt{d_2^{\mathrm{T}}\Omega_\infty d_2}}$，其中，$\Omega_\infty=\mathrm{diag}(1,1,1,0)$。

如果将三维射影空间中的绝对二次曲面的矩阵表示为 Q_∞^*，那么两平面 π_1 和 π_2 的夹角可表示为 $\cos\theta=\dfrac{\pi_1^{\mathrm{T}}Q_\infty^*\pi_2}{\sqrt{\pi_1^{\mathrm{T}}Q_\infty^*\pi_1}\sqrt{\pi_2^{\mathrm{T}}Q_\infty^*\pi_2}}$，其中 $Q_\infty^*=\mathrm{diag}(1,1,1,0)$。

2.7 符号运算

因为现代摄影测量中的计算公式都非常复杂，人工计算将变得非常困难，尤其是带有符号变量或常量的矩阵运算、雅可比矩阵（即一阶偏导数矩阵）求解等，所以需要借助计算机来实现相关运算。在后面的实际计算过程中，大量运用了符号运算。尽管符号运算涉及计算机软件的操作问题，但这部分内容对现代摄影测量来说是非常重要的。因此，非常有必要对其进行简要的介绍。符号运算可借助 MATLAB、Mathematica、Maple 和 MathCAD 等专业的数学软件来实现。下面就举两个例子，说明在 MATLAB 软件支持下的符号运算的基本过程。

例 1：求平面上二次曲线的一般方程

平面上二次曲线的一般方程可表示为 $m^{\mathrm{T}}Cm=0$ ，其中 C 为 3×3 的对称矩阵。因此，可通过以下方法得出其系数矩阵。

```
clear
clc
syms c11 c12 c13 c22 c23 c33   %定义符号
%二次曲线的矩阵表达式
C = [c11 c12 c13;
     c12 c22 c23;
     c13 c23 c33];

syms x y   %定义符号
m = [x, y, 1].'; %像点的齐次向量表达式

%函数的表达式
f = m.'*C*m;
f = expand(f); %展开式
f = simplify(f); %简化计算结果
[c, t] = coeffs(f, [c11 c12 c13 c22 c23 c33]); %得出系数和变量
```

例 2：求函数表达式的雅可比矩阵

```
clear
clc
syms x y   %定义符号
%函数表达式
f1 = (x + y)^3;
f2 = (x - y)^3;
f = [f1, f2];

J = jacobian(f, [x, y]);   %计算雅可比矩阵
J = simplify(J);   %简化计算结果（注：如果定义的函数表达式为
```

$f=(f_1(x_1,\cdots,x_n),\cdots,f_n(x_1,\cdots,x_n))$ ，那么 $J(x_1,\cdots,x_n)=\begin{bmatrix}\partial f_1/\partial x_1 & \cdots & \partial f_1/\partial x_n\\ \vdots & & \vdots\\ \partial f_n/\partial x_1 & \cdots & \partial f_n/\partial x_n\end{bmatrix}$ ）。

```
%得出系数矩阵
c = cell(2,2); %系数
```

```
    t = cell(2,2); %变量
    for ii = 1 : 2   %表达式的个数
        for jj = 1 : 2 %变量的个数
            [c{ii, jj}, t{ii, jj}] = coeffs(J(ii,jj), [x y]);
        end
end
```

第 3 章　现代摄影测量的基本约束

摄影测量的基本约束，即世界坐标点与其在某一幅图像上的投影（即像点）之间的约束，或者在两幅图像、多幅图像上的像点之间的约束，是实现现代摄影测量的基本依据。具体包括以下几个方面：

（1）对世界坐标点及其在某一幅图像上的像点而言，它们之间的关系可以利用相机投影模型来描述，这是摄影测量中最基本的约束。

（2）利用从不同位置和角度拍摄的两幅图像上的匹配点进行三维重构时，其结果只取决于相机内参数和某一相对世界坐标系下的外参数（即位姿参数，包括相机中心位置和相机转角），而与其所在的绝对世界坐标系（如大地测量坐标系）中的外参数无关，二者满足对极约束（epipolar constraint），这是实现双目立体视觉的基本理论依据。

（3）对在不同位置和角度拍摄的多幅（大于或等于三幅）图像上的匹配点而言，它们满足多视图几何约束，例如，对三幅图像来说，它满足三焦张量（trifocal tensor）的几何约束；而对在不同位置和角度拍摄的 N（$N \geqslant 4$）幅图像而言，它们满足 N 视图的几何约束。

下面就对以上描述的内容逐一进行详细的介绍。

3.1　相机投影模型

3.1.1　预备知识

1）关于相机投影模型中用到的几个坐标系的定义

相机成像的原理可以利用小孔相机投影模型来描述，如图 3.1 所示，其中 O 为相机投影中心，m 为正片上的像点（注：本书中所指的像点都是正片上的像点），M 为世界坐标点。在相机投影模型中需要用到以下几个坐标系，对其具体描述如下。

（1）世界坐标系。世界坐标系就是客观存在的三维场景中的绝对坐标系。世界坐标系的坐标原点可以定义在任意位置（为了简化计算，可将其定义在某一幅图像的相机中心），而为了使相机观测的正方向与 Z 轴的正方向相同（其目的在后面会详细介绍），建议将 X、Y、Z 轴的正方向定义如下：如果采用左手系[图 3.2（a）]，从观察者（即相机）的角度看，定义为 X 轴向右为正，Y 轴向上为正，Z 轴向前为正（即指向被观测物体的方向为正）；如果采用右手系[图 3.2（b）]，

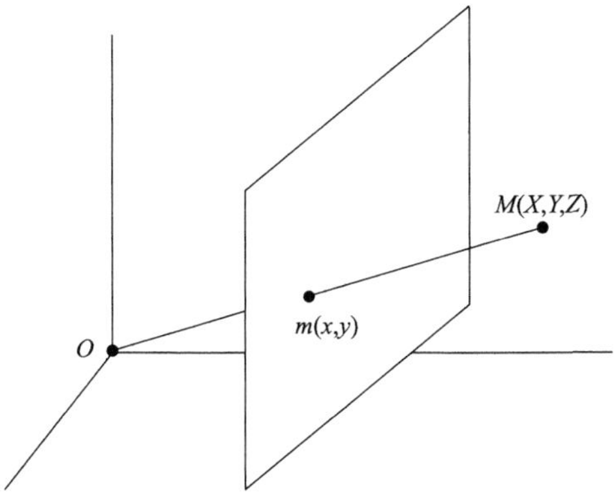

图 3.1　小孔相机投影关系示意图

定义为 X 轴向右为正，Y 轴向下为正，Z 轴向前为正。在世界坐标系中任意一点 M 的齐次坐标可表示为 $M=(X,Y,Z,1)^{\mathrm{T}}$。在世界坐标系中的相机中心位置和转角，可以用其外参数（位姿参数）表示，而相机的外参数包含了 6 个独立的变量，即在世界坐标系中相机中心的位置 X_s、Y_s、Z_s，以及绕 X、Y、Z 轴的转角 ω、φ、κ。需要注意的是：以上定义的世界坐标系，与通常采用的大地测量坐标系是不同的。因为大地测量坐标系采用的是右手系，从观察者的角度看，其定义为 X 轴向右为正，Y 轴向上为正（如果以地面为参考，则是向前为正），Z 轴向后为正（如果以地面为参考，则是向上为正）。因此，以上定义的左手系与大地测量坐标系的转换关系为：保持 X 轴和 Y 轴的正方向不变，将 Z 轴的方向变为相反的方向。定义的右手系与大地测量坐标系的转换关系为：保持 X 轴的正方向不变，将 Y 轴和 Z 轴的方向变为相反的方向，即可实现二者之间的转换。

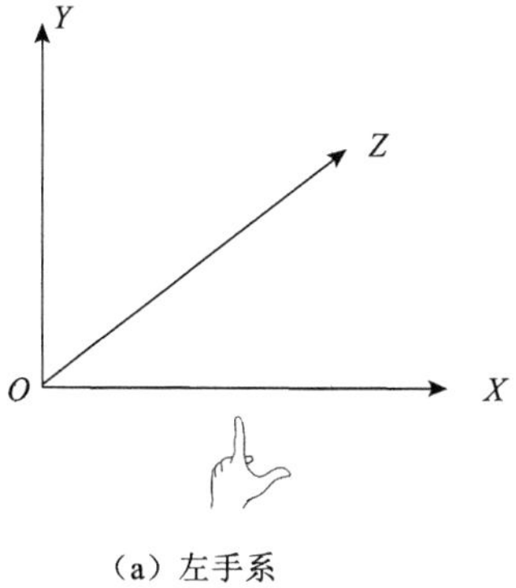

（a）左手系

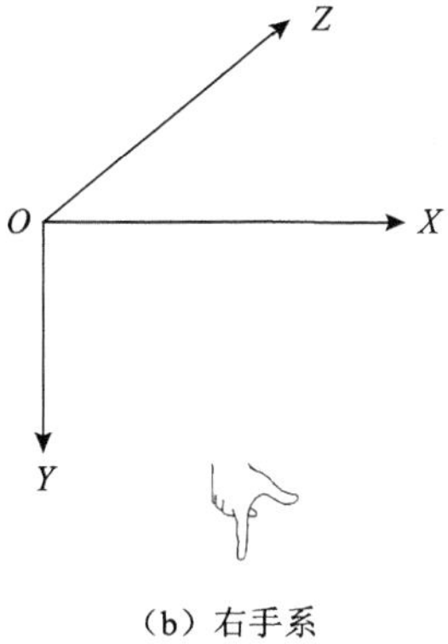

（b）右手系

图 3.2　坐标系及其正方向

（2）图像坐标系。图像坐标系是二维平面上的坐标系，即感光胶片、CCD/CMOS 所在的像平面上的坐标系。为了满足利用不同相机获取的图像进行定位的要求，图像坐标系通常是采用物理单位（如 mm）来表示像点在图像上的位置的。通常，图像坐标系的坐标原点定义在图像的左上角或者图像的中心，而其坐标轴正方向的定义如下：如果采用左手系，x 轴向右为正，y 轴向上为正；如果采用右手系，x 轴向右为正，y 轴向下为正。在图像坐标系中任意一点 m 的齐次坐标可以表示为 $m=(x, y, 1)^{\mathrm{T}}$。图像坐标系中的几个重要的点、线和面如下：①相机中心，即投影中心，也称为光心；②主平面，即与像平面平行的平面；③轴平面，像平面 x 轴（或 y 轴）与相机中心所确定的平面；④主轴，即过相机中心且与主平面垂直的线；⑤像主点，即主轴与像平面的交点，所以像主点一定在主轴上。

（3）像素坐标系。像素坐标系是对数字图像而言的，它是以像点所在的列数和行数表示其在图像上的位置。以像素为单位的坐标系，其坐标原点位于图像的左上角，u 轴和 v 轴（u 轴向右为正，v 轴向下为正）与图像坐标系的 x 轴和 y 轴平行。在像素坐标系中任意一点 m_p 的齐次坐标可以表示为 $m_p=(u,v,1)^{\mathrm{T}}$。假设图像坐标系的单位为 mm，$\mathrm{d}x$ 和 $\mathrm{d}y$ 分别表示每个像素在 x 轴和 y 轴方向上的物理尺寸（$\mathrm{d}x>0$，$\mathrm{d}y>0$，其单位为 mm/pixel）。如果图像坐标采用左手系表示，即 x 轴向右为正，y 轴向上为正，那么像素坐标转换为图像坐标的变换为 $\begin{bmatrix} x \\ y \\ 1 \end{bmatrix}=\begin{bmatrix} \mathrm{d}x & 0 & -u_0\mathrm{d}x \\ 0 & -\mathrm{d}y & v_0\mathrm{d}y \\ 0 & 0 & 1 \end{bmatrix}\begin{bmatrix} u \\ v \\ 1 \end{bmatrix}$，其中 (u_0,v_0) 为图像坐标系的坐标原点对应的像素坐标（通常以图像的左上角或者图像的中心为原点，但推荐以图像的中心为原点，这是因为像主点通常接近图像的中心，而且在后面介绍的对内参数进行估计和计算时会更加方便）；而图像坐标转换为像素坐标的变换为 $\begin{bmatrix} u \\ v \\ 1 \end{bmatrix}=\begin{bmatrix} 1/\mathrm{d}x & 0 & u_0 \\ 0 & -1/\mathrm{d}y & -v_0 \\ 0 & 0 & 1 \end{bmatrix}\begin{bmatrix} x \\ y \\ 1 \end{bmatrix}$。如果图像坐标采用右手系表示，即 x 轴向右为正，y 轴向下为正，那么像素坐标转换为图像坐标的变换为 $\begin{bmatrix} x \\ y \\ 1 \end{bmatrix}=\begin{bmatrix} \mathrm{d}x & 0 & -u_0\mathrm{d}x \\ 0 & \mathrm{d}y & -v_0\mathrm{d}y \\ 0 & 0 & 1 \end{bmatrix}\begin{bmatrix} u \\ v \\ 1 \end{bmatrix}$，其中，$(u_0,v_0)$ 为图像坐标系的坐标原点对应的像素坐标，而图像坐标转换为像素坐标的变换为 $\begin{bmatrix} u \\ v \\ 1 \end{bmatrix}=$

$$\begin{bmatrix} 1/\mathrm{d}x & 0 & u_0 \\ 0 & 1/\mathrm{d}y & v_0 \\ 0 & 0 & 1 \end{bmatrix}\begin{bmatrix} x \\ y \\ 1 \end{bmatrix}。$$

（4）相机坐标系：相机坐标系是以相机中心为坐标原点，其 x_c 轴和 y_c 轴分别平行于图像坐标系的 x 轴和 y 轴，且其 z_c 轴为相机的光轴（z_c 轴与像平面垂直）。为了避免 z_c 为负数，通常将相机的观测方向定义为 z_c 的正方向。在相机坐标系中任意一点 m_c 的齐次坐标可以表示为 $m_c=(x_c, y_c, z_c)^{\mathrm{T}}$。

2）欧拉角、旋转矩阵和四元数的转换关系

在一个三维空间中，根据 X、Y、Z 轴的转角——欧拉角（Euler angles）可直接计算出旋转矩阵 R，并可进一步求出四元数 Q；同理，还可实现其逆运算。具体的计算过程如下。

（1）根据欧拉角计算旋转矩阵 R。按照国际摄影测量和遥感学会定义的标准，即分别按照 X、Y、Z 轴的次序进行旋转（以 X 轴为主轴），且各轴旋转的正方向都定义为：将坐标轴的正方向指向观测者，从观测者的角度看，在右手系中以逆时针旋转为正，在左手系中以顺时针旋转为正。假设绕 X、Y、Z 轴的转角分别为 ω、φ、κ，那么按照国际摄影测量和遥感学会定义的标准，旋转矩阵可表示为

$$\begin{aligned} R_w^c &= \begin{bmatrix} r_{11} & r_{12} & r_{13} \\ r_{21} & r_{22} & r_{23} \\ r_{31} & r_{32} & r_{33} \end{bmatrix} \\ &= \begin{bmatrix} \cos\kappa & \sin\kappa & 0 \\ -\sin\kappa & \cos\kappa & 0 \\ 0 & 0 & 1 \end{bmatrix}\begin{bmatrix} \cos\varphi & 0 & -\sin\varphi \\ 0 & 1 & 0 \\ \sin\varphi & 0 & \cos\varphi \end{bmatrix}\begin{bmatrix} 1 & 0 & 0 \\ 0 & \cos\omega & \sin\omega \\ 0 & -\sin\omega & \cos\omega \end{bmatrix} \\ &= \begin{bmatrix} \cos\varphi\cos\kappa & \cos\omega\sin\kappa+\sin\omega\sin\varphi\cos\kappa & \sin\omega\sin\kappa-\cos\omega\sin\varphi\cos\kappa \\ -\cos\varphi\sin\kappa & \cos\omega\cos\kappa-\sin\omega\sin\varphi\sin\kappa & \sin\omega\cos\kappa+\cos\omega\sin\varphi\sin\kappa \\ \sin\varphi & -\sin\omega\cos\varphi & \cos\omega\cos\varphi \end{bmatrix} \end{aligned}$$

需要注意的是：以上 R_w^c 是将世界坐标系转换为相机坐标系的旋转矩阵，但是 R_w^c 会因绕 X、Y、Z 轴旋转的次序和定义的旋转正方向的不同而不同。因为坐标轴的旋转次序和正方向可以任意定义，所以必须首先定义轴的旋转次序和旋转的正方向，然后才能确定旋转矩阵，而在本书中统一采用国际摄影测量和遥感学会定义的标准。如果要采用其他标准，只需要改变绕轴的旋转次序和旋转正方向，即可得到其他标准定义的旋转矩阵。例如，德国通常按照 φ、ω、κ 的标准，即以 Y 轴为主轴，而各轴的旋转正方向与国际标准相同；而中国通常按照 $-\varphi$、ω、κ 的标准，即以 Y 轴

为主轴，但 Y 轴的旋转正方向与国际标准相反，而 X 轴和 Z 轴的相同。

（2）四元数 Q 的定义及其性质。$Q=q_0+q_x i+q_y j+q_z k$，其中 q_0 为其实部，q_x、q_y、q_z 分别对应着各个坐标轴上的旋转分量，$i^2=j^2=k^2=-1$，$ij=k$，$ji=-k$，$jk=i$，$kj=-i$，$ki=j$，$ik=-j$。将四元数 Q 写成向量的形式为 $Q=(q_0,\ q_x,\ q_y,\ q_z)^{\mathrm{T}}=(q_0,\ v^{\mathrm{T}})^{\mathrm{T}}$，其中 $v=(q_x,\ q_y,\ q_z)^{\mathrm{T}}$（即其虚部）。

四元数 Q 与旋转向量的关系：$Q=\left(\cos\frac{\theta}{2},\ n_x\sin\frac{\theta}{2},\ n_y\sin\frac{\theta}{2},\ n_z\sin\frac{\theta}{2}\right)^{\mathrm{T}}$，而 $\theta=2\arccos(q_0)$，$n=(n_x,\ n_y,\ n_z)^{\mathrm{T}}=(q_x,\ q_y,\ q_z)^{\mathrm{T}}/\sin\frac{\theta}{2}=v/\sin\frac{\theta}{2}$。

（3）根据旋转矩阵 R 计算四元数 Q。根据旋转矩阵 R 计算四元数 Q 的方法如下：令 $Q=(q_0,\ q_x,\ q_y,\ q_z)^{\mathrm{T}}$，那么

当 $r_{11}+r_{22}+r_{33}+1>0$ 时，$q_0=\sqrt{r_{11}+r_{22}+r_{33}+1}/2$；$q_x=(r_{32}-r_{23})/(4q_0)$；
$q_y=(r_{13}-r_{31})/(4q_0)$；$q_z=(r_{21}-r_{12})/(4q_0)$。

当 $r_{11}-r_{22}-r_{33}+1>0$ 时，$q_x=\sqrt{r_{11}-r_{22}-r_{33}+1}/2$；$q_y=(r_{12}+r_{21})/(4q_x)$；
$q_z=(r_{13}+r_{31})/(4q_x)$；$q_0=(r_{32}-r_{23})/(4q_x)$。

当 $r_{22}-r_{11}-r_{33}+1>0$ 时，$q_y=\sqrt{r_{22}-r_{11}-r_{33}+1}/2$；$q_x=(r_{12}+r_{21})/(4q_y)$；
$q_z=(r_{23}+r_{32})/(4q_y)$；$q_0=(r_{13}-r_{31})/(4q_y)$。

当 $r_{33}-r_{11}-r_{22}+1>0$ 时，$q_z=\sqrt{r_{33}-r_{11}-r_{22}+1}/2$；$q_x=(r_{13}+r_{31})/(4q_z)$；
$q_y=(r_{23}+r_{32})/(4q_z)$；$q_0=(r_{21}-r_{12})/(4q_z)$。

（4）根据四元数 Q 计算旋转矩阵 R。令 $Q=(q_0,\ q_x,\ q_y,\ q_z)^{\mathrm{T}}$，那么

$$R=\begin{bmatrix} q_0^2+q_x^2-q_y^2-q_z^2 & 2q_xq_y-2q_0q_z & 2q_0q_y+2q_xq_z \\ 2q_0q_z+2q_xq_y & q_0^2-q_x^2+q_y^2-q_z^2 & 2q_yq_z-2q_0q_x \\ 2q_xq_z-2q_0q_y & 2q_0q_x+2q_yq_z & q_0^2-q_x^2-q_y^2+q_z^2 \end{bmatrix}。$$

（5）根据旋转矩阵 R 计算欧拉角。当相机的观测方向与定义的 Z 轴正方向相同时，根据 $\tan\omega=-r_{32}/r_{33}$，$\sin\varphi=r_{31}$，可得出 $\varphi=\arcsin r_{31}$，$\omega=\arctan(-r_{32}/r_{33})$，而由于 κ 的取值范围为 $[-\pi,\pi]$，即相机可绕 Z 轴作任意角度的旋转运动，根据 $\sin\kappa=-r_{21}/\cos\varphi$，$\cos\kappa=r_{11}/\cos\varphi$，即可确定 κ 在 $[-\pi,\pi]$ 范围的结果 $\kappa=\arctan2(\sin\kappa,\cos\kappa)$；当相机的观测方向与定义的 Z 轴正方向相反时，各个转角的计算结果需要在以上计算结果的基础上进行一定的处理，即可令 $\omega+\pi$，而 φ 和 k 则保持不变。因此，需要利用在以上两种情况下得到的转角结果重新计算旋转矩阵 R，以验证到底哪一组解才是最终的计算结果。需要注意的是：欧拉角和

旋转矩阵 R 之间的转换存在一个非常大的问题，即在 $\omega,\varphi,\kappa \in [-\pi,\pi]$ 的范围内，二者不是双向一一映射（即由欧拉角计算旋转矩阵 R 是唯一确定的；反过来，由旋转矩阵 R 计算欧拉角不是唯一确定的）。如果将 φ 的取值范围限定在 $[-\pi/2,\pi/2]$，而 ω 和 κ 的取值范围为 $[-\pi,\pi]$，那么旋转矩阵 R 可表示空间中任意姿态，而且在该范围内的 3 个转角和旋转矩阵 R 是双向一一映射。如果 φ 的取值不在以上范围内，可以将其转换到该范围，具体转换方法如下。如果 $\varphi \in [-\pi,-\pi/2)$，那么 R 相当于根据 $\omega+\pi,-\varphi-\pi,\ \kappa-\pi$ 得出的结果；如果 $\varphi \in (\pi/2,\pi]$，那么 R 相当于根据 $\omega+\pi,-\varphi+\pi,\kappa-\pi$ 得出的结果。这样可确保 φ 的取值范围为 $[-\pi/2,\pi/2]$，而 ω 和 κ 的范围仍为 $[-\pi,\pi]$（当计算结果不在该范围时，可以向其正方向或负方向平移 2π 的整数倍，即可得到该范围的结果）。但是，在实际应用过程中，利用欧拉角直接计算旋转矩阵 R 存在万向节死锁（gimbal lock）问题，即当万向节的三个转轴中有两个轴重合时，会出现失去一个自由度的情况，而采用四元数则可很好地解决该问题，这也是需要采用四元数进行计算的原因。

3）关于旋转矩阵的几个重要问题

旋转矩阵 R 的基本性质：①旋转矩阵 R 是一个实正交矩阵；②旋转矩阵 R 的行列式的值为 1，即 $\det(R)=1$；③旋转矩阵 R 的特征值为 1，$e^{i\theta}$ 和 $e^{-i\theta}$。

旋转矩阵的导数：如果直接对欧拉角求导数，一个很小的旋转就可能会使欧拉角发生大的不连续的变化。为了避免这种情况，旋转矩阵 R 与旋转角 θ 的关系，需要用李群（Lie group）和李代数（Lie algebra）来描述（R 构成了一个特殊正交群 SO(3)，它对加法是不封闭的，但对乘法是封闭的）。由于 $R(\theta)R(\theta)^{\mathrm{T}}=I$（$R(\theta)$ 为旋转 θ 之后的旋转矩阵），在等式两边对 θ 求导得 $\dot{R}(\theta)R(\theta)^{\mathrm{T}}+R(\theta)\dot{R}(\theta)^{\mathrm{T}}=0$，或者 $\dot{R}(\theta)R(\theta)^{\mathrm{T}}=-[\dot{R}(\theta)R(\theta)]^{\mathrm{T}}$，所以 $\dot{R}(\theta)R(\theta)^{\mathrm{T}}$ 是一个反对称矩阵。令 $[\phi(\theta)]_{\times}=$ $\dot{R}(\theta)R(\theta)^{\mathrm{T}}=\begin{bmatrix} 0 & -\phi_z & \phi_y \\ \phi_z & 0 & -\phi_x \\ -\phi_y & \phi_x & 0 \end{bmatrix}$，其中，$\phi=\theta n$；$\phi$ 为旋转向量；θ 为旋转角；n 为旋转轴的单位向量，那么 $\dot{R}(\theta)=[\phi(\theta)]_{\times}R(\theta)$，即对 $R(\theta)$ 求导数，相当于对其左乘矩阵 $[\phi(\theta)]_{\times}$；而 $R(\theta)$ 的微分方程可表示为 $R(\theta)=R(\theta_0+d\theta)=\exp([\phi(\theta)]_{\times})R(\theta_0)$，其中，$R(\theta_0)$ 表示旋转 θ 之前的旋转矩阵，$\exp([\phi(\theta)]_{\times})=\exp([\theta n]_{\times})=I+\sin\theta[n]_{\times}+(1-\cos\theta)[n]_{\times}^2$（因为 $\phi=\theta n$，且 n 为单位向量，所以 $\phi^{\mathrm{T}}\phi=(\theta n)^{\mathrm{T}}\theta n=\theta^2$，即 $\theta=\|\phi\|$；而 $n=\phi/\theta=\phi/\|\phi\|$）。

旋转矩阵的扰动模型：假设对一个三维向量 v 旋转后的结果为 Rv，那么对该结果进行一次扰动（修正）就相当于在该结果的基础上左乘矩阵 $\exp([\delta_{\phi}]_{\times})$。因此，$Rv$

对扰动 ϕ 的偏导数可表示为 $\frac{\partial(Rv)}{\partial\phi}=\lim_{\delta_\phi\to 0}\frac{\exp([\delta_\phi]_\times)Rv-Rv}{\delta_\phi}\approx\lim_{\delta_\phi\to 0}\frac{(I+[\delta_\phi]_\times)Rv-Rv}{\delta_\phi}=\lim_{\delta_\phi\to 0}\frac{[\delta_\phi]_\times Rv}{\delta_\phi}=-[Rv]_\times$（注：由叉积性质 $a\times b=[a]_\times b=-[b]_\times a$ 得到）。该结果对李代数法实现旋转矩阵优化具有重要意义。

3.1.2　相机投影模型的详细推导

在忽略镜头畸变的情况下，当图像坐标系与世界坐标系的 X、Y、Z 轴的夹角为 0 时，根据小孔相机成像原理可知：$\frac{X-X_s}{x_c}=\frac{Y-Y_s}{y_c}=\frac{Z-Z_s}{z_c}=\lambda$，其中 X、Y、Z 为某一世界坐标点的世界坐标；X_s、Y_s、Z_s 为相机中心的世界坐标；x_c、y_c、z_c 为像点在相机坐标系中的坐标；λ 为一个比例系数。

需要注意的是：在以上公式中，$z_c=\pm f$，当观测的正方向与定义的 Z 轴正方向相同时取“+”，相反时取“−”。该符号的值只取决于定义的观测正方向与 Z 轴的正方向是否相同，而与采用左手系或者右手系无关。在计算机视觉领域中，定义的观测正方向与 Z 轴的正方向相同，所以以上公式中的“±”取“+”；而在传统的摄影测量领域中，定义的观测正方向与 Z 轴的正方向相反，所以以上公式中的“±”取“−”（该定义会使下面的 μ 为负值）。为了计算方便，下文中相机投影模型都是按照计算机视觉领域的习惯定义的。

如果写为矩阵的形式，以上公式可表示为 $\lambda\begin{bmatrix}x_c\\y_c\\z_c\end{bmatrix}=\begin{bmatrix}X-X_s\\Y-Y_s\\Z-Z_s\end{bmatrix}$。因此，除了相机中心以外的任意世界坐标点，与其像点之间的关系，都可以利用该公式来描述。但是，因为相机只能对镜头前方的场景成像，所以一定有 $\lambda>0$。当图像坐标系与世界坐标系的 X、Y、Z 轴的夹角不为 0 时，可通过旋转世界坐标系，使图像坐标系与世界坐标系的 X、Y、Z 轴的夹角为 0。因此，旋转后的结果即可满足以上公式，即 $\lambda\begin{bmatrix}x_c\\y_c\\z_c\end{bmatrix}=\begin{bmatrix}r_{11}&r_{12}&r_{13}\\r_{21}&r_{22}&r_{23}\\r_{31}&r_{32}&r_{33}\end{bmatrix}\begin{bmatrix}X-X_s\\Y-Y_s\\Z-Z_s\end{bmatrix}$。

因为相机的像主点通常并不是严格位于图像中心，所以需要将图像坐标系进行平移，使像主点的位置作为图像坐标系的原点，以满足以上公式的要求。此外，由于图像可能存在仿射变形（尺度和正交性发生改变，但平行性保持不变），需要对原始的图像坐标进行纠正，以消除仿射变形的影响。仿射变形纠正量的具体推导过程如下。

如图 3.3 所示，假设在带有仿射变形的原始的右手图像坐标系$(o\text{-}xy)$中有一个点p（注：在右手系中，以逆时针旋转为正；而在左手系中，则以顺时针旋转为正），其坐标为(x,y)。假定以x轴方向的尺度为参考标准（即尺度系数$s_x=1$），y轴方向与x轴方向的尺度（度量单位）比为r（即$r=s_y/s_x$），其非正交偏移角为$\Delta\theta$（即$\Delta\theta=\theta-\pi/2$，其中$\theta$为仿射坐标系中的$y$轴与$x$轴的夹角）。将以上坐标系的原点平移到像主点$(x_p,y_p)$处，得到一个新的仿射图像坐标系$(o'\text{-}x'y')$，而坐标系$(o'\text{-}x''y'')$是不含仿射变形的直角坐标系，其原点与$(o'\text{-}x'y')$的原点重合。$p'$是去除仿射变形后在坐标系$(o'\text{-}x''y'')$中的结果。由各向量的变换关系可知：$x_{p'}=x_p-x_a$，其中$x_a$为$x$轴方向上的仿射变形量，即$x_a=x_p-x_{p'}=o'n-o'n'=n'n=np'\cdot\sin\Delta\theta=r(y-y_p)\sin\Delta\theta$。$y_{p'}=y_p-y_a$，其中$y_a$为$y$轴方向上的仿射变形量，即 $y_a=y_p-y_{p'}=\ o'm-o'm''=o'm-o'm'\cdot\cos\Delta\theta=(y-y_p)-r(y-y_p)\cos\Delta\theta=(1-r\cos\Delta\theta)(y-y_p)$。

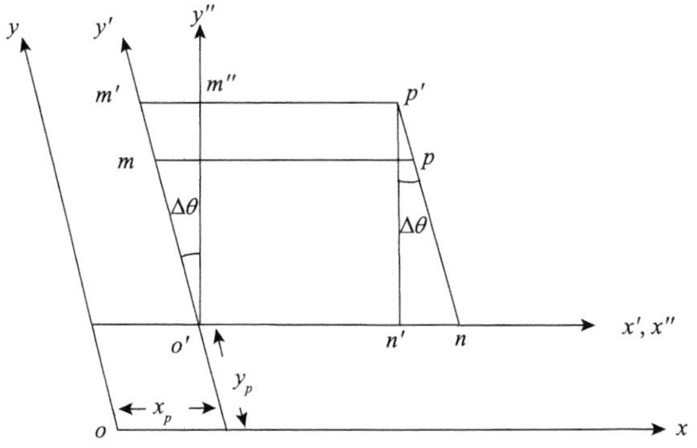

图 3.3 图像仿射变形示意图

根据以上的推导可知：$x_a=r(y-y_p)\sin\Delta\theta$，$y_a=(1-r\cos\Delta\theta)(y-y_p)$。因此，

$$\begin{cases}x_c=x-x_p-x_a=x-x_p-r(y-y_p)\sin\Delta\theta\\ y_c=y-y_p-x_a=(y-y_p)r\cos\Delta\theta\end{cases}，即\begin{cases}x=x_c+y_c\tan\Delta\theta+x_p\\ y=\dfrac{y_c}{r\cos\Delta\theta}+y_p\end{cases}$$

。如果将其写为矩阵的形式，可表示为

$$\begin{bmatrix}x\\y\\1\end{bmatrix}=\begin{bmatrix}1 & \tan\Delta\theta & x_p\\ 0 & \dfrac{1}{r\cos\Delta\theta} & y_p\\ 0 & 0 & 1\end{bmatrix}\begin{bmatrix}x_c\\y_c\\1\end{bmatrix}=\frac{1}{z_c}\begin{bmatrix}z_c & z_c\tan\Delta\theta & x_p\\ 0 & \dfrac{z_c}{r\cos\Delta\theta} & y_p\\ 0 & 0 & 1\end{bmatrix}\begin{bmatrix}x_c\\y_c\\z_c\end{bmatrix},$$

所以 $(\lambda z_c)\begin{bmatrix} x \\ y \\ 1 \end{bmatrix} = \begin{bmatrix} z_c & z_c\tan\Delta\theta & x_p \\ 0 & \dfrac{z_c}{r\cos\Delta\theta} & y_p \\ 0 & 0 & 1 \end{bmatrix}\begin{bmatrix} r_{11} & r_{12} & r_{13} \\ r_{21} & r_{22} & r_{23} \\ r_{31} & r_{32} & r_{33} \end{bmatrix}\begin{bmatrix} X-X_s \\ Y-Y_s \\ Z-Z_s \end{bmatrix}$。因为图像的尺度是以 x 轴方向为参考的，所以 $z_c = f_x$。因此，在忽略镜头畸变的情况下，相机投影模型可表示为 $\mu\begin{bmatrix} x \\ y \\ 1 \end{bmatrix} = \begin{bmatrix} f_x & s & x_p \\ 0 & f_y & y_p \\ 0 & 0 & 1 \end{bmatrix}\begin{bmatrix} r_{11} & r_{12} & r_{13} & t_X \\ r_{21} & r_{22} & r_{23} & t_Y \\ r_{31} & r_{32} & r_{33} & t_Z \end{bmatrix}\begin{bmatrix} X \\ Y \\ Z \\ 1 \end{bmatrix} = \begin{bmatrix} p_{11} & p_{12} & p_{13} & p_{14} \\ p_{21} & p_{22} & p_{23} & p_{24} \\ p_{31} & p_{32} & p_{33} & p_{34} \end{bmatrix}\begin{bmatrix} X \\ Y \\ Z \\ 1 \end{bmatrix}$，其中，$\mu = \lambda z_c$ 为尺度系数（也称作深度，$\mu > 0$）；$(x,y,1)^{\mathrm{T}}$ 为被观测物体图像坐标的齐次形式；$(x_p, y_p)^{\mathrm{T}}$ 为像主点的坐标；f_x 和 f_y 分别为相机在 x 轴和 y 轴方向上的主距（$f_x > 0$，$f_y > 0, f_x / f_y = r\cos\Delta\theta$。注意：主距并不是相机的焦距，它实际上是相机成像时的像距。由凸透镜成像原理可知，当相机距离物体较远时，像距与焦距近似相等）；s 为非正交变形参数，$s = f_x\tan\Delta\theta$，其中 $\Delta\theta$ 为非正交偏移角；$r_{ij}(i=1,2,3; j=1,2,3)$ 为世界坐标转换为图像坐标的旋转矩阵 R 的各个元素；$t_X = -(r_{11}X_s + r_{12}Y_s + r_{13}Z_s)$，$t_Y = -(r_{21}X_s + r_{22}Y_s + r_{23}Z_s)$，$t_Z = -(r_{31}X_s + r_{32}Y_s + r_{33}Z_s)$，为平移向量 $\tilde{T}$ 的 3 个元素，$\tilde{T} = (t_X, t_Y, t_Z)^{\mathrm{T}} = -R\tilde{C}$，而 $\tilde{C}$ 为相机中心的世界坐标的非齐次形式，$\tilde{C} = (X_s, Y_s, Z_s)^{\mathrm{T}}$；$(X,Y,Z,1)^{\mathrm{T}}$ 为被观测物体世界坐标的齐次形式；$p_{ij}(i=1,2,3;\ j=1,2,3,4)$ 为相机投影矩阵 P 的各个元素，$\mu = r_{31}(X-X_s) + r_{32}(Y-Y_s) + r_{33}(Z-Z_s)$。

如果采用向量和矩阵来表示，那么可以将以上公式简写为 $\mu m = KR(\tilde{M} - \tilde{C}) = KR[I, -\tilde{C}]M = K[R, \tilde{T}]M = PM$，其中，$\mu$ 为一个大于零的标量（$\mu = p_{3\mathrm{R}}M$，$p_{3\mathrm{R}}$ 为相机矩阵 P 的第 3 行向量）；m 为被观测物体图像坐标的齐次向量（如果存在镜头畸变，需要事先将其去除）；K 为相机的内参矩阵；R 为世界坐标转换为相机坐标的旋转矩阵；M 为世界坐标点的齐次向量；$\tilde{M}$ 为世界坐标点的非齐次向量；$\tilde{C}$ 为相机中心的世界坐标的非齐次形式；$\tilde{T}$ 为 3×1 的平移向量的非齐次坐标（$\tilde{T} = -R\tilde{C}$）；P 为相机投影矩阵，而 P 有 11 个自由度，分别对应着相机的 5 个内参数（f_x, f_y, x_p, y_p, s）和 6 个外参数（$\omega, \varphi, \kappa, X_s, Y_s, Z_s$）。

以上模型即为一般相机投影模型，或称为有限相机投影模型（因为相机中心在欧氏空间的有限点，而不在射影空间的无穷远点）。如果相机中心位于无穷远点，那么其投影关系需要利用无穷远投影模型（即平行投影模型，在后面会有详细的介绍）来描述。

相机投影矩阵 P 表示的具体含义如下。

（1）世界坐标轴方向上无穷远点的像点。由于世界坐标系中的 3 个坐标轴与无穷远平面的交点分别为 $M_X=(1,0,0,0)^{\mathrm T}$，$M_Y=(0,1,0,0)^{\mathrm T}$，$M_Z=(0,0,1,0)^{\mathrm T}$，那么其各自的像点分别为 $\mu m=PM_X=p_1$，$\mu m=PM_Y=p_2$，$\mu m=PM_Z=p_3$。因此，以上就是相机投影矩阵 P 的前 3 列向量所表示的几何意义。

（2）世界坐标系原点的像点。因为世界坐标系的原点为 $M_0=(0,0,0,1)^{\mathrm T}$，所以 $\mu m=PM_0=p_4$，其中 p_4 为相机投影矩阵 P 的第 4 列向量。因此，这就是相机投影矩阵 P 的第 4 列向量所表示的几何意义。

（3）相机中心。相机中心 C 是世界坐标系中的一点，所以它满足 $\mu m=PC=K[R,\tilde T]C=KR[I,-\tilde C]C=[H,p_4]C=H(\tilde C-\tilde C)=0$，其中 $H=KR$，$p_4=-KR\tilde C=-H\tilde C$（$p_4$ 为相机投影矩阵 P 的第 4 列向量）。因此，对有限相机来说，$C=(\tilde C^{\mathrm T},1)^{\mathrm T}$，其中 $\tilde C=-H^{-1}p_4$；对无穷远相机来说矩阵 H 是奇异的，所以它不可逆，但可利用 SVD 分解得到 $Hd=0$ 的右零空间（核空间），其中 d 为矩阵 H 的第 3 维右零空间对应的列向量，那么 $C=(d^{\mathrm T},0)^{\mathrm T}$。

（4）主平面和轴平面。因为主平面是与像平面平行的平面，所以它们的交线是一条无穷远直线，即主平面的像是像平面上的无穷远直线。用数学公式可表示为 $\mu m=\mu\begin{bmatrix}x\\y\\0\end{bmatrix}=PM=\begin{bmatrix}p_{1\mathrm R}M\\p_{2\mathrm R}M\\p_{3\mathrm R}M\end{bmatrix}$，其中 $p_{i\mathrm R}(i=1,2,3)$ 为相机投影矩阵 P 的第 i 行向量。因此，$p_{3\mathrm R}M=0$，即相机投影矩阵 P 的第 3 行向量 $p_{3\mathrm R}$ 表示在世界坐标系中主平面的坐标。此外，因为轴平面是像平面 x 轴（或 y 轴）与相机中心所确定的平面，对 x 轴来说，$\mu m=\mu\begin{bmatrix}0\\y\\1\end{bmatrix}=PM=\begin{bmatrix}p_{1\mathrm R}M\\p_{2\mathrm R}M\\p_{3\mathrm R}M\end{bmatrix}$，即 $p_{1\mathrm R}M=0$，所以相机投影矩阵 P 的第 1 行向量 $p_{1\mathrm R}$ 表示的是像平面的 x 轴在世界坐标系中的轴平面的坐标；同理，对 y 轴来说，$\mu m=\mu\begin{bmatrix}x\\0\\1\end{bmatrix}=PM=\begin{bmatrix}p_{1\mathrm R}M\\p_{2\mathrm R}M\\p_{3\mathrm R}M\end{bmatrix}$，即 $p_{2\mathrm R}M=0$，所以相机投影矩阵 P 的第 2 行向量 $p_{2\mathrm R}$ 表示的是像平面的 y 轴在世界坐标系中的轴平面的坐标。

（5）主轴。因为主轴与主平面是正交的，所以主轴一定是主平面的法线。主平面可表示为 $p_{3\mathrm R}^{\mathrm T}=(p_{31},p_{32},p_{33},p_{34})^{\mathrm T}$，所以其法线为 $n=(p_{31},p_{32},p_{33})^{\mathrm T}=h_{3\mathrm R}^{\mathrm T}$，其中 $h_{3\mathrm R}$ 为矩阵 H 的第 3 行向量。但是，通常主轴是有正方向（即指向相机前方的方向）的。如果相机投影矩阵 $P=(H,p_4)$ 与 $K(R,\tilde T)$ 相差一个大于零的尺度系数，那

么 $\det(H)>0$；相反，如果相机投影矩阵 $P=(H,p_4)$ 与 $K(R,\tilde{T})$ 相差一个小于零的尺度系数，那么 $\det(H)<0$。因此，主轴的正方向为 $v=\det(H)h_{3R}^{\mathrm{T}}$。

（6）像主点。主点为主轴与像平面的交点，且因为主轴过相机中心，所以像主点一定是主轴方向的像点，其齐次坐标可表示为 $p=Hh_{3R}^{\mathrm{T}}$。

尺度系数也称作深度的原因：首先考虑图像坐标系与世界坐标系的 X、Y、Z 轴的夹角为 0 的情况，根据 $\dfrac{X-X_s}{x_c}=\dfrac{Y-Y_s}{y_c}=\dfrac{Z-Z_s}{z_c}=\lambda>0$，以及 $\mu=\lambda z_c$，可得出 $\mu=\lambda z_c=Z-Z_s$，所以 μ 的几何意义为某个世界坐标点到过相机中心且与像平面平行的平面的垂直距离，即该世界坐标点到相机中心的距离在图像坐标系 z 轴方向（即像平面的法线方向）上的分量，通常也称为深度。此外，如果图像坐标系与世界坐标系的 X、Y、Z 轴的夹角不为 0，可将原世界坐标系绕着相机中心进行旋转处理（注：这里是对坐标系的旋转，而不是对坐标的旋转），使旋转后的新的世界坐标系与图像坐标系的 X、Y、Z 轴的夹角为 0，这样就可满足图像坐标系与世界坐标系的 X、Y、Z 轴的夹角为 0 的条件，而且坐标系的平移和旋转变换不会改变点与点之间的距离（保距性）。需要注意的是：不同的世界坐标点的深度 μ 可能是不同的，μ 取决于世界坐标点在三维空间中的位置。

相机投影模型与传统摄影测量中的共线方程的区别如下：如果忽略相机镜头畸变，传统的摄影测量中的共线方程（即某一世界坐标点、该世界坐标点的像点和相机镜头中心三点在一条直线上）可表示为

$$\begin{cases} x-x_p=-f\dfrac{r_{11}(X-X_s)+r_{12}(Y-Y_s)+r_{13}(Z-Z_s)}{r_{31}(X-X_s)+r_{32}(Y-Y_s)+r_{33}(Z-Z_s)} \\ y-y_p=-f\dfrac{r_{21}(X-X_s)+r_{22}(Y-Y_s)+r_{23}(Z-Z_s)}{r_{31}(X-X_s)+r_{32}(Y-Y_s)+r_{33}(Z-Z_s)} \end{cases}$$

，其中，(x,y) 为被观测物体的图像坐标，(x_p,y_p) 为像主点的坐标，f 为相机的主距（$f>0$），$r_{ij}(i=1,2,3;j=1,2,3)$ 为世界坐标转换为图像坐标的旋转矩阵 R 的各个元素（注意：如果采用图像坐标转换为世界坐标的旋转矩阵表示，则为 R 的转置矩阵），(X,Y,Z) 为被观测物体世界坐标，(X_s,Y_s,Z_s) 为相机中心的世界坐标。

将上式表示为矩阵的形式：$\mu\begin{bmatrix}x\\y\\1\end{bmatrix}=\begin{bmatrix}-f&0&x_p\\0&-f&y_p\\0&0&1\end{bmatrix}\begin{bmatrix}r_{11}&r_{12}&r_{13}&t_X\\r_{21}&r_{22}&r_{23}&t_Y\\r_{31}&r_{32}&r_{33}&t_Z\end{bmatrix}\begin{bmatrix}X\\Y\\Z\\1\end{bmatrix}$，其中 μ 为尺度系数（$\mu=\lambda z_c=-\lambda f<0$，因为其定义的世界坐标系正方向与大地测量坐标系的一致，从而相机观测方向与世界坐标系 Z 轴的正方向相反），其他参

数与上式中的相同。将该公式与相机投影模型的公式进行比较，可以很容易地看出它们之间的差异：

（1）共线方程忽略了非正交变形参数 s（即 $s=0$），而相机投影模型则包含了 s。

（2）共线方程将相机在 x 轴和 y 轴方向上的主距 f_x 和 f_y 看作相同的（即 $f_x=f_y=f$），而相机投影模型则考虑了由仿射变形引起的在 x 轴和 y 轴方向上主距的差异。

（3）在共线方程中定义的观测正方向与 Z 轴的正方向相反，而且因为 $\mu=\lambda z_c=-\lambda f$，且 $\lambda>0, f>0$，所以 μ 为负值，而在相机投影模型中 μ 为正值（即观测正方向与 Z 轴的正方向相同）。

因为利用共线方程表示世界坐标与图像坐标之间的关系，一般都是针对采用非常精密且经过严格标定的量测相机的情况，所以共线方程的近似处理对计算结果的影响是可以忽略不计的。但是，如果采用非量测相机进行摄影测量，为了使计算结果更加精确，建议采用相机投影模型来表示世界坐标与图像坐标之间的关系，这是因为：相机投影模型比共线方程更加严密，可满足利用非量测相机进行摄影测量的需求；此外，共线方程通常适用于元素之间的一般代数运算，而由于相机投影模型是采用向量和矩阵表示的，各个变量之间的变换关系非常简明，在计算时更加方便，而且还可用于更加复杂的数值分析。

镜头畸变的影响。由于以上公式没有考虑镜头畸变的影响，为了更加精确地描述相机投影模型，则还需要去除图像的镜头畸变量。因此，考虑镜头畸变的相机投影模型可表示为 $\mu\begin{bmatrix}x\\y\\1\end{bmatrix}=\mu\begin{bmatrix}x_0-x_{\text{dist}}\\y_0-y_{\text{dist}}\\1\end{bmatrix}=\begin{bmatrix}f_x & s & x_p\\0 & f_y & y_p\\0 & 0 & 1\end{bmatrix}\begin{bmatrix}r_{11} & r_{12} & r_{13} & t_X\\r_{21} & r_{22} & r_{23} & t_Y\\r_{31} & r_{32} & r_{33} & t_Z\end{bmatrix}\begin{bmatrix}X\\Y\\Z\\1\end{bmatrix}=$

$\begin{bmatrix}p_{11} & p_{12} & p_{13} & p_{14}\\p_{21} & p_{22} & p_{23} & p_{24}\\p_{31} & p_{32} & p_{33} & p_{34}\end{bmatrix}\begin{bmatrix}X\\Y\\Z\\1\end{bmatrix}$，其中，$x$ 和 y 为去除镜头畸变后的图像坐标；x_0 和 y_0 为实际测量的包含镜头畸变的图像坐标；x_{dist} 和 y_{dist} 分别为在 x 轴和 y 轴方向上的畸变量。相机镜头畸变量可采用 Brown 在 1971 年提出的非线性模型来描述。在该模型中，主要考虑了径向畸变和切向畸变（或偏心畸变），具体可表示为 $\begin{cases}x_{\text{dist}}=(x_0-x_p)(k_1r^2+k_2r^4+k_3r^6)+p_1[r^2+2(x_0-x_p)^2]+2p_2(x_0-x_p)(y_0-y_p)\\y_{\text{dist}}=(y_0-y_p)(k_1r^2+k_2r^4+k_3r^6)+2p_1(x_0-x_p)(y_0-y_p)+p_2[r^2+2(y_0-y_p)^2]\end{cases}$，其

中，k_1,k_2,k_3 为径向畸变参数（当镜头畸变较小时，通常可只采用 k_1,k_2 来表示，而令 $k_3=0$；当镜头畸变较大时，可以采用 k_1,k_2,k_3 来表示）；p_1,p_2 为偏心畸变参数；$r=\sqrt{(x_0-x_p)^2+(y_0-y_p)^2}$（即像点到像主点的欧氏距离）。

需要注意的是：由于在 Brown 的原文中没有考虑仿射变形问题，严密的计算公式请参考本节中“关于图像坐标规范化的问题”部分的介绍。此外，在有些参考文献中 p_1,p_2 是互换位置的，而在有些参考文献中用 $m=m_0+m_{\text{dist}}$ 表示去除镜头畸变后的结果，即 m_{dist} 表示由于镜头畸变而需要额外增加的修正值。在应用时需要注意各个参数的具体含义，避免混淆。

关于图像坐标规范化：如果忽略镜头畸变，根据 $\mu m=K[R,\tilde{T}]M$，即 $\mu(K^{-1}m)=\mu\hat{m}=[R,\tilde{T}]M$，其中，$\hat{m}=K^{-1}m$ 称为规范化的图像坐标（normalized image coordinates）。由前面的介绍可知，$m=\begin{bmatrix}x\\y\\1\end{bmatrix}=\dfrac{1}{z_c}\begin{bmatrix}z_c & z_c\tan\Delta\theta & x_p\\0 & \dfrac{z_c}{r\cos\Delta\theta} & y_p\\0 & 0 & 1\end{bmatrix}\begin{bmatrix}x_c\\y_c\\z_c\end{bmatrix}$，所以

$\hat{m}=K^{-1}m=\dfrac{1}{z_c}m_c=\begin{bmatrix}x_c/z_c\\y_c/z_c\\1\end{bmatrix}=\begin{bmatrix}\hat{x}\\\hat{y}\\1\end{bmatrix}$，其中 $\hat{x}$ 和 $\hat{y}$ 为规范化的图像坐标。因此，$\hat{m}=K^{-1}m$ 是将图像上点的齐次坐标转换为相机坐标，再利用 $z_c=f_x$ 对其进行规范化的过程，即以相机主距的长度作为相机坐标系的单位长度，来表示图像上像点的位置。对图像坐标进行规范化处理后，图像坐标系的坐标原点定义在像主点所在的位置，同时图像的仿射畸变也被消除了。其几何意义为：在相机坐标系中，过相机中心和像点 M 的射线方向。注意：规范化的图像坐标与 3.2.6 节中介绍的图像坐标归一化处理是不同的。

如果考虑镜头畸变，则需要首先将畸变量去除，即 $m=m_0-m_{\text{dist}}$，所以 $\hat{m}=\hat{m}_0-\hat{m}_{\text{dist}}=K^{-1}m_0-K^{-1}m_{\text{dist}}=K^{-1}\begin{bmatrix}x_0\\y_0\\1\end{bmatrix}-K^{-1}\begin{bmatrix}x_{\text{dist}}\\y_{\text{dist}}\\1\end{bmatrix}$。令 $\hat{x}_0=\hat{m}_{0(1)}=(K^{-1}m_0)_{(1)}$，$\hat{y}_0=\hat{m}_{0(2)}=(K^{-1}m_0)_{(2)}$，其中下标中的 $(i)(i=1,2)$ 表示该向量的第 i 个元素，那么镜头畸变可以表示为 $\begin{cases}\hat{x}_{\text{dist}}=\hat{x}_0(\hat{k}_1\hat{r}^2+\hat{k}_2\hat{r}^4+\hat{k}_3\hat{r}^6)+\hat{p}_1(\hat{r}^2+2\hat{x}_0^2)+2\hat{p}_2\hat{x}_0\hat{y}_0\\\hat{y}_{\text{dist}}=\hat{y}_0(\hat{k}_1\hat{r}^2+\hat{k}_2\hat{r}^4+\hat{k}_3\hat{r}^6)+2\hat{p}_1\hat{x}_0\hat{y}_0+\hat{p}_2(\hat{r}^2+2\hat{y}_0^2)\end{cases}$，其中，$\hat{k}_1,\hat{k}_2,\hat{k}_3$ 为规范化后的径向畸变参数（当镜头畸变较小时，通常可只采用 $\hat{k}_1,\hat{k}_2$ 来表示，而令 $\hat{k}_3=0$；当镜头畸变较大时，可以采用 $\hat{k}_1,\hat{k}_2,\hat{k}_3$ 来表示径向畸变）；$\hat{p}_1,\hat{p}_2$ 为规范化后的偏心畸变参数；$\hat{r}=\sqrt{\hat{x}_0^2+\hat{y}_0^2}$（即规范化后像点到像主点的距离）。

根据以上描述，规范化且去除镜头畸变后的结果可表示为

$$\begin{cases} \hat{x} = \hat{x}_0 - [\hat{x}_0(\hat{k}_1\hat{r}^2 + \hat{k}_2\hat{r}^4 + \hat{k}_3\hat{r}^6) + \hat{p}_1(\hat{r}^2 + 2\hat{x}_0^2) + 2\hat{p}_2\hat{x}_0\hat{y}_0] \\ \hat{y} = \hat{y}_0 - [\hat{y}_0(\hat{k}_1\hat{r}^2 + \hat{k}_2\hat{r}^4 + \hat{k}_3\hat{r}^6) + 2\hat{p}_1\hat{x}_0\hat{y}_0 + \hat{p}_2(\hat{r}^2 + 2\hat{y}_0^2)] \end{cases}$$

该公式在消除镜头畸变的同时，还消除了仿射变形的影响，所以是一个更严密的公式。如果相机已标定，则建议采用规范化的结果来表示镜头畸变参数。

对以上公式的近似处理：由于非正交变形参数 s 通常是一个很小的数，所以可将其忽略不计（如在 OpenCV 中就直接将其忽略了）。如果忽略非正交变形参数 s，即令 $s=0$，那么

$$\hat{m}=K^{-1}m=\begin{bmatrix} \frac{1}{f_x} & -\frac{s}{f_xf_y} & \frac{sy_p-f_yx_p}{f_xf_y} \\ 0 & \frac{1}{f_y} & -\frac{y_p}{f_y} \\ 0 & 0 & 1 \end{bmatrix}\begin{bmatrix} x_0-x_{\text{dist}} \\ y_0-y_{\text{dist}} \\ 1 \end{bmatrix}\approx\begin{bmatrix} \frac{1}{f_x} & 0 & \frac{-x_p}{f_x} \\ 0 & \frac{1}{f_y} & -\frac{y_p}{f_y} \\ 0 & 0 & 1 \end{bmatrix}\begin{bmatrix} x_0-x_{\text{dist}} \\ y_0-y_{\text{dist}} \\ 1 \end{bmatrix}=\hat{m}_0-\hat{m}_{\text{dist}},$$

其中，

$$\hat{m}_0=K^{-1}\begin{bmatrix} x_0 \\ y_0 \\ 1 \end{bmatrix}\approx\begin{bmatrix} \frac{1}{f_x} & 0 & 0 \\ 0 & \frac{1}{f_y} & 0 \\ 0 & 0 & 1 \end{bmatrix}\begin{bmatrix} 1 & 0 & -x_p \\ 0 & 1 & -y_p \\ 0 & 0 & 1 \end{bmatrix}\begin{bmatrix} x_0 \\ y_0 \\ 1 \end{bmatrix}=\begin{bmatrix} \frac{1}{f_x} & 0 & 0 \\ 0 & \frac{1}{f_y} & 0 \\ 0 & 0 & 1 \end{bmatrix}\begin{bmatrix} x_0-x_p \\ y_0-y_p \\ 1 \end{bmatrix}=\begin{bmatrix} \frac{x_0-x_p}{f_x} \\ \frac{y_0-y_p}{f_y} \\ 1 \end{bmatrix}=\begin{bmatrix} \hat{x}_0 \\ \hat{y}_0 \\ 1 \end{bmatrix}。$$

如果进一步忽略 f_x 和 f_y 的差异，并令 $f=\sqrt{f_xf_y}$（即其几何平均数），那么

$\begin{cases} x_0-x_p=\hat{x}_0f_x\approx\hat{x}_0f \\ y_0-y_p=\hat{y}_0f_y\approx\hat{y}_0f \end{cases}$。此外，$\hat{m}_{\text{dist}}=\begin{bmatrix} \hat{x}_{\text{dist}} \\ \hat{y}_{\text{dist}} \\ 1 \end{bmatrix}=K^{-1}\begin{bmatrix} x_{\text{dist}} \\ y_{\text{dist}} \\ 1 \end{bmatrix}\approx\begin{bmatrix} \frac{1}{f_x} & 0 & \frac{-x_p}{f_x} \\ 0 & \frac{1}{f_y} & -\frac{y_p}{f_y} \\ 0 & 0 & 1 \end{bmatrix}\begin{bmatrix} x_{\text{dist}} \\ y_{\text{dist}} \\ 1 \end{bmatrix}=$

$$\begin{bmatrix} \dfrac{x_{\text{dist}}}{f_x} \\ \dfrac{y_{\text{dist}}}{f_y} \\ 1 \end{bmatrix} = \begin{bmatrix} \dfrac{(x_0 - x_p)(k_1r^2 + k_2r^4 + k_3r^6) + p_1[r^2 + 2(x_0 - x_p)^2] + 2p_2(x_0 - x_p)(y_0 - y_p)}{f_x} \\ \dfrac{(y_0 - y_p)(k_1r^2 + k_2r^4 + k_3r^6) + 2p_1(x_0 - x_p)(y_0 - y_p) + p_2[r^2 + 2(y_0 - y_p)^2]}{f_y} \\ 1 \end{bmatrix} \approx$$

$$\begin{bmatrix} \dfrac{\hat{x}_0 f(k_1(\hat{r}f)^2 + k_2(\hat{r}f)^4 + k_3(\hat{r}f)^6) + p_1[(\hat{r}f)^2 + 2(\hat{x}_0 f)^2] + 2p_2(\hat{x}_0 f)(\hat{y}_0 f)}{f} \\ \dfrac{(\hat{y}_0 f)(k_1(\hat{r}f)^2 + k_2(\hat{r}f)^4 + k_3(\hat{r}f)^6) + 2p_1(\hat{x}_0 f)(\hat{y}_0 f) + p_2[(\hat{r}f)^2 + 2(\hat{y}_0 f)^2]}{f} \\ 1 \end{bmatrix} =$$

$$\begin{bmatrix} \hat{x}_0(k_1f^2\hat{r}^2 + k_2f^4\hat{r}^4 + k_3f^6\hat{r}^6) + f[p_1(\hat{r}^2 + 2\hat{x}_0^2) + 2p_2\hat{x}_0\hat{y}_0] \\ \hat{y}_0(k_1f^2\hat{r}^2 + k_2f^4\hat{r}^4 + k_3f^6\hat{r}^6) + f[2p_1\hat{x}_0\hat{y}_0 + p_2(\hat{r}^2 + 2\hat{y}_0^2)] \\ 1 \end{bmatrix}$$，其中 $r = \sqrt{(x_0 - x_p)^2 + (y_0 - y_p)^2} = \sqrt{(\hat{x}_0 f_x)^2 + (\hat{y}_0 f_y)^2} \approx f\sqrt{(\hat{x}_0)^2 + (\hat{y}_0)^2} = f \cdot \hat{r}$。因此，$\hat{k}_1 \approx f^2 \cdot k_1$，$\hat{k}_2 \approx f^4 \cdot k_2$，$\hat{k}_3 \approx f^6 \cdot k_3$，$\hat{p}_1 \approx f \cdot p_1$，$\hat{p}_2 \approx f \cdot p_2$。由以上公式可以看出，如果 $f > 1$，那么经过规范化后参数的数值会变大；如果 $0 < f < 1$，那么经过规范化后参数的数值会变小；如果 $f_x = f_y = f = 1$，那么经过规范化后参数的数值不会改变。

其他几种常用的投影模型如下。

（1）正射投影模型。投影矩阵 $P_0 = \begin{bmatrix} 1 & 0 & 0 & 0 \\ 0 & 1 & 0 & 0 \\ 0 & 0 & 0 & 1 \end{bmatrix}$（可相差一个非零的常数）的模型称为正射投影（orthographic projection）模型。根据模型可知，$P_0M = \begin{bmatrix} 1 & 0 & 0 & 0 \\ 0 & 1 & 0 & 0 \\ 0 & 0 & 0 & 1 \end{bmatrix}\begin{bmatrix} X \\ Y \\ Z \\ 1 \end{bmatrix} = \begin{bmatrix} X \\ Y \\ 1 \end{bmatrix}$，即去掉了 Z 的坐标（因为不需要区分 Z 轴方向的差异）。为了得到一般的正射投影模型，需要先对世界坐标乘以一个变换矩阵 H（考虑旋转和平移），即 $P_1 = P_0H = \begin{bmatrix} 1 & 0 & 0 & 0 \\ 0 & 1 & 0 & 0 \\ 0 & 0 & 0 & 1 \end{bmatrix}\begin{bmatrix} r_{11} & r_{12} & r_{13} & t_X \\ r_{21} & r_{22} & r_{23} & t_Y \\ r_{31} & r_{32} & r_{33} & t_Z \\ 0 & 0 & 0 & 1 \end{bmatrix} = \begin{bmatrix} r_{11} & r_{12} & r_{13} & t_X \\ r_{21} & r_{22} & r_{23} & t_Y \\ 0 & 0 & 0 & 1 \end{bmatrix}$，再对该结

果左乘一个缩放系数矩阵，即 $P_{\text{orth}}=\begin{bmatrix}\lambda & 0 & 0\\0 & \lambda & 0\\0 & 0 & 1\end{bmatrix}\begin{bmatrix}r_{11} & r_{12} & r_{13} & t_X\\r_{21} & r_{22} & r_{23} & t_Y\\0 & 0 & 0 & 1\end{bmatrix}\simeq\begin{bmatrix}r_{11} & r_{12} & r_{13} & t_X\\r_{21} & r_{22} & r_{23} & t_Y\\0 & 0 & 0 & \lambda^{-1}\end{bmatrix}$，矩阵 P_{orth} 即为一般正射投影矩阵，而该模型有 6 个自由度。很明显，正射投影模型是一种无穷远投影模型，它是采用平面地图的垂直投影方式，并按照一定的比例尺投影得到的结果，它对数字正射影像（DOM）具有重要的意义。实际上，将有限相机投影模型中的相机矩阵 P 右乘一个 4×4 的单应矩阵 $H_{4\times4}$ 即可得到正射投影矩阵 P_{orth}，即 $P_{\text{orth}}=PH_{4\times4}$。因此，对有限相机投影模型来说，$\mu m=PM=P(H_{4\times4}H_{4\times4}^{-1})M=P_{\text{orth}}M'$，其中 $M'=H_{4\times4}^{-1}M$，即可以将相机的投影过程看作先对世界坐标点进行三维空间的射影变换后，再对其结果进行正射投影的过程。

（2）弱透视投影模型。由以上推导可知，严格的相机投影模型为 $\mu m=KR(\tilde{M}-\tilde{C})=K[R,\tilde{T}]M=PM$，对不同的世界坐标点来说，其尺度系数（深度）$\mu$ 可能是不同的，μ 取决于世界坐标点在三维空间中的位置。但是，有时为了估计相机位姿初始值，可以假设 μ 为一个固定的常数，即利用一个平均深度来估计。因此，该模型可以看作将世界坐标点垂直投影到一个与像平面平行且深度为 μ 的平面上，然后对该平面上的投影点再次进行投影的描述。弱透视投影矩阵可以表示为 $P_{\text{weak}}=\begin{bmatrix}\lambda_x & 0 & 0\\0 & \lambda_y & 0\\0 & 0 & 1\end{bmatrix}\begin{bmatrix}r_{11} & r_{12} & r_{13} & t_X\\r_{21} & r_{22} & r_{23} & t_Y\\0 & 0 & 0 & 1\end{bmatrix}$，即缩放系数矩阵在不同的方向不同，该模型有 7 个自由度。

（3）关于仿射投影模型。仿射投影相机矩阵可以表示为 $P_{\text{affine}}=\begin{bmatrix}\lambda_x & s & 0\\0 & \lambda_y & 0\\0 & 0 & 1\end{bmatrix}\begin{bmatrix}r_{11} & r_{12} & r_{13} & t_X\\r_{21} & r_{22} & r_{23} & t_Y\\0 & 0 & 0 & 1\end{bmatrix}$，即缩放系数矩阵在不同的方向不同，而且还有一个错切变换，该模型有 8 个自由度。该模型适用的条件是：图像场景的深度相对于平均深度相差不大，并且像点距离主轴较近（如长焦镜头对应的小视场）。

（4）无穷远投影模型。无穷远投影模型是相机中心位于无穷远处的相机投影模型，即平行投影模型。假设其相机中心 C 为 $C=(\tilde{C}^{\mathrm{T}},0)^{\mathrm{T}}$，将其代入相机投影模型可得 $\mu m=KR(\tilde{C}-\tilde{C})=PC=H(I,-\tilde{C})(\tilde{C}^{\mathrm{T}},0)^{\mathrm{T}}=H\tilde{C}=0$，其中 H=KR，即为相机矩阵 P 的前 3 列组成的方阵。因为 $\tilde{C}$ 可以是不为零的向量，所以对无穷远投影模型来说，矩阵 H 一定是奇异的。

无穷远投影模型可以分为两种类型：一种是仿射无穷远投影模型，另一种是非仿射无穷远投影模型。其中，仿射无穷远投影模型将无穷远点映射到无穷远点，即相机矩阵 P 的最后一行，在相差一个常数的情况下可写为 $(0,0,0,1)$（很明显，这是无穷远投影模型中的一种特殊情况），这也是将其称为仿射无穷远投影模型的原因，而在该模型中，相机中心位于无穷远点，且其主平面为无穷远平面。非仿射无穷远投影模型的相机中心位于无穷远点，其主平面却不是无穷远平面，即矩阵 H 是奇异的，但矩阵 H 的最后一行的元素不全为零，所以非仿射无穷远投影模型是一般的无穷远投影模型。

3.1.3　相机投影与反投影

1）点的投影和反投影

空间点的投影。假设空间中在相机中心 C 所在位置以外的某一世界坐标点 M，在相机矩阵 P 的作用下，投影到某一平面的像点为 m，则它们之间满足 $\mu m = KR(\tilde{M}-\tilde{C}) = KR[I,-\tilde{C}]M = [H,p_4]M = PM$，其中 $H = KR$，即为 P 的前 3 列组成的方阵，$p_4 = K\tilde{T} = K(-R\tilde{C}) = -H\tilde{C}$，$p_4$ 为 P 的第 4 列。该投影关系称为相机正向投影，简称为投影。

像点的反投影。在相机正向投影的过程中，空间中的某一世界坐标点 M，在相机矩阵 P 的作用下，投影到某一像平面上的一点为 m；而反过来，像平面上的点 m，对应着一条连接相机中心和像点 m 的直线（严格来说是一条指向相机前方的射线），而空间中的点 M 一定在该直线上。因此，像平面上的一点 m 的反向投影（简称反投影），是在相机矩阵 P 的作用下，具有相同的像点 m 的所有空间点的集合，即 $l=\{M \mid \mu m = PM\}$，M 的所有解集即为过像点 m 和相机中心 C 的直线 l。根据上式的关系，直线 l 上的点可表示为 $M(\mu)=\mu P^{+}m + C$，其中 P^{+} 为 P 的广义逆，$P^{+} = P^{\mathrm{T}}(PP^{\mathrm{T}})^{-1}$。另一种方法是，求取过 m 的无穷远点的坐标，即 $m_{\infty} = [(H^{-1}m)^{\mathrm{T}},0]^{\mathrm{T}}$，其中 $H = KR$，即为 P 的前 3 列组成的方阵，通过连接 m_{∞} 和相机中心 C 即可确定直线 l，即 $M(\mu)= \mu[(H^{-1}m)^{\mathrm{T}},0]^{\mathrm{T}} + C$，其中 $C=(\tilde{C}^{\mathrm{T}},1)^{\mathrm{T}} = [-(H^{-1}P_4)^{\mathrm{T}},1]^{\mathrm{T}}$。相机中心 C 和无穷远点 m_{∞} 是直线 l 上的两个特殊的点，其表示如下：当 $\mu=0$ 时，表示相机中心 C；而当 $\mu\to\infty$ 时，表示 m_{∞}。

假设图像中有两点 m_1 和 m_2，且相机中心为世界坐标系的原点，那么过相机中心和这两个像点的射线方向分别为 $d_1=\tilde{C}_1=K^{-1}m_1$，$d_2=\tilde{C}_2=K^{-1}m_2$，而这两条射线的夹角余弦可表示为 $\cos\theta = \dfrac{m_1^{\mathrm{T}}(K^{-\mathrm{T}}K^{-1})m_2}{\sqrt{m_1^{\mathrm{T}}(K^{-\mathrm{T}}K^{-1})m_1}\sqrt{m_2^{\mathrm{T}}(K^{-\mathrm{T}}K^{-1})m_2}}$。

2）平面的投影与反投影

空间平面的投影。空间中某一平面上世界坐标点 $M=(X,Y,0,1)^{\mathrm{T}}$（注意：如

果在某坐标系中 $Z \neq 0$，可以对该坐标系进行旋转和平移处理，使之为 0；此外，还需要对相机矩阵 P 做相应的处理），在相机矩阵 P 的作用下，投影到某一像点 $m=(x,y,1)^{\mathrm{T}}$，即 $\mu m = PM = (p_1,p_2,p_3,p_4)(X,Y,0,1)^{\mathrm{T}} = (p_1,p_2,p_4)(X,Y,1)^{\mathrm{T}} = H\bar{M}$，其中 $H=(p_1,p_2,p_4)=K(r_1,r_2,\tilde{T})$，$\bar{M}=(X,Y,1)^{\mathrm{T}}$（即 X-Y 平面）。通常情况下，空间平面的投影是一个二维平面，但是如果该空间平面经过相机中心，则会出现退化，而其代数表现为 H 是不满秩的。如果其投影退化为一条直线（即世界坐标点分布在过相机中心的平面上，但与相机中心不共线），此时 $\mathrm{rank}(H)=2$；如果其投影退化为一个点（即世界坐标点不但分布在过相机中心的平面上，而且还与相机中心共线），此时 $\mathrm{rank}(H)=1$。

空间平面的反投影。在相机矩阵 P 的作用下，某一像点 $m=(x,y,1)^{\mathrm{T}}$ 对应的空间中某一平面上世界坐标点 $\bar{M}$（注意：必须确定世界坐标点分布在一个平面上）可表示为 $\bar{M} \simeq H^{-1}m$，其中 $H=(p_1,p_2,p_4)=K(r_1,r_2,\tilde{T})$。

如果已知相机内参数矩阵 K、一组平面上的世界坐标点 $\bar{M}$ 及其对应的像点坐标 m，那么可在相差一个尺度系数的条件下得出单应矩阵 H_0，从而可据此进一步得出相机外参数。其具体求解方法如下：首先，因为 $H=K[r_1,r_2,\tilde{T}]=\lambda H_0$，所以 $\hat{P}=[r_1,r_2,\tilde{T}]=\lambda K^{-1}H_0$。根据 $\|r_1\|_2=1$ 和 $\|r_2\|_2=1$（即对其进行单位化处理，使其模值为 1），可得出该图像对应的系数 λ（注：有正负两个解），从而得出 r_1、r_2 和 $\tilde{T}$。然后，根据 r_1 和 r_2 可得 $r_3=\mathrm{cross}(r_1,r_2)=\mathrm{cross}(-r_1,-r_2)$，所以 $P=K[R,\tilde{T}]=K[r_1,r_2,r_3,\tilde{T}]$ 或者 $P=K[R,\tilde{T}]=K[-r_1,-r_2,r_3,-\tilde{T}]$。因为以上两个结果 R 的行列式都是 1，所以无法利用 $\det(R)=1$ 来排除其中的错误解，但可以利用被拍摄物体必须在相机前方（即 $\mu=p_{3\mathrm{R}}M=h_{3\mathrm{R}}\bar{M}>0$，其中 $p_{3\mathrm{R}}$ 和 $h_{3\mathrm{R}}$ 分别为矩阵 P 和 H 的第 3 行向量）的要求来得到 R 的最终结果。最后，根据 $\tilde{C}=-R^{\mathrm{T}}\tilde{T}$ 即可得到相机中心的位置。

3）直线的投影与反投影

空间直线的投影。空间直线 L 可以由两个点确定，假设为 M_1,M_2，$M(\mu_1,\mu_2)=\mu_1M_1+\mu_2M_2$，则其投影为 $\mu m = PM(\mu_1,\mu_2)=P(\mu_1M_1+\mu_2M_2)= \mu_1m_1+\mu_2m_2$，其中 m_1,m_2 分别为 M_1,M_2 的像点。此外，空间直线还可以利用 Plücker 矩阵表示，即 $L=M_1M_2^{\mathrm{T}}-M_2M_1^{\mathrm{T}}$，而直线 L 的投影为 $[l]_\times=[m_1\times m_2]_\times=m_2m_1^{\mathrm{T}}-m_1m_2^{\mathrm{T}}=\dfrac{1}{\mu_2}PM_2\left(\dfrac{1}{\mu_1}PM_1\right)^{\mathrm{T}}-\dfrac{1}{\mu_1}PM_1\left(\dfrac{1}{\mu_2}PM_2\right)^{\mathrm{T}}=-\dfrac{1}{\mu_1\mu_2}PLP^{\mathrm{T}}\simeq PLP^{\mathrm{T}}$。通常情况下，空间直线的投影是一条直线，但是如果该空间直线经过相机中心，则会出现退化，此时其投影退化为一个点。

图像上的直线 l 的反投影。过直线 l 和相机中心 C 可以确定一个平面 π，假设 M 是直线 l 的反投影确定的平面 π 上的任意一点，则其投影为 $\mu m = PM$，而 m 一定在直线l上，即$l^{\mathrm{T}}(PM)=(P^{\mathrm{T}}l)^{\mathrm{T}}M=\pi^{\mathrm{T}}M$。因为在三维空间中点和面是对偶的，所以在相机矩阵$P$的作用下，图像上的直线$l$的反投影是空间平面$\pi=P^{\mathrm{T}}l$。平面$\pi$的法线方向为$n=K^{\mathrm{T}}l$。其证明过程如下：直线$l$上的任意一点$m$，所确定的在该平面上的射线方向为$d=\tilde{C}=K^{-1}m$，而法线$n$一定与射线$d$正交，即$d^{\mathrm{T}}n=(K^{-1}m)^{\mathrm{T}}n=m^{\mathrm{T}}K^{-\mathrm{T}}n=0$。因为$m$为直线$l$上的点，所以$m^{\mathrm{T}}l=0$。因此，$l=K^{-\mathrm{T}}n$，即$n=K^{\mathrm{T}}l$。

4）二次曲线的投影与反投影

空间二次曲线的投影。由于二次曲线C是平面上的曲线，假设其支撑平面为π，而二次曲线的任意一点M到像平面的投影，可以通过单应矩阵H来描述，即$m=HM$，其中$M=(x,y,1)^{\mathrm{T}}\in C$（注：如果该支撑平面$\pi$不经过相机中心，则$H$是满秩的；否则$H$是不满秩的，此时就会出现退化）。因为$M^{\mathrm{T}}CM=0$，所以$(H^{-1}m)^{\mathrm{T}}C(H^{-1}m)=0$，即$m^{\mathrm{T}}(H^{-\mathrm{T}}CH^{-1})m=0$。因此，在通常情况下（即$H$满秩的情况下）二次曲线的投影仍为一条二次曲线，该二次曲线的矩阵为$C_m=H^{-\mathrm{T}}CH^{-1}$。

绝对二次曲线的投影（image of the absolute conic，IAC）。因为绝对二次曲线的支撑平面为无穷远平面π_∞，绝对二次曲线上的点$\tilde{M}_\infty$满足$\tilde{M}_\infty I\tilde{M}_\infty=0$，其中$\tilde{M}_\infty=(x,y,z)^{\mathrm{T}}$，无穷远点的单应矩阵$H_\infty=KR$，所以其投影为$C_\infty=H^{-\mathrm{T}}IH^{-1}=K^{-\mathrm{T}}K^{-1}$。绝对二次曲线的投影只与相机的内参数有关，而与其外参数（相机中心和转角）无关。该结果在相机标定过程中具有重要意义。

图像上二次曲线的反投影。过图像上的二次曲线C_m和相机中心可以确定一个锥面。假设m为二次曲线C_m上的任意一点，则$m^{\mathrm{T}}C_m m=0$。在相机矩阵P的作用下$\mu m=PM$，所以$(\frac{1}{\mu}PM)^{\mathrm{T}}C_m(\frac{1}{\mu}PM)=0$，即$M^{\mathrm{T}}(P^{\mathrm{T}}C_mP)M=0$。因此，该锥面的矩阵可表示为$Q=P^{\mathrm{T}}C_mP$。

5）二次曲面的投影

假设有一个二次曲面Q，它在像平面上的投影为一条二次曲线C，而过图像上的二次曲线C和相机中心O所确定的锥面，与二次曲面Q相交于Q的一条轮廓线Γ（一条二次曲线），很明显，二次曲线Γ在像平面上的投影就是二次曲线C。由二次曲面对极关系可知，二次曲面Q的轮廓线Γ所在的平面为$\pi_\Gamma=QO$，其中O为相机中心的齐次坐标。此外，假设二次曲面Q的对偶为Q^*，在相机矩阵P的作用下，二次曲面Q的投影为二次曲线C，且C的对偶为C^*，那么$C^*=PQ^*P^{\mathrm{T}}$。需要注意的是：一个二次曲面上的点可以投影到一个像平面上，而像平面是一个平面，在平面上不可能存在一个二次曲面，所以就不可能有二次曲面的反投影。

绝对二次曲面的投影（dual image of the absolute conic，DIAC）：绝对二次曲

线 Ω_∞ 的对偶是三维空间中一个退化的二次曲面（锥面），将其称为绝对二次曲面，并记为 Q_∞^*。在几何上，Q_∞^* 是由 Ω_∞ 的切平面组成的；而在代数上，Q_∞^* 是由一个秩为 3 的 4×4 矩阵来表示的，即 $Q_\infty^* = \mathrm{diag}(1,1,1,0)$。由上面的结论可知，在相机矩阵 P 的作用下，绝对二次曲面 Q_∞^* 的投影为绝对二次曲线投影的对偶 ω^*，$\omega^* = PQ^*P^{\mathrm{T}} = (KR)(KR)^{\mathrm{T}} = KK^{\mathrm{T}}$。

与绝对二次曲线的投影一样，绝对二次曲面的投影只与相机的内参数有关，而与其外参数（相机中心和转角）无关。该结果在相机标定过程中具有重要意义。

世界坐标点的重投影误差。即使在相机镜头没有畸变，或者事先对相机进行严格的标定并去除图像畸变的情况下，实际测量的像点 m，与根据前方交会重构得到的世界坐标点 M 和相机矩阵 P 计算的重投影（reprojection，注：因为第一次投影是相机成像过程中真实的世界坐标点在图像上的投影，所以将重构的世界坐标点的投影称作重投影，其主要目的是对计算结果进行验证）像点 $\hat{m}$ 之间的误差，即为重投影误差（reprojection error）。引起重投影误差的原因主要包括以下两个方面：一是通过实际测量或利用相机前方交会得到的世界坐标点 M 存在一定的误差；二是求取的相机矩阵 P 存在一定的误差。图像的重投影误差可表示为 $e = \sum_{i=1}^{n} d(m_i, \hat{m}_i)^2 (i = 1,2,\cdots,n)$，其中 $\hat{m}_i$ 为世界坐标点 M_i 重投影的结果（$\mu_i \hat{m}_i = PM_i$），n 为该幅图像中的所有像点数，d 为像点之间的距离。此外，如果存在多幅图像，需要计算多幅图像的重投影误差，即将所有的世界坐标点在各幅图像中的重投影误差进行求和。因此，重投影误差具有非常直观的几何意义，很多计算过程都需要将重投影误差最小化作为优化的代价函数。例如，在前方交会、后方交会、相机标定和光束平差等计算过程中，最终都需要将重投影误差最小化作为优化的目标。

3.1.4　消失点和消失线

1）消失点

假设在空间直线 L 方向上的无穷远点为 $D = (X, Y, Z, 0)^{\mathrm{T}}$，在相机矩阵 P 的作用下，D 的像点为 $v = PD = H_\infty d = KRd$，其中 $d = (X, Y, Z)^{\mathrm{T}}$（即直线 L 的方向），v 为直线 L 在相机矩阵 P 下的消失点（或灭点，vanishing point）。实际上，消失点 v 是过相机中心且方向为 d 的直线 L 与像平面的交点。它不受相机位置的影响，但受相机旋转的影响。

消失点的确定方法：①如果已知射影变换矩阵 H_∞ 和无穷远点的世界坐标，可以直接通过射影变换得到；②直线的消失点可以通过两条平行线在图像上投影的交点来确定；③如果已知共线点的真实坐标和图上坐标，则可以利用射影变换保持交比不变的性质来确定（如常用的一种特殊情况，过圆心的直线与圆的两个交点，圆心、无穷远点为调和共轭，其交比等于 −1。因为利用射影变换保持交比不变，所以在其像上交比仍然等于 −1）。

2）消失线

三维空间的平行平面与 π_∞ 交于一条公共直线，这条直线在像平面上的投影就是该组平行平面的消失线。在相机矩阵 P 的作用下，图像上的直线 l 的反投影是空间平面 $\pi = P^{\mathrm{T}} l$，而平面 π 的法线方向为 $n = K^{\mathrm{T}} l$，那么直线 l 是法线为 n 的所有平面集的消失线，即 $l = K^{-\mathrm{T}} n$。

消失线的确定方法：通过平面上的一组平行线，可以确定其消失点，如果再在该平面上选取另一组平行线（不与上一组平行），可以确定其另一个消失点，而这两个消失点的连线即为该平面的消失线。

如果 v_1 和 v_2 是一幅图像上两条直线的消失点，ω 为绝对二次曲线的投影，θ 为这两直线的夹角，那么其夹角余弦可表示为 $\cos\theta = \dfrac{v_1^{\mathrm{T}} \omega v_2}{\sqrt{v_1^{\mathrm{T}} \omega v_1}\sqrt{v_2^{\mathrm{T}} \omega v_2}}$。同理，如果 l_1 和 l_2 是一幅图像上两个平面的消失线，ω^* 为绝对二次曲面的投影，θ 为这两个平面的夹角（即其法线之间的夹角），那么投影后的两直线的夹角余弦可表示为 $\cos\theta = \dfrac{l_1^{\mathrm{T}} \omega^* l_2}{\sqrt{l_1^{\mathrm{T}} \omega^* l_1}\sqrt{l_2^{\mathrm{T}} \omega^* l_2}}$。两条互相垂直的直线的消失点 v_1 和 v_2 满足 $v_1^{\mathrm{T}} \omega v_2 = 0$，而两条互相垂直的平面的消失线 l_1 和 l_2 满足 $l_1^{\mathrm{T}} \omega^* l_2 = 0$。平面的法线方向的消失点 $v = \omega^* l$，而消失点 v 对应的反投影直线为 $l = \omega v$。

3.2　两视图的对极约束

3.2.1　对极约束的推导

对极约束是两视图最基本的约束。对极约束可以通过对极几何（epipolar geometry）来描述。对极几何描述了两视图的点和线之间的对应关系，这种关系可以利用基本矩阵（fundamental matrix）来描述。如图 3.4 所示，假设第 1 幅图像的相机中心为 C_1，第 2 幅图像的相机中心为 C_2，被观测的世界坐标点为 M，当这 3 个点不共线时它们可构成一个平面，该平面即为核面 π；C_1 与 M 确定的直线与第 1 个相机像平面的交点即为像点 m_1，C_2 与 M 确定的直线与第 2 个相机像平面的交点即为像点 m_2；C_1 和 C_2 确定的直线即为基线 B，而该基线向量可表示为 $B = \overrightarrow{C_1 C_2}$；$C_1$ 在第 2 幅图像上的像点（即基线 B 与第 2 幅图像的交点）为 e_2，e_2 即为第 2 幅图像上的极点；C_2 在第 1 幅图像上的像点（即基线 B 与第 1 幅图像的交点）为 e_1，e_1 即为第 1 幅图像上的极点；像点 m_1 与极点 e_1 确定的直线为极线 l_1，像点 m_2 与极点 e_2 确定的直线即为极线 l_2。

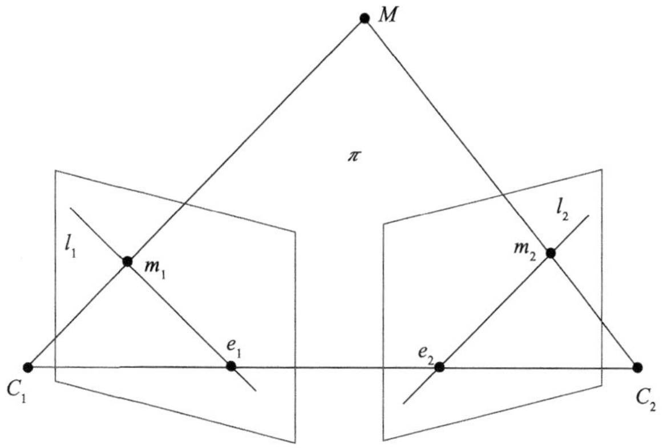

图 3.4　两视图的点和线之间的对应关系示意图

根据C_1、C_2和M三点共面的条件可知，$\overrightarrow{C_2M}$、$\overrightarrow{C_1C_2}$、$\overrightarrow{C_1M}$的混合积（行列式）为 0，即$D=\overrightarrow{C_2M}\cdot(\overrightarrow{C_1C_2}\times\overrightarrow{C_1M})=0$。令$B_X=X_{C_2}-X_{C_1}$，$B_Y=Y_{C_2}-Y_{C_1}$，$B_Z=Z_{C_2}-Z_{C_1}$，所以

$$D=\begin{vmatrix} X_M-X_{C_2} & Y_M-Y_{C_2} & Z_M-Z_{C_2} \\ B_X & B_Y & B_Z \\ X_M-X_{C_1} & Y_M-Y_{C_1} & Z_M-Z_{C_1} \end{vmatrix}=\begin{bmatrix} X_M-X_{C_2} \\ Y_M-Y_{C_2} \\ Z_M-Z_{C_2} \end{bmatrix}^{\mathrm{T}}\begin{bmatrix} 0 & -B_Z & B_Y \\ B_Z & 0 & -B_X \\ -B_Y & B_X & 0 \end{bmatrix}\begin{bmatrix} X_M-X_{C_1} \\ Y_M-Y_{C_1} \\ Z_M-Z_{C_1} \end{bmatrix}=(\tilde{M}-\tilde{C}_2)^{\mathrm{T}}[B]_{\times}(\tilde{M}-\tilde{C}_1)=0。$$

通过以上公式可知，根据这两幅图像可分别求出被观测点M的非齐次坐标$\tilde{M}$，并且由此可得出$\overrightarrow{C_1M}$和$\overrightarrow{C_2M}$。首先，构建一个相对的世界坐标系，该世界坐标系以第 1 幅图像的相机中心为原点，即$\tilde{C}_1=(0,0,0)^{\mathrm{T}}$，且假定第 1 幅图的世界坐标到图像坐标的旋转矩阵$R_1=I$（即$\omega_1=0,\varphi_1=0,\kappa_1=0$，或者世界坐标系的$X$、$Y$、$Z$轴与相机坐标系的$x$、$y$、$z$轴的方向是完全一致的）。然后，由以上描述的假设条件可知，因为第 1 幅图像的相机中心在原点处，所以$\tilde{T}_1=(0,0,0)^{\mathrm{T}}$。由此可得出，$\mu_1m_1=K_1[R_1,\tilde{T}_1](\tilde{M}^{\mathrm{T}},1)^{\mathrm{T}}=K_1\tilde{M}$，即$\overrightarrow{C_1M}=\tilde{M}-\tilde{C}_1=\mu_1K_1^{-1}m_1$；$\mu_2m_2=K_2[R_2,\tilde{T}_2](\tilde{M}^{\mathrm{T}},1)^{\mathrm{T}}=K_2R_2[I,-\tilde{C}_2](\tilde{M}^{\mathrm{T}},1)^{\mathrm{T}}=K_2R_2(\tilde{M}-\tilde{C}_2)$，即$\overrightarrow{C_2M}=\tilde{M}-\tilde{C}_2=\mu_2R_2^{\mathrm{T}}K_2^{-1}m_2$。因此，$D=(\mu_2R_2^{\mathrm{T}}K_2^{-1}m_2)^{\mathrm{T}}[B]_{\times}(\mu_1K_1^{-1}m_1)\simeq m_2^{\mathrm{T}}(K_2^{-\mathrm{T}}R_2[B]_{\times}K_1^{-1})m_1=0$。因为$B=\overrightarrow{C_1C_2}=-R_2^{\mathrm{T}}\tilde{T}_2$，并且$[B]_{\times}R_2^{\mathrm{T}}=[-R_2^{\mathrm{T}}\tilde{T}_2]_{\times}R_2^{\mathrm{T}}=-[R_2^{\mathrm{T}}\tilde{T}_2]_{\times}R_2^{\mathrm{T}}=-R_2^{\mathrm{T}}[\tilde{T}_2]_{\times}$，所以$R_2[B]_{\times}=-[\tilde{T}_2]_{\times}R_2$。因此，$D\simeq m_2^{\mathrm{T}}(K_2^{-\mathrm{T}}[\tilde{T}_2]_{\times}R_2K_1^{-1})m_1=0$。

令$F=K_2^{-\mathrm{T}}[\tilde{T}_2]_{\times}R_2K_1^{-1}$，$F$被称为基本矩阵，以上公式可表示为$m_2^{\mathrm{T}}Fm_1=0$，该公式就是两视图的对极约束的数学表达式。令$E=[\tilde{T}_2]_{\times}R_2$，$E$被称为本质矩阵

（essential matrix），以上公式可表示为 $m_2^{\mathrm{T}}Fm_1 = m_2^{\mathrm{T}}(K_2^{-\mathrm{T}}EK_1^{-1})m_1 = (K_2^{-1}m_2)^{\mathrm{T}}E(K_1^{-1}m_1) = \hat{m}_2^{\mathrm{T}}E\hat{m}_1 = 0$，即利用规范化处理后的两幅图像的结果来求解本质矩阵 E。

在以上推导过程中，各个参数都有明确的物理含义，该推导过程也揭示了基本矩阵 F 和本质矩阵 E 所表示的实际意义。由以上推导可知，对极约束是对两幅图像在各自相机投影模型约束的基础上，再进一步根据两视图中的相机中心 C_1、C_2 和世界坐标点 M 三点共面的约束而得出来的。基本矩阵 F 是一个 3×3 的齐次矩阵，所以有 8 个参数需要确定（存在一个整体尺度系数的约束）；此外，因为基本矩阵 F 将第 1 个像平面上的点，线性映射到第 2 个像平面上的共点（极点）直线束（极线），而共点直线束构成了一个一维空间，所以 $\det(F)=0$，且 $\mathrm{rank}(F)=2$，因此还存在一个零特征值的约束。基本矩阵 F 实际上只有 7 个自由度，它表示的是一个退化的二次曲线。

需要注意的是：当世界坐标点 M 与两视图中的相机中心 C_1、C_2 共线（即该世界坐标点位于基线上）时，就会导致共线退化，此时 $\mathrm{rank}(F)=1$，无法满足 $\mathrm{rank}(F)=2$ 的条件。例如，在拍摄过程中相机沿着其主轴方向运动，即相机距离被拍摄物体一远一近；或者当相机的倾斜角度较大时，相机中心 C_1、C_2 连线上的世界坐标点出现在这两幅图像中。以上两种情况是最常见的导致共线退化的情况。此外，由以上数学表达式可知，在求解基本矩阵 F 时，不需要已知两个相机的内参数和外参数；在求解本质矩阵 E 时，两个相机的内参数必须是已知的，其外参数是不需要已知的。

一个 3 阶非零实数矩阵 F 是基本矩阵的充要条件。在相机矩阵 P_1 和 P_2 的作用下，$P_2^{\mathrm{T}}FP_1$ 是一个反对称矩阵。其证明过程如下：$P_2^{\mathrm{T}}FP_1$ 是反对称矩阵的条件，等价于对所有的世界坐标点 M 满足 $M^{\mathrm{T}}P_2^{\mathrm{T}}FP_1M=0$，因为 $m_1 \simeq P_1M$，$m_2 \simeq P_2M$，所以 $m_2^{\mathrm{T}}Fm_1=0$。这正是基本矩阵的定义，所以该结论成立。

一个 3 阶非零实数矩阵为本质矩阵 E 的充要条件：该 3 阶非零实数矩阵有两个相同的奇异值和一个零奇异值。具体证明过程如下。

（1）必要性：因为 $E=[\tilde{T}_2]_{\times}R_2$，对平移向量 $\tilde{T}_2$ 来说，存在一个单位正交旋转矩阵 Q 使得 $T'=Q\tilde{T}_2=(0,0,s)^{\mathrm{T}}$（即 $\tilde{T}_2=Q^{\mathrm{T}}(0,0,s)^{\mathrm{T}}$），其中 $s=\|\tilde{T}_2\|_2$；另外，由反对称矩阵的性质可知，$[\tilde{T}_2]_{\times}=\det(Q^{\mathrm{T}})(Q^{\mathrm{T}})^{-\mathrm{T}}[Q\tilde{T}_2]_{\times}Q=Q^{\mathrm{T}}[T']_{\times}Q$。所以，$EE^{\mathrm{T}}=[\tilde{T}_2]_{\times}R_2([\tilde{T}_2]_{\times}R_2)^{\mathrm{T}}=[\tilde{T}_2]_{\times}([\tilde{T}_2]_{\times})^{\mathrm{T}}=Q^{\mathrm{T}}[T']_{\times}Q(Q^{\mathrm{T}}[T']_{\times}Q)^{\mathrm{T}}\simeq Q^{\mathrm{T}}\mathrm{diag}(s^2,s^2,0)Q$，即 E 有两个相同的奇异值和一个零奇异值。

（2）充分性：假设 E 有两个相同的奇异值和一个零奇异值，则对 E 进行 SVD 分解可得 $E=U\mathrm{diag}(s^2,s^2,0)V^{\mathrm{T}}\simeq U\mathrm{diag}(1,1,0)V^{\mathrm{T}}$（注：因为 E 是一个齐次矩阵，所以其结果可相差任意一个非零常数，当然也可以是一个负常数，而在这里先考虑奇异值为正数的情况，如果为负数，只需要对 E 乘以 -1 即可），其中 U 和 V 为单位正交矩阵。令 $W=\begin{bmatrix}0 & -1 & 0\\ 1 & 0 & 0\\ 0 & 0 & 1\end{bmatrix}$，$Z=\begin{bmatrix}0 & 1 & 0\\ -1 & 0 & 0\\ 0 & 0 & 0\end{bmatrix}$，即 $ZW=\tilde{I}=\mathrm{diag}(1,1,0)$，那么 $E=U\tilde{I}V^{\mathrm{T}}=U(ZW)V^{\mathrm{T}}=(UZU^{\mathrm{T}})(UWV^{\mathrm{T}})=[\tilde{T}_2]_{\times}R_2$，其中 $[\tilde{T}_2]_{\times}=UZU^{\mathrm{T}}$，$[\tilde{T}_2]_{\times}$ 是一个反对称矩阵，$R_2=UWV^{\mathrm{T}}$，R_2 为一个单位正交旋转矩阵，因此 E 为本质矩阵。因为 E 是一个齐次矩阵，所以可以相差任意一个非零常数，而如果该常数是一个负数，则可令 $W_2=W^{\mathrm{T}}=\begin{bmatrix}0 & 1 & 0\\ -1 & 0 & 0\\ 0 & 0 & 1\end{bmatrix}$，那么 $ZW_2=-\tilde{I}=-\mathrm{diag}(1,1,0)$。其他的推导与以上过程类似。

由本质矩阵 E 确定相机矩阵的方法：从以上推导可知，如果已知本质矩阵 $E=U\mathrm{diag}(1,1,0)V^{\mathrm{T}}$ 和第 1 个相机矩阵 $P_1=[I,0]$，那么 R_2 有两种可能的解，即 $R_2=UWV^{\mathrm{T}}$，或者 $R_2=UW^{\mathrm{T}}V^{\mathrm{T}}$（要求 $\det(R_2)=1$，如果 $\det(R_2)=-1$，则 $R_2=-UWV^{\mathrm{T}}$，或者 $R_2=-UW^{\mathrm{T}}V^{\mathrm{T}}$）；而 $\tilde{T}_2$ 也有两种可能的解，即 $\tilde{T}_2=\pm u_3$。因此，第 2 个相机矩阵 P_2 有以下 4 种可能的结果，即 $P_2=[UWV^{\mathrm{T}},u_3]$，$P_2=[UWV^{\mathrm{T}},-u_3]$，$P_2=[UW^{\mathrm{T}}V^{\mathrm{T}},u_3]$，$P_2=[UW^{\mathrm{T}}V^{\mathrm{T}},-u_3]$，其中 $u_3=U(0,0,1)^{\mathrm{T}}$，即 U 的第 3 列向量。这种多个解的特性被称为手征性（chirality），需要进一步排除其中的错误解，详见第 6 章中关于相对定向部分的介绍。

基本矩阵 F 的几何推导。从前面的分析可知，当世界坐标点分布在一个平面上时，不管两个相机中心 C_1 和 C_2 是否重合，都可以直接构建两幅图像的像点 m_1 和 m_2 之间的单应关系，即 $m_2=Hm_1$，其中 H 是一个可逆的 3×3 单应矩阵，而 H 可以利用分布在一个平面上的 4 个或者更多的点来确定。因为 $l_2=e_2\times m_2=e_2\times Hm_1=[e_2]_{\times}Hm_1=Fm_1$，所以基本矩阵可以表示为 $F=[e_2]_{\times}H$；同理，$l_1=e_1\times m_1=e_1\times H^{-1}m_2=[e_1]_{\times}H^{-1}m_2=F^{\mathrm{T}}m_2$，所以基本矩阵还可以表示为 $F=-H^{-\mathrm{T}}[e_1]_{\times}\simeq H^{-\mathrm{T}}[e_1]_{\times}$。由此可以看出，基本矩阵 F 可由一个平面单应矩阵 H 和两幅图像上的极点来唯一确定。但是，因为 $[e_1]_{\times}$ 和 $[e_2]_{\times}$ 的秩为 2，所以它们都是不可逆的，当已知基本矩阵 F 和两幅图像上的极点时，是无法唯一确定平面单应矩阵 H 的。

根据以上推导，还可得出两个极点之间的对应关系：对任意一个与基本矩阵 F 相容（详见本节下文中关于“基本矩阵 F 与平面单应矩阵 H 的关系”的介绍）的非奇异平面单应矩阵 H（H 与空间平面的位置有关，它不是唯一的），由 $F=[e_2]_{\times}H=H^{-\mathrm{T}}[e_1]_{\times}$，以及反对称矩阵的性质（即 $H^{*}[e_1]_{\times}=[He_1]_{\times}H$，其中 H^{*} 为 H 的代数余子式矩阵，$H^{*}=\det(H)H^{-\mathrm{T}}$），可得出 $e_2=He_1$。

基本矩阵 F 的代数推导。在相机矩阵 P_1 的作用下，具有像点 m_1 的所有空间点的集合，即 $l=\{M \mid \mu_1 m_1 = P_1 M\}$，$M$ 的所有解集即为过像点 m_1 和相机中心 C_1 的直线 l，它可表示为 $M(\mu_1)=\mu_1 P_1^{+} m_1 + C_1$，其中 P_1^{+} 是 P_1 的广义逆，$P_1^{+}=P_1^{\mathrm{T}}(P_1 P_1^{\mathrm{T}})^{-1}$。直线 l 上有两个特殊点：一个是当 $\mu_1=0$ 时，即相机中心 C_1；另一个是当 $\mu_1 \to +\infty$ 时，即无穷远点 $P_1^{+} m_1$。这两个点在相机矩阵 P_2 的作用下，投影的结果分别为 $P_2 C_1$ 和 $P_2 P_1^{+} m_1$，而其连线 $l_2=(P_2 C_1)\times(P_2 P_1^{+} m_1)$ 即为像点 m_1 在第 2 幅图像上对应的极线，即 $l_2=[e_2]_{\times}(P_2 P_1^{+} m)=F m_1$，所以 $F=[e_2]_{\times}(P_2 P_1^{+})$；同理，可以推导出 $F=(P_2 P_1^{+})^{-\mathrm{T}}[e_1]_{\times}$。根据上面的几何推导过程可知 $F=[e_2]_{\times} H$ 或 $F=H^{-\mathrm{T}}[e_1]_{\times}$，所以其中的单应矩阵 H 可表示为 $H=P_2 P_1^{+}$。

根据以上推导，还可得出相机矩阵与两个极点和基本矩阵之间的关系：假设两幅图像的相机矩阵为 $P_1=K_1[I,0]$ 和 $P_2=K_2[R_2,\tilde{T}_2]$，那么 $e_1 \simeq P_1 C_2 = -K_1 R_2^{\mathrm{T}} \tilde{T}_2 \simeq K_1 R_2^{\mathrm{T}} \tilde{T}_2$，$e_2 \simeq P_2 C_1 = K_2 \tilde{T}_2$。$F=[e_2]_{\times}(H_2 H_1^{-1})=[e_2]_{\times}(K_2 R_2 K_1^{-1})$，或 $F=([e_1]_{\times} H_1 H_2^{-1})^{\mathrm{T}} = -(K_2 R_2)^{-\mathrm{T}} K_1^{\mathrm{T}} [e_1]_{\times} \simeq (K_2^{-\mathrm{T}} R_2 K_1^{\mathrm{T}})[e_1]_{\times}$。

基本矩阵 F 的分解。基本矩阵 F 可分解为一个对称矩阵和一个反对称矩阵之和，即令 $F_{\mathrm{s}}=(F+F^{\mathrm{T}})/2$，$F_{\mathrm{a}}=(F-F^{\mathrm{T}})/2$，那么 $F=F_{\mathrm{s}}+F_{\mathrm{a}}$。利用该分解可以确定相机运动时在两幅图像上的像点位置保持不变（即 $m_1=m_2$）的世界坐标点在三维空间的轨迹，即同视点曲线，而该曲线通常（即 $\mathrm{rank}(F_{\mathrm{s}})=3$ 时）表示三维空间中过两个相机中心的一条三次绕线。在以上条件下，由基本矩阵的定义可得 $m_2^{\mathrm{T}} F m_1 = m_1^{\mathrm{T}} F m_1 = m_1^{\mathrm{T}}(F_{\mathrm{s}}+F_{\mathrm{a}}) m_1 = m_1^{\mathrm{T}} F_{\mathrm{s}} m_1 + m_1^{\mathrm{T}} F_{\mathrm{a}} m_1 = m_1^{\mathrm{T}} F_{\mathrm{s}} m_1 = 0$（注：对任意一个反对称矩阵 A，都有 $m_1^{\mathrm{T}} A m_1 = 0$），其中矩阵 F_{s} 可看作像平面上的一条二次曲线，即该三次绕线的像点的轨迹。通常对称矩阵 F_{s} 的秩为 3，但当相机的运动为纯平面运动（即其平移分量分布在与旋转轴正交的平面上的运动）时，F_{s} 的秩为 2，它表示退化的两条相交但不重合的线。

由特殊运动得到的基本矩阵有以下几种。

（1）纯平移运动。如果相机保持纯平移运动（即相机没有旋转，且其内参数保持不变），那么两幅图像的相机矩阵可表示为 $P_1=K[I,0]$ 和 $P_2=K[I,\tilde{T}_2]$，且 $F=[e_2]_{\times}(P_2 P_1^{+})=[e_2]_{\times} K K^{-1}=[e_2]_{\times}$，而如果将相机的运动方向定义为图像的 x 轴，那么 $[e_2]_{\times}=(1,0,0)^{\mathrm{T}}$，所以 $F=\begin{bmatrix} 0 & 0 & 0 \\ 0 & 0 & -1 \\ 0 & 1 & 0 \end{bmatrix}$。

由第 1 幅图像可得 $\mu_1 m_1 = P_1 M = K[I,0](\tilde{M}^{\mathrm{T}},1)^{\mathrm{T}} = K\tilde{M}$，即 $\tilde{M}=\mu_1 K^{-1} m_1$，而由第 2 幅图像可得 $\mu_2 m_2 = P_2 M = K[I,\tilde{T}_2](\tilde{M}^{\mathrm{T}},1)^{\mathrm{T}} = K(\tilde{M}+\tilde{T}_2) = K(\mu_1 K^{-1} m_1 + \tilde{T}_2) = \mu_1 m_1 + K\tilde{T}_2$，因此 $m_2=(\mu_1/\mu_2)(m_1 + K\tilde{T}_2/\mu_1)$，其中 μ_1 和 μ_2 分别为第 1 幅和第 2

幅图像的深度。由此可以看出：如果某一世界坐标点在两幅图像上的深度相近（即 $\mu_1 \approx \mu_2$），该世界坐标点的深度越大（即世界坐标点距离相机的像平面越远），两幅图像上的变化（$\Delta m = m_2 - m_1 \approx K\tilde{T}_2 / \mu_1$）就越小；世界坐标点的深度越小，两幅图像上的变化就越大。这就解释了从行驶中的汽车或火车的窗口向外看，远处的物体看上去移动较慢，而近处的物体看上去移动较快的原因。

（2）纯平面运动。如果相机的运动为纯平面运动，那么 $\det(F_s)=0$，其中 $F_s=(F+F^{\mathrm{T}})/2$，$\mathrm{rank}(F_s)=2$。因此，在该约束条件下，基本矩阵 F 的自由度由 7 个减少到了 6 个。

极线之间的单应关系。假设第 1 幅图像上的极线 l_1 和第 2 幅图像上的极线 l_2 是对应极线，k_1 是第 1 幅图像上不过极点 e_1 的任意一条直线，k_2 是第 2 幅图像上不过极点 e_2 的任意一条直线，那么 l_1 和 l_2 的单应关系为 $l_2 = F[k_1]_\times l_1$，对称地有 $l_1 = F^{\mathrm{T}}[k_2]_\times l_2$（其具体证明过程如下：直线 k_1 和 l_1 的交点 m_1 可表示为 $m_1 = [k_1]_\times l_1$，因为 $l_2 = Fm_1$，所以 $l_2 = F[k_1]_\times l_1$；同理，直线 k_2 和 l_2 的交点 m_2 可表示为 $m_2 = [k_2]_\times l_2$，因为 $l_1 = F^{\mathrm{T}}m_2$，所以 $l_1 = F^{\mathrm{T}}[k_2]_\times l_2$）。因为 k_1 和 k_2 可以是两图像中的任意一条直线，且 $e_1^{\mathrm{T}}e_1 \neq 0$，$e_2^{\mathrm{T}}e_2 \neq 0$，所以不妨令 $k_1 = e_1$，$k_2 = e_2$。因此，第 1 幅图像上的极线 l_1 和第 2 幅图像上的极线 l_2 的单应关系可表示为 $l_2 = F[e_1]_\times l_1$，或者 $l_1 = F^{\mathrm{T}}[e_2]_\times l_2$。

根据基本矩阵 F 求取极线与极点的方法。如果已知基本矩阵 F，那么就可以直接求出两幅图像中的极点与极线。具体求解过程如下：根据第 2 章 2.6.2 节的介绍可知，第 1 幅图像上的像点 m_1 与它在第 2 幅图像上的极线 l_2 是配极对应，而第 2 幅图像上的像点 m_2 与它在第 1 幅图像上的极线 l_1 是配极对应，所以 $m_2^{\mathrm{T}}Fm_1 = m_2^{\mathrm{T}}l_2 = 0$，或者 $m_1^{\mathrm{T}}F^{\mathrm{T}}m_2 = m_1^{\mathrm{T}}l_1 = 0$。第 1 幅图像的像点 m_1 对应的极线为 $l_1 = F^{\mathrm{T}}m_2$；而第 2 幅图像的像点 m_2 对应的极线为 $l_2 = Fm_1$。另外，因为 l_2 是点 e_2 和点 m_2 所确定的直线，且 $e_2 \simeq P_2C_1$（C_1 在第 2 幅图像上的像点），$m_2 \simeq P_2M$，即 $l_2 = e_2 \times m_2 \simeq (P_2C_1)\times(P_2M) = (P_2C_1)\times(P_2(\mu_1[(H_1^{-1}m_1)^{\mathrm{T}},0]^{\mathrm{T}} + C_1)) \simeq (P_2C_1)\times(P_2[(H_1^{-1}m_1)^{\mathrm{T}}, 0]^{\mathrm{T}}) = (P_2C_1)\times(H_2H_1^{-1}m_1) = ([e_2]_\times H_2H_1^{-1})m_1 = Fm_1$，所以 $F = [e_2]_\times(H_2H_1^{-1})$，即 $F^{\mathrm{T}} = ([e_2]_\times H_2H_1^{-1})^{\mathrm{T}}$；同理，因为 l_1 是点 e_1 和点 m_1 所确定的直线，且 $e_1 \simeq P_1C_2$（C_2 在第 1 幅图像上的像点），$m_1 \simeq P_1M$，$l_1 = e_1 \times m_1 \simeq (P_1C_2)\times(P_1M) = (P_1C_2)\times(P_1(\mu_2[(H_2^{-1}m_2)^{\mathrm{T}},0]^{\mathrm{T}} + C_2)) \simeq (P_1C_2)\times(P_1[(H_2^{-1}m_2)^{\mathrm{T}}, 0]^{\mathrm{T}}) = (P_1C_2)\times(H_1H_2^{-1}m_2) = ([e_1]_\times H_1H_2^{-1})m_2 = F^{\mathrm{T}}m_2$，所以 $F^{\mathrm{T}} = [e_1]_\times(H_1H_2^{-1})$，即 $F = ([e_1]_\times H_1H_2^{-1})^{\mathrm{T}}$。因此，$Fe_1 = ([e_1]_\times H_1H_2^{-1})^{\mathrm{T}}e_1 = -(H_1H_2^{-1})^{\mathrm{T}}[e_1]_\times e_1 = 0$，$F^{\mathrm{T}}e_2 = ([e_2]_\times H_2H_1^{-1})^{\mathrm{T}}e_2 = -(H_2H_1^{-1})^{\mathrm{T}}[e_2]_\times e_2 = 0$。基于以上结论，如果对基本矩阵 F 进行 SVD 分解，即 $[U,S,V] = \mathrm{svd}(F)$，可得 $F = USV^{\mathrm{T}}$ 或者 $F^{\mathrm{T}} = (USV^{\mathrm{T}})^{\mathrm{T}} = VS^{\mathrm{T}}U^{\mathrm{T}}$。根据最小二乘法的原理，$Fe_1 = 0$，$F^{\mathrm{T}}e_2 = 0$，

矩阵V最后一列向量即为第 1 幅图像的极点e_1的齐次坐标，矩阵U最后一列向量即为第 2 幅图像的极点e_2的齐次坐标。

由基本矩阵恢复相机矩阵。根据上面的推导可知：在相机矩阵P_1和P_2的作用下，可唯一确定基本矩阵F，但反过来却不成立，但可在相差一个三维射影变换矩阵H的条件下，来确定相机矩阵P和世界坐标点M。这是因为：假设两组相机矩阵(P_1,P_2)和(P_1',P_2')对应着同一个基本矩阵F，在相差一个三维射影变换矩阵H（H是一个4×4的非奇异矩阵）的条件下，其对应的世界坐标点为$M'=H^{-1}M$，所以$P_1M=(P_1H)(H^{-1}M)=P_1'M'$，$P_2M=(P_2H)(H^{-1}M)=P_2'M'$。因为$F=[e_2]_\times(P_2'P_1'^+)=[e_2]_\times(P_2H)(P_1H)^+=[e_2]_\times(P_2P_1^+)$，所以当已知一个基本矩阵$F$时，可在相差一个三维射影变换矩阵$H$的条件下，来确定相机矩阵$P$和世界坐标点$M$。

相机矩阵的规范化处理。将矩阵$P_1=[I,0]$增加一行，使之成为一个4×4的非奇异矩阵P_1^*，并令$H=P_1^{*-1}$，所以规范化处理后的相机矩阵分别为$\hat{P}_1=P_1P_1^{*-1}=[I,0]$，$\hat{P}_2=P_2P_1^{*-1}=[A,a]$，其中$A$是一个$3\times3$的矩阵，$a$是一个三维列向量。那么，基本矩阵$F$可表示为$F=[\hat{P}_2(0,0,0,1)^{\mathrm{T}}]_\times(\hat{P}_2\hat{P}_1^+)=[a]_\times A$。

如果基本矩阵可以表示为以下两种形式：$F=[a]_\times A$，$F=[a']_\times A'$，那么$a'=ka$，$A'=k^{-1}(A+av^{\mathrm{T}})$，其中$k$为一个非零常数，$v$为一个三维列向量，此时对应的射影变换矩阵$H=\begin{bmatrix}k^{-1}I & 0\\ k^{-1}v & k\end{bmatrix}$。因此，$\hat{P}_1=[I,0]$和$\hat{P}_2=[A',a']=[k^{-1}(A+av^{\mathrm{T}}),ka]\simeq[A+av^{\mathrm{T}},k^2a]$是规范化相机矩阵对的通解。

由基本矩阵F求规范化的相机矩阵P。如果已知基本矩阵F，而S是任意的一个反对称矩阵，那么$P_1=[I,0]$和$P_2=[SF,e_2]$是一个相机矩阵对（与真实的结果相差一个三维射影变换矩阵H）。其证明过程如下：因为在相机矩阵P_1和P_2的作用下，一个非零矩阵F是基本矩阵的充要条件是$P_2^{\mathrm{T}}FP_1$为一个反对称矩阵，将以上P_1和P_2代入上式可得$[SF,e_2]^{\mathrm{T}}F[I,0]=\begin{bmatrix}F^{\mathrm{T}}S^{\mathrm{T}}F & 0\\ 0^{\mathrm{T}} & 0\end{bmatrix}$，而该矩阵是一个反对称矩阵，所以该结论成立。因为$S$可用其零向量来表示，即$S=[s]_\times$，所以$P_1=[I,0]$和$P_2=[[s]_\times F,e_2]$，并可证明以上两个相机矩阵的秩都是 3。因为$S$可以是任意的一个反对称矩阵，所以不妨令$S=[e_2]_\times$，那么已知基本矩阵求得的规范化的相机矩阵对可表示为$P_1=[I,0]$和$P_2=[[e_2]_\times F,e_2]$，规范化的相机矩阵对的通解可表示为$P_1=[I,0]$和$P_2=[[e_2]_\times F+e_2v^{\mathrm{T}},\lambda e_2]$，其中$\lambda$是一个标量，且$\lambda>0$。

基本矩阵F与平面单应矩阵H的关系。如果已知两幅图像的相机矩阵$P_1=[I,0]$，$P_2=[A,a]$，以及由$\pi^{\mathrm{T}}x=0$确定的平面π，因为平面π不能经过第 1 幅图像的相机中心$(0,0,0,1)^{\mathrm{T}}$（如果经过相机中心，那么该平面上点的投影就分布在一条直线上，从而出现退化），所以可使$\pi_4=1$，即$\pi=(v^{\mathrm{T}},1)^{\mathrm{T}}$，其中$v$是一个3参数单应簇，它是一个空间平面的非齐次形式，那么该平面的单应矩阵关系为$m_2=Hm_1$，其中$H=A-av^{\mathrm{T}}$。其证明过程如下：对第1幅图像，$\mu_1 m_1=P_1M=[I,0]M=\tilde{M}$，即$M=(\tilde{M}^{\mathrm{T}},1)^{\mathrm{T}}=(\mu_1 m_1^{\mathrm{T}},1)^{\mathrm{T}}$；因为$M$在平面$\pi$上，所以$\pi^{\mathrm{T}}M=(v^{\mathrm{T}},1)(\mu_1 m_1^{\mathrm{T}},1)^{\mathrm{T}}=\mu_1 v^{\mathrm{T}}m_1+1=0$，即$1/\mu_1=-v^{\mathrm{T}}m_1$，从而$M\simeq(m_1^{\mathrm{T}},1/\mu_1)^{\mathrm{T}}=(m_1^{\mathrm{T}},-v^{\mathrm{T}}m_1)^{\mathrm{T}}$；对第2幅图像，$m_2\simeq P_2M=[A,a](m_1^{\mathrm{T}},-v^{\mathrm{T}}m_1)^{\mathrm{T}}=Am_1-av^{\mathrm{T}}m_1=(A-av^{\mathrm{T}})m_1=Hm_1$，其中$H=A-av^{\mathrm{T}}$。平面单应矩阵$H$的逆矩阵：如果矩阵$A$可逆，即$H^{-1}=A^{-1}(I+\dfrac{av^{\mathrm{T}}A^{-1}}{1-v^{\mathrm{T}}A^{-1}a})$，该公式被称为 Sherman-Morrison 公式。注：可通过$H=A-av^{\mathrm{T}}=(I-av^{\mathrm{T}}A^{-1})A$推导出以上结论。

平面单应矩阵H与基本矩阵F相容的概念：两图像的匹配点可由平面单应矩阵H确定（即$m_2=Hm_1$），匹配点满足对极几何约束（即$m_2^{\mathrm{T}}Fm_1=0$），而场景中的世界坐标点可由平面和m_1的反向投影射线的交点确定，称这样的H与F相容。

单应矩阵H与基本矩阵F相容的充要条件：如果存在一个平面单应矩阵H使得$m_2=Hm_1$，根据$m_2^{\mathrm{T}}Fm_1=0$可得$(Hm_1)^{\mathrm{T}}Fm_1=0$，即$m_1^{\mathrm{T}}(H^{\mathrm{T}}F)m_1=0$，那么单应矩阵$H$与基本矩阵$F$相容的充要条件是矩阵$H^{\mathrm{T}}F$为一个反对称矩阵，即$H^{\mathrm{T}}F+F^{\mathrm{T}}H=0$。

平面单应矩阵H的通解：由于单应矩阵H有8个自由度，而矩阵$H^{\mathrm{T}}F$是一个反对称矩阵，包含了6个齐次（5个非齐次）约束，所以H还有3个自由度，它们对应于三维空间平面的三参数簇。根据上面的推导可知：如果已知两视图之间的基本矩阵F，由一个三维空间平面π所确定的三参数簇可表示为$H=A-e_2v^{\mathrm{T}}$，其中$[e_2]_\times A=F$是基本矩阵F的任意分解，$\pi=(v^{\mathrm{T}},1)^{\mathrm{T}}$。

平面单应矩阵H的一个特解：如果三维空间平面是无穷远平面，即$\pi=(0,0,0,1)^{\mathrm{T}}$，那么其对应的单应矩阵$H=A-e_2(0,0,0)^{\mathrm{T}}=A$。

关于基本矩阵F的任意分解问题有以下解决方法。

方法1：利用SVD分解将基本矩阵分解为$F=UDV^{\mathrm{T}}=U(ZWD')V^{\mathrm{T}}$，其中，$U$和$V$为单位正交矩阵；$D=\mathrm{diag}(s,t,0)$；$W=\begin{bmatrix}0&-1&0\\1&0&0\\0&0&1\end{bmatrix}$；$Z=\begin{bmatrix}0&1&0\\-1&0&0\\0&0&0\end{bmatrix}$；

$ZW=\begin{bmatrix}1&0&0\\0&1&0\\0&0&0\end{bmatrix}$；$D'=\mathrm{diag}(s,t,k)$（如果要求$A$不是一个退化的平面单应矩阵，

即其秩必须为 3，可将第 3 个数 k 设定为任意一个非零常数，不妨令 $k=(s+t)/2$；而如果第 3 个数 $k=0$，那么 A 的秩为 2，它表示一个经过相机中心的退化的平面单应矩阵），然后根据 $F=UDV^{\mathrm{T}}=U(ZWD')V^{\mathrm{T}}=(UZU^{\mathrm{T}})(UWD'V^{\mathrm{T}})=SA$，即可将基本矩阵分解为一个反对称矩阵 S（$S=UZU^{\mathrm{T}}\simeq[e_2]_\times$）和一个射影变换矩阵 A（$A=UWD'V^{\mathrm{T}}$）的乘积。

方法 2：如果存在一个射影变换矩阵 A，满足 $[e_2]_\times A=F$，那么 $[e_2]_\times[e_2]_\times F=[e_2]_\times([e_2]_\times F)=[e_2]_\times[e_2]_\times[e_2]_\times A=-\|e_2\|_2^2[e_2]_\times A$，所以 $A=-[e_2]_\times F/\|e_2\|_2^2\simeq[e_2]_\times F$。因此，如果先求出 e_2，即可直接根据上式得到射影变换矩阵 A 的结果。注意：利用这种方法得到的 A 的秩为 2，它表示一个经过相机中心的退化的平面单应矩阵。要想得到一个非退化的平面单应矩阵 H，可由一个三维空间平面 π 所确定的三参数簇表示，即 $H=A-e_2v^{\mathrm{T}}$，其中 v 是任意的一个非零三维向量。

已知相机矩阵 P 和平面单应矩阵 H，求解空间平面 π 的方法如下。如果已知两幅图像的相机矩阵 $P_1=[I,0]$，$P_2=[A,a]$，以及平面单应矩阵 H（要求 H 与基本矩阵 F 相容），那么空间平面 $\pi=(v^{\mathrm{T}},1)^{\mathrm{T}}$ 可由 $\lambda H=A-av^{\mathrm{T}}$ 线性确定，其中 λ 为一个非零标量，$v=(v_1,v_2,v_3)^{\mathrm{T}}$ 是空间平面的非齐次坐标。很明显，在以上公式中只有 λ,v_1,v_2,v_3 4 个未知数，但可以构建 9 个约束方程，所以该线性方程是超定的。

已知基本矩阵 F 和两图像之间的匹配点，求解平面单应矩阵 H 的方法如下。

（1）已知两图像之间的 3 对或者更多的匹配点。显式法：如果已知基本矩阵 F，则可在相差一个射影变换的条件下，得到两幅图像的相机矩阵分别为 $P_1=[I,0]$，$P_2=[A,a]$，其中 A 和 a 是基本矩阵 F 满足 $[a]_\times A=F$ 的任意分解（详见 3.2.5 节中关于“相机和结构的三维重构”部分的介绍），然后根据两图像之间的匹配点 $m_{1(i)}$ 和 $m_{2(i)}$，即可实现对世界坐标点 M_i 的重构（详见第 4 章“空间前方交会”部分的介绍），如果确定 3 对或者更多的分布在一个平面上的匹配点，即可确定世界坐标点 M_i（要求 M_i 不共线；而当多于 3 对匹配点时，如果不能确定它们分布在一个平面上，可只选取 3 对匹配点，因为空间中的 3 个点即可确定一个平面）所在的平面 $\pi=(v^{\mathrm{T}},1)^{\mathrm{T}}$，从而根据 $H=A-av^{\mathrm{T}}$ 进一步得出平面单应矩阵 H。

在具体求解过程中，还可以采用以下方法实现显式法的求解，而采用该方法的好处是不需要先求出世界坐标点 M_i。对其具体描述如下：根据本节中前面关于“由基本矩阵 F 求规范化的相机矩阵 P”部分的介绍可知，规范化的相机矩阵可表示为 $P_1=[I,0]$ 和 $P_2=[A,e_2]$，其中 $A=[e_2]_\times F$，平面单应矩阵 $H=A-e_2v^{\mathrm{T}}$，根据 $m_{2(i)}=Hm_{1(i)}$，所以 $m_{2(i)}=(A-e_2v^{\mathrm{T}})m_{1(i)}$。因为上式等号两边向量的叉积一定为零，即 $m_{2(i)}\times[(A-e_2v^{\mathrm{T}})m_{1(i)}]=0$，对其进行整理得 $[m_{2(i)}]_\times Am_{1(i)}=[m_{2(i)}]_\times e_2v^{\mathrm{T}}m_{1(i)}$，然后

将其转换为关于向量 v 的线性约束得 $(Am_{1(i)})^{\mathrm{T}}[m_{2(i)}]_{\times}=(m_{1(i)}^{\mathrm{T}}v)e_2^{\mathrm{T}}[m_{2(i)}]_{\times}$，在公式等号的两边同时右乘 $[m_{2(i)}]_{\times}e_2$ 以得到其点积，经整理后可得 $m_{1(i)}^{\mathrm{T}}v=\dfrac{(Am_{1(i)})^{\mathrm{T}}[m_{2(i)}]_{\times}([m_{2(i)}]_{\times}e_2)}{e_2^{\mathrm{T}}[m_{2(i)}]_{\times}([m_{2(i)}]_{\times}e_2)}=\dfrac{(Am_{1(i)})^{\mathrm{T}}[m_{2(i)}]_{\times}([m_{2(i)}]_{\times}e_2)}{\left\|[m_{2(i)}]_{\times}e_2\right\|_2^2}=b_i$，所以只要利用 3 对或者更多的分布在一个平面上的匹配点，即可根据公式 $mv=b$（其中 $m=[m_{1(1)},m_{1(2)},\cdots,m_{1(n)}]^{\mathrm{T}}$，$b=(b_1,b_2,\cdots,b_n)^{\mathrm{T}}$），得出向量 v 的最小二乘解（注意：矩阵 m 的秩必须为 3，否则无法求解，即要求第 1 幅图像中的各个像点不能共线，而像点共线的结果是由共线的世界坐标点，或者不共线但位于经过第 1 个相机中心的平面上的世界坐标点产生的）。最终，根据 $H=A-e_2v^{\mathrm{T}}$ 即可得出平面单应矩阵 H。

隐式法：对两个极点而言，对任意的非奇异平面单应矩阵 H 都有 $e_2=He_1$（这是一个隐含的条件），所以假设再有 3 对或者更多的匹配点，即可直接根据 $m_{2(i)}=Hm_{1(i)}$ 得出平面单应矩阵 H，而不需要先得出世界坐标点 M_i，然后再实现平面单应矩阵 H 的求解。

需要注意的是：对以上两种求解方法，在具体求解时可能会出现以下情况，即利用显式法不退化但利用隐式法却出现退化的情况。例如，当利用 4 对点确定单应矩阵 H 时，如果有 3 对点出现共线就无法确定 H，此时利用隐式法就无法求解；此外，当像点与两个极点共线或接近于共线时，利用显式法可以确定世界坐标点，但利用隐式法却只能得出一个病态的结果。因此，建议采用显式法进行求解。

（2）已知三维空间中的 1 个点和 1 条直线。假设空间直线 L 在第 1 幅图像的投影为 l_1，在第 2 幅图像的投影为 l_2，并假设这两幅图像的相机矩阵分别为 P_1 和 P_2，那么 l_1 的反向投影为空间平面 $\pi_1=P_1^{\mathrm{T}}l_1$，而 l_2 的反向投影为空间平面 $\pi_2=P_2^{\mathrm{T}}l_2$。这两个空间平面的交线即为空间直线 L，而以 L 为轴的平面束的方程可表示为 $\pi(\mu)=\mu P_1^{\mathrm{T}}l_1+P_2^{\mathrm{T}}l_2$，其中 μ 为射影参数。如果选取规范化的相机矩阵 $P_1=[I,0]$ 和 $P_2=[A,e_2]$，那么以上平面束的齐次方程可表示为 $\pi(\mu)=\mu[I,0]^{\mathrm{T}}l_1+[A,e_2]^{\mathrm{T}}l_2=\mu\begin{bmatrix}l_1\\0\end{bmatrix}+\begin{bmatrix}A^{\mathrm{T}}l_2\\e_2^{\mathrm{T}}l_2\end{bmatrix}=\begin{bmatrix}\mu l_1+A^{\mathrm{T}}l_2\\e_2^{\mathrm{T}}l_2\end{bmatrix}$，而该平面束的非齐次方程可表示为 $v(\mu)=(\mu l_1+A^{\mathrm{T}}l_2)/(e_2^{\mathrm{T}}l_2)$，其中分母部分 $e_2^{\mathrm{T}}l_2$ 是一个标量。根据基本矩阵的分解结果 $F=[e_2]_{\times}A$，可得 $H(\mu)=A-e_2v^{\mathrm{T}}=A-e_2(\mu l_1+A^{\mathrm{T}}l_2)^{\mathrm{T}}/(e_2^{\mathrm{T}}l_2)\simeq e_2^{\mathrm{T}}l_2A-e_2l_2^{\mathrm{T}}A-\mu e_2l_1^{\mathrm{T}}=(e_2^{\mathrm{T}}l_2I-e_2l_2^{\mathrm{T}})A-\mu e_2l_1^{\mathrm{T}}=-[l_2]_{\times}[e_2]_{\times}A-\mu e_2l_1^{\mathrm{T}}=-[l_2]_{\times}F-\mu e_2l_1^{\mathrm{T}}\simeq[l_2]_{\times}F+\mu e_2l_1^{\mathrm{T}}$。因此，只要能够确定上式中的 μ，即可得出平面单应矩阵 H。如果已知 1 对匹配点，根据 $m_2=H(\mu)m_1=([l_2]_{\times}F+\mu e_2l_1^{\mathrm{T}})m_1$ 即可得出 μ 的值。因为上式等号两边向量的叉积一定为零，即 $[m_2]_{\times}[l_2]_{\times}Fm_1+\mu[m_2]_{\times}e_2(l_1^{\mathrm{T}}m_1)=0$，其中 $l_1^{\mathrm{T}}m_1$ 是一个标量，所以

$\mu[m_2]_\times e_2 = \dfrac{-[m_2]_\times [l_2]_\times Fm_1}{l_1^{\mathrm{T}} m_1}$，公式等号两边同时左乘 $([m_2]_\times e_2)^{\mathrm{T}}$，即 $\mu = \dfrac{-([m_2]_\times e_2)^{\mathrm{T}}[m_2]_\times [l_2]_\times (Fm_1)}{\|[m_2]_\times e_2\|_2^2 (l_1^{\mathrm{T}} m_1)} = \dfrac{([m_2]_\times e_2)^{\mathrm{T}}[m_2]_\times [Fm_1]_\times l_2}{\|[m_2]_\times e_2\|_2^2 (l_1^{\mathrm{T}} m_1)}$。

需要注意的是：如果 m_1 位于直线 l_1 上，则有 $l_1^{\mathrm{T}} m_1 = 0$，从而以上约束变为 $m_2 = [l_2]_\times Fm_1$，所以在这种情况下将无法得出 μ 的值，此时 m_1 为 l_1 和第 1 幅图像的极线 l_{e_1} 的交点，而 m_2 为 l_2 和第 2 幅图像的极线 l_{e_2} 的交点。实际上，如果 m_1 位于直线 l_1 上，就相当于没有提供已知的那 1 对匹配点的信息。此外，如果平面单应矩阵 H 不满秩（即 H 是退化的），即由其确定的空间平面经过其中的一个相机中心，此时平面上的点在图像上的投影是一条直线（ $\mathrm{rank}(H)=2$ ）或者一个点（ $\mathrm{rank}(H)=1$ ），而以上公式仍然可满足 H 不满秩的情况，即当 $\mu \to \infty$ 时表示过第 1 幅图像的相机中心的平面，此时 $H = e_2 l_1^{\mathrm{T}}$；当 $\mu = 0$ 时表示过第 2 幅图像的相机中心的平面，此时 $H = [l_2]_\times F$。

将极点映射到无穷远点。该处理的目的是使极线转换为与坐标轴（如 x 轴）平行的直线。假设极点为 $e = (x_e, y_e, 1)^{\mathrm{T}}$，对其进行一个欧氏变换 $H_{\mathrm{E}} = RT$（即 H_{E} 由平移矩阵 T 和旋转矩阵 R 得到）处理，可将其坐标转换为 $e' = H_{\mathrm{E}} e = (f, 0, 1)^{\mathrm{T}}$ 的形式。在具体处理时，可首先将图像中心 $c = (x_c, y_c, 1)^{\mathrm{T}}$ 作为新坐标系的原点，即 $c_{\mathrm{T}} = Tc = \begin{bmatrix} 1 & 0 & t_x \\ 0 & 1 & t_y \\ 0 & 0 & 1 \end{bmatrix} \begin{bmatrix} x_c \\ y_c \\ 1 \end{bmatrix} = \begin{bmatrix} x_c + t_x \\ y_c + t_y \\ 1 \end{bmatrix} = \begin{bmatrix} 0 \\ 0 \\ 1 \end{bmatrix}$，所以 $t_x = -x_c$， $t_y = -y_c$；因为 $H_{\mathrm{E}} = \begin{bmatrix} \cos\theta & -\sin\theta & t_x \\ \sin\theta & \cos\theta & t_y \\ 0 & 0 & 1 \end{bmatrix} = \begin{bmatrix} \cos\theta & -\sin\theta & -x_c \\ \sin\theta & \cos\theta & -y_c \\ 0 & 0 & 1 \end{bmatrix}$（注：这里是对图像坐标的平移和旋转），所以 $e' = H_{\mathrm{E}} e = \begin{bmatrix} \cos\theta & -\sin\theta & -x_c \\ \sin\theta & \cos\theta & -y_c \\ 0 & 0 & 1 \end{bmatrix} \begin{bmatrix} x_e \\ y_e \\ 1 \end{bmatrix} = \begin{bmatrix} x_e\cos\theta - y_e\sin\theta - x_c \\ x_e\sin\theta + y_e\cos\theta - y_c \\ 1 \end{bmatrix}$，令 $x_e\sin\theta + y_e\cos\theta - y_c = 0$，并根据 $(\sin\theta)^2 + (\cos\theta)^2 = 1$，可直接求出 $\sin\theta$ 和 $\cos\theta$（其结果有两组解，其方向会相差 180°，可以任选其中的一组，但建议根据 $\theta = \mathrm{arctan2}(\sin\theta, \cos\theta)$，选取 $\theta \in [-\pi/2, \pi/2]$ 的那组解，因为这样经过射影变换得到的结果与原图像相比，其旋转角度较小，不会出现倒像），从而可求出 $f = x_e\cos\theta - y_e\sin\theta - x_c$。在得到 e'

以后，对其左乘一个射影变换矩阵 $G=\begin{bmatrix}1 & 0 & 0\\ 0 & 1 & 0\\ -1/f & 0 & 1\end{bmatrix}$，即可将其映射为 $\hat{e}'=Ge'=G(H_{\mathrm{E}}e)=He=\begin{bmatrix}1 & 0 & 0\\ 0 & 1 & 0\\ -1/f & 0 & 1\end{bmatrix}\begin{bmatrix}f\\ 0\\ 1\end{bmatrix}=\begin{bmatrix}f\\ 0\\ 0\end{bmatrix}\simeq\begin{bmatrix}1\\ 0\\ 0\end{bmatrix}$，其中 $H=GH_{\mathrm{E}}$；而对经过欧氏变换后图像上的一般点 $m=(x,y,1)^{\mathrm{T}}$ 来说，$\hat{m}=Gm=\begin{bmatrix}1 & 0 & 0\\ 0 & 1 & 0\\ -1/f & 0 & 1\end{bmatrix}\begin{bmatrix}x\\ y\\ 1\end{bmatrix}=\begin{bmatrix}x\\ y\\ 1-x/f\end{bmatrix}=\begin{bmatrix}xf/(f-x)\\ yf/(f-x)\\ 1\end{bmatrix}$，而且因为 $f/(f-x)$ 的泰勒级数可表示为 $f/(f-x)=1+x/f+x^2/f^2+\cdots$，所以 $\hat{m}=\begin{bmatrix}xf/(f-x)\\ yf/(f-x)\\ 1\end{bmatrix}=\begin{bmatrix}x(1+x/f+x^2/f^2+\cdots)\\ y(1+x/f+x^2/f^2+\cdots)\\ 1\end{bmatrix}=\begin{bmatrix}\hat{x}\\ \hat{y}\\ 1\end{bmatrix}$。其雅可比矩阵（Jacobian matrix，即一阶偏导数矩阵）为 $\dfrac{\partial(\hat{x},\hat{y})}{\partial(x,y)}=\begin{bmatrix}1+2x/f & 0\\ y/f & 1+x/f\end{bmatrix}$外加其高阶项。由此可以看出：当 $x=y=0$ 时，该雅可比矩阵为单位矩阵，即在原点处图像的坐标是保持不变的；越靠近原点，其变形就越小。这就是选取图像中心作为新坐标系原点的原因，即它可使整幅图像的变形最小，而如果选择图像边缘或者图像外的点作为原点，则会使图像出现严重的失真现象。此外，对其进行逆变换，即可得到像点在原图像上的位置，因为 $\hat{m}'=Gm'=G(H_{\mathrm{E}}m)=Hm$，所以 $m=H^{-1}\hat{m}'$。

需要注意的是：如果图像在 x 轴和 y 轴的倾角较大，那么极点就有可能出现在图像的内部，此时极点及其附近的点就被映射到无穷远或者接近无穷远的位置，所以图像会出现严重的失真现象。因此，以上处理要求极点必须在图像外部，而且极点距离图像中心越远越好。例如，图像在 x 轴和 y 轴的倾角较小且基线距离较大时，极点通常位于图像外部，则以上处理可以适用；而当图像在 x 轴或 y 轴的倾斜角度较大时，则极点就可能出现在图像的内部，此时以上处理是不适用的；此外，尽管图像在 x 轴或 y 轴的倾斜角度较小，但如果相机沿着其主轴方向运动，那么极点也会出现在图像的内部，此时以上处理也是不适用的。

两幅图像的匹配变换（生成对应的极线图像）。该处理的目的是使两幅图像经过适当的射影变换处理后，在得到的两幅新图像中其极线都与 x 轴平行，且图

像的视差仅出现在 x 轴方向上，而不出现在 y 轴方向上。因此，只需要在 x 轴方向上进行一维搜索即可实现图像的匹配，从而极大地简化了图像匹配的过程。该处理对实现图像的密集匹配具有重要意义。其具体处理方法如下。

假设有 J_1 和 J_2 两幅图像，H_1 和 H_2 为作用于 J_1 和 J_2 的点映射射影变换矩阵，而 l_1 和 l_2 是图像 J_1 和 J_2 中任意的对应极线，如果 $H_1^{-\mathrm{T}}l_1 = H_2^{-\mathrm{T}}l_2$，那么满足该条件的任何射影变换对都称为一个射影变换匹配对。因为射影变换匹配对不是唯一的，所以在具体求解时，可先按照以上“将极点映射到无穷远点”的方法，确定一个射影变换矩阵 H_2，从而将极点 e_2 映射到无穷远点；然后根据 $\min\sum_{i=1}^{n} d(H_1 m_{1(i)}, H_2 m_{2(i)})^2$ 来确定 H_1。

如果两幅图像 J_1 和 J_2 所确定的基本矩阵为 $F=[e_2]_\times H_0$，而 H_2 是 J_2 的一个射影变换，那么 J_1 的一个射影变换 H_1，与 H_2 是一个射影变换匹配对的充要条件为对某个三维向量 a，H_1 具有 $H_1=(I+H_2e_2a^{\mathrm{T}})H_2H_0$ 的形式。其证明过程如下：①必要性。如果 m_1 是 J_1 上的一点，根据极线的定义可知，过 m_1 的极线为 $l_1=e_1\times m_1$，而 $l_2=Fm_1$ 是 J_2 上的极线。根据 $H_1^{-\mathrm{T}}l_1=H_2^{-\mathrm{T}}l_2$ 的要求可得 $H_1^{-\mathrm{T}}e_1\times m_1=H_2^{-\mathrm{T}}Fm_1$，因为上式对任意的 m_1 都成立，所以 $H_1^{-\mathrm{T}}[e_1]_\times=H_2^{-\mathrm{T}}F=H_2^{-\mathrm{T}}[e_2]_\times H_0$，根据反对称矩阵的性质可得 $[H_1e_1]_\times H_1=[H_2e_2]_\times H_2H_0$，因为 $[H_1e_1]_\times$ 是不满秩的，所以不能直接求逆，根据“相机矩阵的规范化处理”部分的介绍，可以得出 $H_1=(I+H_2e_2a^{\mathrm{T}})H_2H_0$。②充分性。如果 $H_1=(I+H_2e_2a^{\mathrm{T}})H_2H_0$，那么 $H_1e_1=(I+H_2e_2a^{\mathrm{T}})H_2H_0e_1=(I+H_2e_2a^{\mathrm{T}})\cdot H_2e_2=H_2e_2+H_2e_2(a^{\mathrm{T}}H_2e_2)=H_2e_2+(a^{\mathrm{T}}H_2e_2)H_2e_2=(1+a^{\mathrm{T}}H_2e_2)H_2e_2\simeq H_2e_2$（注：$a^{\mathrm{T}}H_2e_2$ 是一个标量），并根据 $[H_1e_1]_\times H_1=[H_2e_2]_\times H_2H_0$，推导出 $H_1^{-\mathrm{T}}[e_1]_\times=H_2^{-\mathrm{T}}F=H_2^{-\mathrm{T}}[e_2]_\times H_0$，最终推导出 $H_1^{-\mathrm{T}}l_1=H_2^{-\mathrm{T}}l_2$，从而可以得出 H_1 和 H_2 是一个射影变换匹配对。

以上结论存在一种特殊的情况，即：如果两幅图像 J_1 和 J_2 所确定的基本矩阵 $F=[e_2]_\times H_0$，而 H_2 是一个把 J_2 的极点 e_2 映射到无穷远点 $(1,0,0)^{\mathrm{T}}$ 的射影变换（即 $H_2e_2=(1,0,0)^{\mathrm{T}}$，这也是要实现的结果），那么 J_1 的一个射影变换 H_1，与 H_2 是一个射影变换匹配对的充要条件可表示为 $H_1=H_{\mathrm{A}}H_2H_0$，其中 $H_{\mathrm{A}}=I+H_2e_2a^{\mathrm{T}}=\begin{bmatrix} r_0+1 & s_0 & t_0 \\ 0 & 1 & 0 \\ 0 & 0 & 1 \end{bmatrix}=\begin{bmatrix} r & s & t \\ 0 & 1 & 0 \\ 0 & 0 & 1 \end{bmatrix}$，$a=(r_0,s_0,t_0)$，$r=r_0+1$，$s=s_0$，$t=t_0$，而 H_{A} 是一个仿射变换矩阵。因此，如果已知 H_2，可以选择一个射影变换匹配对 H_1 使得视差最小化，即满足 $\min\sum_{i=1}^{n} d(H_{\mathrm{A}}\hat{m}_{1(i)}, H_2\hat{m}_{2(i)})^2$，其中 $\hat{m}_{1(i)}=H_2H_0m_{1(i)}$，$\hat{m}_{2(i)}=H_2m_{2(i)}$。将

其展开后可得 $\min\sum_{i=1}^{n}[(r\hat{x}_{1(i)}+s\hat{y}_{1(i)}+t-\hat{x}_{2(i)})^2+(\hat{y}_{1(i)}-\hat{y}_{2(i)})^2]$，因为公式中的 $(\hat{y}_{1(i)}-\hat{y}_{2(i)})^2$ 是一个常数，所以原式等价于 $\min\sum_{i=1}^{n}(r\hat{x}_{1(i)}+s\hat{y}_{1(i)}+t-\hat{x}_{2(i)})^2$。因此，利用最小二乘法即可线性求解其中的未知数 r,s,t，从而得出 H_{A}，并进一步得出 $H_1=H_{\mathrm{A}}H_2H_0$，而 H_1 与 H_2 即为相互对应的射影变换匹配对。根据以上结果，即可对整幅图像进行射影变换，从而生成对应的极线图像（图 3.5）。在实现图像匹配后，分别对各自的匹配点进行求逆运算，即可得到匹配点在原图像 J_1 和 J_2 上的位置。如果将图 3.5（b）中的两幅图像制作成 GIF 动画，可以很容易看出：两幅图像中匹配的同名像点都分布在相同的行上，而且地表起伏变化越大的点在图像上的变化也越大。需要注意的是：以上处理对于倾斜角度较大的图像，或者相机沿着主轴运动的情况是不适用的，因为极点会出现在图像的内部。

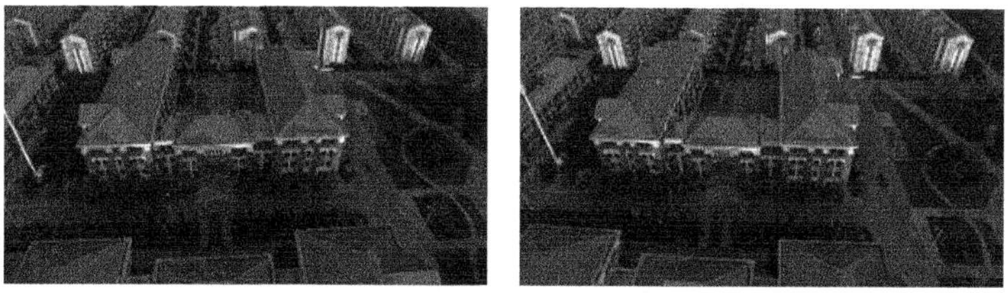

(a) 变换前的一对图像

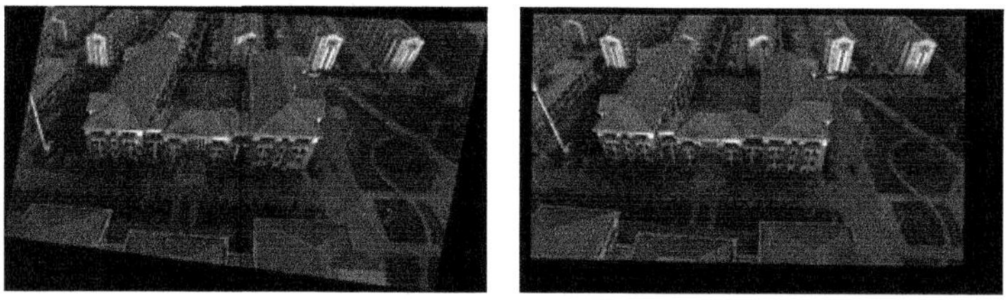

(b) 变换后的结果

图 3.5　对两幅图像匹配变换的结果

3.2.2　基本矩阵 F 的求解方法

从理论上讲，如果已知两幅图像上的 7 对匹配点，即可实现基本矩阵 F 的求解，但该求解过程是非线性的，且可能存在多组解；如果已知两幅图像上的 8 对或者更多的匹配点，即可线性求解基本矩阵 F；此外，如果已知场景中分布在一个平面上的 4 个点，以及平面外的两个点，那么利用这 6 个点在两幅图像上的 6 对匹配点，即可确定基本矩阵 F。下面就对这几种方法进行详细的介绍。

1）8 点法求解基本矩阵 F

根据 $m_2^{\mathrm{T}}Fm_1=0$，即 $[x_2,y_2,1]\begin{bmatrix} f_{11} & f_{12} & f_{13} \\ f_{21} & f_{22} & f_{23} \\ f_{31} & f_{32} & f_{33} \end{bmatrix}\begin{bmatrix} x_1 \\ y_1 \\ 1 \end{bmatrix}=0$，将其展开后可得 $x_1x_2f_{11}+x_1y_2f_{21}+x_1f_{31}+x_2y_1f_{12}+y_1y_2f_{22}+y_1f_{32}+x_2f_{13}+y_2f_{23}+f_{33}=0$。如果已知两幅图像上 n（$n\geqslant 8$）对线性无关（即任意 3 点不共线）的匹配点，即可构建一组约束方程 $Af=0$（A 是一个 $n\times 9$ 的矩阵，f 为由基本矩阵 F 的 9 个元素组成的列向量），然后对矩阵 A 进行 SVD 分解，即 $[U,S,V]=\mathrm{svd}(A)$，即可在相差一个非零的常数条件下实现最小二乘法求解，其中矩阵 V 最后一列对应的向量即为 f 的齐次坐标，从而可直接得到基本矩阵 F 的 9 个元素。

需要注意的是：在以上求解过程中，因为噪声的干扰或者存在像点定位误差，所以采用最小二乘算法求解的矩阵 F 的秩通常等于 3，而不是 2（理论值），其几何表现为极线不严格地相交于极点处。通常，需要进行强迫奇异性约束处理，即对 F 进行 SVD 分解，$[U,S,V]=\mathrm{svd}(F)$，其中奇异矩阵 $S=\mathrm{diag}(r,s,t)$，满足 $r\geqslant s\geqslant t$，那么经过强迫奇异性处理（即令 $t=0$）后的结果为 $F=U\mathrm{diag}(r,s,0)V^{\mathrm{T}}$。

2）7 点法求解基本矩阵 F

如果只有 7 对匹配点可用，或者采用 RANSAC 方法随机抽取 7 对匹配点，则可以利用 7 点法求解基本矩阵 F。具体求解过程如下：根据 8 点法的描述，利用 7 对匹配点构建的约束方程 $Af=0$，其中 A 是一个 7×9 的矩阵，f 为由基本矩阵 F 的 9 个元素组成的列向量。因此，利用 SVD 分解即可得到一个二维右零空间，假设 v_1 和 v_2 是 SVD 分解得到的矩阵 V 的最后两列对应的向量（单位正交核向量），那么 f 的齐次坐标可以表示为 v_1 和 v_2 的线性组合，即 $f=\alpha v_1+v_2$（或者写为 $f=\alpha v_1+(1-\alpha)v_2$），由此可以得出一个关于基本矩阵 F 的包含未知数 α 的表达式。因为 $\det(F)=0$，所以可以构建未知数 α 的约束（一个一元三次方程）。因为复数解没有实际的物理意义，所以只需要得到其中的实数解即可。如果该方程只有一个实数解，那么该结果就是待求的解；如果有多个实数解，那么就不能直接判断到底哪一个是真解，此时可以利用 RANSAC 方法多次随机抽样，从而得到一组出现频率较高的结果，作为最终确定的真解。

3）6 点法求解基本矩阵 F

当场景中存在平面时，$F=[e_2]_{\times}H$，其中 H 可通过某个平面上的 4 个点来确定，而因为 e_2 有两个自由度，所以在得到 H 后，还需要两个点（它们不能与前面的 4 个点共面，否则无法求解），按照公式 $m_2^{\mathrm{T}}[e_2]_{\times}(Hm_1)=0$ 来线性确定 e_2（直线 $Hm_{1(5)}\times m_{2(5)}$ 与直线 $Hm_{1(6)}\times m_{2(6)}$ 的交点即为 e_2），从而可以得到基本矩阵 F 的唯一解。

需要注意的是：当世界坐标点的分布出现退化时，就会出现基本矩阵 F 可能存在多个解，或者无法求解的情况。退化主要表现为以下 3 种情况：①点在某些直纹二次曲面上。根据 Maybank（1993）的证明，当两个相机中心和所有的三维点都分布在某些直纹二次曲面（临界曲面）上时，则可能发生退化，其中出现退化的直纹二次曲面包括两个平面、圆锥面、圆柱面，而单叶双曲面则不会出现退化，此时 F 可能存在 3 个解；当点所在的二次曲面不是直纹面时，F 只有一个实解。②点分布在平面上。因为当世界坐标点分布在一个平面上时，m_1 和 m_2 之间可以利用一个 3×3 的射影变换矩阵 H 来实现相互转换，即 $m_2 = Hm_1$，所以 $(Hm_1)^{\mathrm{T}} Fm_1 = 0$，即 $m_1^{\mathrm{T}}(H^{\mathrm{T}}F)m_1 = m_1^{\mathrm{T}}F'm_1 = 0$。只要 $F' = H^{\mathrm{T}}F$ 是任意的一个 3×3 反对称矩阵，都可以满足 $m_1^{\mathrm{T}}F'm_1 = 0$，所以在这种情况下无法得到唯一的基本矩阵 F 的解，如果采用 7 点法求解可得到 3 个解。③无平移（即纯旋转运动）。此时相机中心重合，两个相机中心和世界坐标点无法构成三角形，也就无法唯一确定其共面关系，所以在该情况下对极几何是没有意义的，而它们可以通过一个二维单应矩阵进行转换。

在以上几种退化的情况下，尽管利用 8 点法仍然可以得出满足 $m_2^{\mathrm{T}}Fm_1 = 0$ 的基本矩阵 F 的一个解，但是由于此时 F 的解不是唯一确定的，其形式可表示为 $F = SH$（即 $F' = H^{\mathrm{T}}SH$），其中 S 是任意一个反对称矩阵，而 H 是实现图像匹配点之间转换（$m_2 = Hm_1$）的单应矩阵，此时 F' 一定是一个反对称矩阵。此外，根据 3.2.1 节中对"相机矩阵的规范化处理"部分的介绍，在出现退化的情况下，相机矩阵对可表示为 $P_1 = [I,0]$，$P_2 = [H,t]$，其中 t 为一个三维向量（若相机存在平移运动，t 为任意一个三维非零向量；若无平移运动，即对纯旋转运动来说，t 为三维零向量）。此外，对以上几种方法的具体计算，可采用第 2 章中介绍的符号运算来实现。

3.2.3　基于对极约束的像对匹配检验

对极约束可以用来检验像对的匹配状况，而且这种判断不需要依赖已知的相机内外方位参数。像对的匹配状况可以利用以下几种距离进行判断，具体的描述如下。

1）代数距离

如果 m_1 和 m_2 是一对匹配点，那么它们必然满足 $m_2^{\mathrm{T}}Fm_1 = 0$，或 $m_1^{\mathrm{T}}F^{\mathrm{T}}m_2 = 0$。对 m_1 来说，可以根据 $d_1 = m_1^{\mathrm{T}}(F^{\mathrm{T}}m_2)$ 来判断点 m_1 和 m_2 是否是匹配点（即检验 m_1 是否在极线 $l_1 = F^{\mathrm{T}}m_2$ 上）；同理，对 m_2 来说，可以根据 $d_2 = m_2^{\mathrm{T}}(Fm_1)$ 来判断点 m_1 和 m_2 是否是匹配点（即检验 m_2 是否在极线 $l_2 = Fm_1$ 上）。实际上 d_1 和 d_2 的结果是相同的，因为它们都是标量，所以 $d_1 = d_1^{\mathrm{T}} = [m_1^{\mathrm{T}}(F^{\mathrm{T}}m_2)]^{\mathrm{T}} = m_2^{\mathrm{T}}(Fm_1) = d_2$。因此，可

根据 $d = d_1^2 = d_2^2$（或者 $d = |d_1| = |d_2|$）来检验一个像对的匹配状况，而该距离可作为代数上的判断依据，但没有具体的几何意义或者统计意义。

2）像对到各自极线的距离

像对到各自极线的距离，是利用两幅图像上的匹配点到各自极线的欧氏距离的平方和（或者各自的绝对值之和）来表示的。其具体推导过程如下：对点 m_1 来说，它到极线 $l_1 = F^{\mathrm{T}} m_2$ 的距离可表示为 $d_1 = m_1^{\mathrm{T}} l_1 / \| \tilde{I} l_1 \|_2$，其中 $\tilde{I} = \mathrm{diag}(1,1,0)$；而对 m_2 来说，它到 $l_2 = F m_1$ 的距离可表示为 $d_2 = m_2^{\mathrm{T}} l_2 / \| \tilde{I} l_2 \|_2$。因此，可以利用 $d = d_1{}^2 + d_2{}^2$（或者 $d = |d_1| + |d_2|$）来检验一个像对的匹配状况，该结果就是像对到各自极线的距离。如果采用欧氏距离的平方和表示，其表达式为 $d = (m_2^{\mathrm{T}} F m_1)^2 (1/\| \tilde{I} l_1 \|_2^2 + 1/\| \tilde{I} l_2 \|_2^2) = (m_2^{\mathrm{T}} F m_1)^2 (1/\| \tilde{I} F^{\mathrm{T}} m_2 \|_2^2 + 1/\| \tilde{I} F m_1 \|_2^2)$，而上式表示的几何意义是很直观且容易理解的。根据以上公式可知，代数距离实际上就是像对到各自极线的距离公式中的左半部分。

3）Sampson 距离

假设两幅图像上像点的测量值为 $m_1, m_2 \in \mathrm{R}^2$，$M = (m_1^{\mathrm{T}}, m_2^{\mathrm{T}})^{\mathrm{T}}$，$M \in \mathrm{R}^4$，其优化结果为 $\hat{m}_1, \hat{m}_2 \in \mathrm{R}^2$，$\hat{M} = (\hat{m}_1^{\mathrm{T}}, \hat{m}_2^{\mathrm{T}})^{\mathrm{T}}$，$\hat{M} \in \mathrm{R}^4$。首先，构建代价函数 $C_F(M) = m_2^{\mathrm{T}} F m_1$；然后，对 $C_F(M+\delta)$ 进行泰勒展开式的一阶近似处理得 $C_F(\hat{M}) = C_F(M+\delta) \approx C_F(M) + J\delta$，其中 $J = \dfrac{\partial C_F}{\partial M}$，$\delta = \hat{M} - M$；而 $\varepsilon = C_F(M) - C_F(\hat{M})$ 为残差，$J\delta = -\varepsilon$。优化的目标函数为 $\min \|\delta\|_2^2$，s.t. $J\delta = -\varepsilon$。因为 $\min \|\delta\|_2^2$ 是一个带有限制条件的优化问题，可采用拉格朗日乘子法来求解，所以目标函数可转化为 $\min(\delta^{\mathrm{T}}\delta - 2\lambda(J\delta + \varepsilon))$。由拉格朗日乘子约束得 $\delta = J^{\mathrm{T}}\lambda$，再将其代入 $J\delta = -\varepsilon$ 得 $JJ^{\mathrm{T}}\lambda = -\varepsilon$，从而 $\lambda = -(JJ^{\mathrm{T}})^{-1}\varepsilon$，$\delta = -J^{\mathrm{T}}(JJ^{\mathrm{T}})^{-1}\varepsilon$，所以 $\|\delta\|_2^2 = \delta^{\mathrm{T}}\delta = \varepsilon^{\mathrm{T}}(JJ^{\mathrm{T}})^{-1}\varepsilon$，其中 $J = \dfrac{\partial C_F}{\partial M} = \left(\dfrac{\partial C_F}{\partial m_1}, \dfrac{\partial C_F}{\partial m_2}\right) = \left(F^{\mathrm{T}} m_2, F m_1\right)$，$JJ^{\mathrm{T}} = (F m_1)_1^2 + (F m_1)_2^2 + (F^{\mathrm{T}} m_2)_1^2 + (F^{\mathrm{T}} m_2)_2^2$。因此，Sampson 距离的表达式可以写作 $d = (m_2^{\mathrm{T}} F m_1)^2 / (\| \tilde{I} l_1 \|_2^2 + \| \tilde{I} l_2 \|_2^2) = (m_2^{\mathrm{T}} F m_1)^2 / (\| \tilde{I} F^{\mathrm{T}} m_2 \|_2^2 + \| \tilde{I} F m_1 \|_2^2)$，其中 $\tilde{I} = \mathrm{diag}(1,1,0)$。以上公式有着明确的统计意义，而代数距离实际上就是 Sampson 因为公式中的分子部分。

实践验证表明，代数距离、像对到各自极线的距离和 Sampson 距离都可以用来检测像对的匹配状况，但后两种距离的检测效果比代数距离检验的效果更好。此外，以上距离除了可以用来检验像对的匹配状况之外，还可以用于排除错误的解。例如，在假定像对匹配正确的前提下，利用 7 点法求解基本矩阵 F 时，或者利用 7 点法和 5 点法求解本质矩阵 E 时，可能得到几组实数解，因此可以利用代数距离、像对到各自极线的距离和 Sampson 距离最小作为判断条件，来确定最终的真解。

需要注意的是：利用对极约束来检测像对的匹配状况的条件是必要但不充分的，即如果匹配状况好，那么其对极约束的各种距离一定小；但是，如果对极约束的各种距离小，并不能推断出匹配的状况一定好。这是因为只要各图像的像点位于其极线上，就能满足对极约束的条件。

3.2.4　两图像之间的单应关系

由于两视图的对极约束只能给出像点匹配的必要条件，即对匹配点来说，一幅图像上的像点一定位于另一幅图像上的匹配点在该图上的极线上，但该约束不能给出匹配点的确切位置。为了确定匹配点的位置或者给出一个可能存在的范围，可利用单应矩阵来描述两图像之间的关系。

由 3.1.3 节中关于“平面的投影与反投影”的介绍可知：当世界坐标点分布在一个平面上时，m_1 和 m_2 之间可以利用一个 3×3 的射影变换矩阵 H 来实现相互转换。当世界坐标点不在一个平面上时，由相机投影模型可知：$\mu_1 m_1 = K_1 R_1(\tilde{M}-\tilde{C}_1)$，$\mu_2 m_2 = K_2 R_2(\tilde{M}-\tilde{C}_2)$。根据相对定向的原理可知，假设第 1 幅图像 $R_1 = I$，$\tilde{C}_1=(0,0,0)^{\mathrm{T}}$，那么 $\mu_1 K_1^{-1} m_1 = \tilde{M}$。将其代入 $\mu_2 m_2 = K_2 R_2(\tilde{M}-\tilde{C}_2)$，得 $\mu_2 m_2 = K_2 R_2(\tilde{M}-\tilde{C}_2) = K_2(R_2\tilde{M}+\tilde{T}_2) = \mu_1 K_2 R_2 K_1^{-1} m_1 + K_2\tilde{T}_2$。因此，当世界坐标点不在一个平面上时，只要 $\tilde{T}_2 \neq 0$，就无法得到 m_1 和 m_2 之间的单应矩阵 H，即只要两个相机中心 C_1 和 C_2 不重合，就不可能构建 m_1 和 m_2 之间的单应矩阵 H。但是，当两个相机中心 C_1 和 C_2 重合时（即 $\tilde{T}_2 = 0$，为纯旋转运动），就可以构建它们之间的单应关系，即 $H = K_2 R_2 K_1^{-1}$。

此外，两幅图像之间的单应关系还可采用以下方法推导。假设在第 1 个相机坐标系中有一个空间平面 π，那么空间平面 π 上的任意点都可表示为 $aX+bY+cZ+d=0$，即 $n^{\mathrm{T}}\tilde{M}+d=0$，其中 $n=(a,b,c)^{\mathrm{T}}$，且 $\|n\|=1$，而 d 是一个标量，d 所表示的几何意义为坐标原点（即第 1 幅图像的相机中心）到空间平面 π 的距离（可相差一个符号）。令 $n_d = n/d = (a,b,c)^{\mathrm{T}}/d$，所以 $n_d^{\mathrm{T}}\tilde{M}+1=0$。因为 $\mu_2 m_2 = K_2 R_2(\tilde{M}-\tilde{C}_2) = K_2(R_2\tilde{M}+\tilde{T}_2) = K_2(R_2\tilde{M}-\tilde{T}_2 n_d^{\mathrm{T}}\tilde{M}) = \mu_1 K_2(R_2-\tilde{T}_2 n_d^{\mathrm{T}})K_1^{-1}m_1 \simeq K_2(R_2-\tilde{T}_2 n_d^{\mathrm{T}})K_1^{-1}m_1$，所以，单应矩阵 H 的表达式为 $H = K_2(R_2-\tilde{T}_2 n_d^{\mathrm{T}})K_1^{-1}$。

综上所述，可以构建两幅图像的像点 m_1 和 m_2 之间的单应矩阵 H 的条件是：①当世界坐标点分布在一个平面上时，不管两个相机中心 C_1 和 C_2 是否重合，都可直接构建它们之间的单应关系，即 $\mu_1 m_1 = K_1[r_{1(1)}, r_{1(2)}, \tilde{T}_1]\bar{M} = H_1\bar{M}$，$\mu_2 m_2 = K_2[r_{2(1)},$

$r_{2(2)}, \tilde{T}_2]\bar{M} = H_2\bar{M}$，所以 $m_2 \simeq (H_2H_1^{-1})m_1 = Hm_1$，其中 $H = H_2H_1^{-1}$；②当世界坐标点不在一个平面上时，只有在两个相机中心 C_1 和 C_2 重合（纯旋转运动）时才可以构建它们之间的单应关系，而当世界坐标点不在一个平面上且两个相机中心 C_1 和 C_2 不重合时，就无法得出 m_1 和 m_2 之间的单应矩阵 H，此时必须考虑平移向量的影响；③当基线长度（$B = C_2 - C_1 = C_2$）相对于被观测物体的深度较短（$\tilde{T}_2 = -R_2\tilde{C}_2 \approx 0$，即接近于纯旋转）时，可利用 $m_2 \simeq Hm_1$（其中 $H = K_2R_2K_1^{-1}$）来估计像点在第 2 幅图像上的位置；④当世界坐标点近似分布在一个平面上时，也可利用 $m_2 \simeq Hm_1$（详见 3.1.3 节中关于“平面的投影与反投影”的介绍）来估计像点在第 2 幅图像上的位置。

无穷远平面上点的单应关系。

对于无穷远平面上的点来说，可以直接构建两幅图像之间的单应关系。因为相对于无穷远点来说，$\tilde{T}_2$ 的长度可以忽略不计，即 $\tilde{T}_2 = 0$，所以 $H = K_2R_2K_1^{-1}$，也就是纯旋转运动描述的模型。另外，还可以根据上文中的 $H = K_2(R_2 - \tilde{T}_2n_d^{\mathrm{T}})K_1^{-1}$ 进行推导，即如果坐标原点到无穷远平面的距离 $d \to \infty$，那么 $\underset{d\to\infty}{n_d} = \dfrac{1}{d}n = \dfrac{1}{d}(a,b,c)^{\mathrm{T}} = 0$，因此 $H = K_2R_2K_1^{-1}$。

柱面、球面全景图的生成方法。

当相机固定在某一位置（即确保所有图像的相机中心重合），绕相机中心对场景进行拍摄，则得到的各幅图像之间的关系为纯旋转运动关系。由以上分析可知，如果各幅图像为纯旋转运动，则可直接构建它们之间的单应关系。首先，可将像点看作世界坐标点与相机中心确定的方向上的无穷远点在像平面上的投影，然后将相机拍摄的不同方向的平面投影结果，映射到一个圆柱面或球面上，并对所有图像进行拼接处理，即可生成柱面全景图（cylindrical panorama）或球面全景图（spherical panorama）。在图像拼接过程中，需要对图像进行重采样处理，如果存在多幅图像可以选择（因为各图像之间有重叠），则可选取观测角最小的那幅图像上的像点作为采样点，而采样间隔需要按照立体角分辨率的大小来确定。对柱面全景图而言，要求在图像拍摄过程中，相机绕其中心旋转 360° 且保持主轴在一个平面上，其结果可直接保存为一幅较宽的图像；对球面全景图而言，需要对整个 4π 立体角范围的三维空间由相机中心向外拍摄，而其结果需要保存为球面上每个点的信息，即类似于地球仪表面的地图，但是该图像为向内投影的结果，在显示结果时，需要将球面投影的图像再重新还原为平面投影的图像，否则会使图像失真。

纯旋转和纯平移运动的检测方法。

（1）纯旋转运动的检测方法。根据以上推导可知，如果两幅图像是纯旋转运动，即两个相机中心 C_1 和 C_2 是重合的，那么无论世界坐标点是否在一个平面上，它们都满足单应关系 $\lambda m_2 = K_2 R_2 K_1^{-1} m_1$，或者 $\lambda K_2^{-1} m_2 = R_2 K_1^{-1} m_1$，即 $\lambda \hat{m}_2 = R_2 \hat{m}_1$，其中 $\hat{m}_1$ 和 $\hat{m}_2$ 为规范化后的结果。令 $\hat{m}_1 = (\hat{x}_1, \hat{y}_1, 1)^{\mathrm{T}}$，$\hat{m}_2 = (\hat{x}_2, \hat{y}_2, 1)^{\mathrm{T}}$，$R_2 = \begin{bmatrix} r_{11} & r_{12} & r_{13} \\ r_{21} & r_{22} & r_{23} \\ r_{31} & r_{32} & r_{33} \end{bmatrix}$，经整理可得 $\begin{cases} r_{11}\hat{x}_1 + r_{12}\hat{y}_1 + r_{13} = \lambda \hat{x}_2 \\ r_{21}\hat{x}_1 + r_{22}\hat{y}_1 + r_{23} = \lambda \hat{y}_2 \\ \lambda = r_{31}\hat{x}_1 + r_{32}\hat{y}_1 + r_{33} \end{cases}$，即

$$\begin{cases} \hat{x}_1 r_{11} + \hat{y}_1 r_{12} + r_{13} + 0 + 0 + 0 - (\hat{x}_2\hat{x}_1) r_{31} - (\hat{x}_2\hat{y}_1) r_{32} - \hat{x}_2 r_{33} = 0 \\ 0 + 0 + 0 + \hat{x}_1 r_{21} + \hat{y}_1 r_{22} + r_{23} - (\hat{y}_2\hat{x}_1) r_{31} - (\hat{y}_2\hat{y}_1) r_{32} - \hat{y}_2 r_{33} = 0 \end{cases}$$

。因为待求的 R_2 可能不是正交矩阵（即可能不是纯旋转运动），所以需要将其看作由 8 个独立变量（相差一个整体的尺度系数）构成的射影变换。而 R_2 可通过 4 对或者更多的线性无关的匹配点实现线性求解，即在相差一个整体尺度系数的条件下，利用 SVD 分解可直接得到其 9 个元素的结果。将该结果转换为 3×3 的矩阵后，再对该 3×3 矩阵进行 SVD 分解，并通过奇异值来判断它是否为正交矩阵。从理论上讲，纯旋转运动的矩阵 R_2 的 3 个奇异值应该是相等的，所以 3 个奇异值相等时才能判断为纯旋转运动。因此，可通过奇异值的条件数（condition number）来判断，例如可以设定一个阈值 1.05，即当 $\text{cond} < 1.05$ 时，即可判断 R_2 接近于正交矩阵，就说明这两幅图像满足纯旋转运动，否则即可判断它们之间存在着平移运动。

实际上，以上操作不仅实现了纯旋转运动的检测，而且还实现了基线长度为 0 的相对定向。该计算对判断两幅图像能否进行前方交会和相对定向具有重要意义，因为在前方交会和相对定向时，都要求基线的长度不能为 0。

（2）纯平移运动的检测方法。如果根据以上方法得到的 R_2 越接近单位矩阵 I，则说明图像之间的关系越接近纯平移运动，即两图像之间不存在旋转运动。

如果经过检测判断，两图像之间的关系既不符合纯旋转运动，又不符合纯平移运动，则说明这两幅图像同时存在旋转运动和平移运动。

3.2.5　相机和结构的三维重构

1. 射影重构

根据 3.2.1 节中对“由基本矩阵恢复相机矩阵”的描述可知，如果两幅图像的匹配点集可以唯一确定基本矩阵 F，那么相机矩阵 P 和场景的世界坐标点 M（即结构）可在相差一个三维射影变换矩阵 H 的条件下，仅由该匹配点集实现重构，而且其确定的任何两个重构都是射影等价的。具体可表述为：假设 m_{1i} 和 m_{2i} 是两幅图像的匹配点集，由 $m_{2i}^{\mathrm{T}} F m_{1i} = 0$ 可唯一确定基本矩阵 F。令 $(P_1, P_2, \{M_i\})$ 和 $(P_1', P_2', \{M_i'\})$ 为匹配点集 m_{1i} 和 m_{2i} 的两个重构，那么可在相差一个三维射影变换矩阵 H 的条件下，使得相机矩阵 $P_1' = P_1 H^{-1}$，$P_2' = P_2 H^{-1}$，并且使得世界坐标点 $M_i' = H M_i$。不妨令两幅图像的相机矩阵分别为 $P_1 = [I, 0]$，$P_2 = [A, a]$，其中 A 和 a

是基本矩阵 F 满足 $[a]_{\times}A=F$ 的任意分解，据此即可实现对世界坐标点的重构（详见第 4 章“空间前方交会”的介绍）。

需要注意的是：在对世界坐标点进行重构时，必须排除两个相机中心连线（即基线）上的世界坐标点，这是因为，如果世界坐标点位于基线上，那么它们就无法与两个相机中心构成三角形，此时像点 m_{1i} 和 m_{2i} 分别与两幅图像上的极点 e_1 和 e_2 重合，而对除了 $Fm_{1i}=F^{\mathrm{T}}m_{2i}=0$（即 $m_{1i}=e_1$，$m_{2i}=e_2$）以外的点都有 $M_i'=HM_i$。

2. 三维重构的多义性

1）相机未标定的情况

根据 $\mu m=PM$，分别用 $P'=PH^{-1}$ 和 $M'=HM$ 代替 P 和 M，其中 H 为一个射影变换，那么 $\mu m=P'M'=(PH^{-1})(H^{-1}M)=PM$。因此，在相机未标定（即相机内参数矩阵 K 是未知的）的情况下，可在相差一个射影变换的条件下，实现相机矩阵 P 和场景的世界坐标点 M 的三维重构。

2）相机已标定的情况

根据 $\mu m=K[R,\tilde{T}]M=PM$，其中相机内参数矩阵 K 是已知的，如果分别用 $P'=PH_{\mathrm{s}}^{-1}$ 和 $M'=H_{\mathrm{s}}M$ 来代替 P 和 M，其中 $H_{\mathrm{s}}=\begin{bmatrix}R_{\mathrm{s}} & \tilde{T}_{\mathrm{s}}\\ 0^{\mathrm{T}} & \lambda\end{bmatrix}$，那么 $\mu m=P'M'=(PH_{\mathrm{s}}^{-1})(H_{\mathrm{s}}M)=PM$。由于 $P=K[R,\tilde{T}]$，$P'=PH_{\mathrm{s}}^{-1}=K[R,\tilde{T}]\begin{bmatrix}R_{\mathrm{s}} & \tilde{T}_{\mathrm{s}}\\ 0^{\mathrm{T}} & \lambda\end{bmatrix}^{-1}=K[R,\tilde{T}]\begin{bmatrix}R_{\mathrm{s}}^{\mathrm{T}} & -\lambda^{-1}R_{\mathrm{s}}^{\mathrm{T}}\tilde{T}_{\mathrm{s}}\\ 0^{\mathrm{T}} & \lambda^{-1}\end{bmatrix}=K[RR_{\mathrm{s}}^{\mathrm{T}},\lambda^{-1}(\tilde{T}-RR_{\mathrm{s}}^{\mathrm{T}}\tilde{T}_{\mathrm{s}})]=K[RR_{\mathrm{s}}^{\mathrm{T}},\tilde{T}']$，其中 $\tilde{T}'=\lambda^{-1}(\tilde{T}-RR_{\mathrm{s}}^{\mathrm{T}}\tilde{T}_{\mathrm{s}})$。因此，在相机已标定的情况下，可在相差一个相似变换的条件下，实现相机矩阵 P 和世界坐标点 M 的三维重构。

此外，如果两个相机除了主距以外的其他内参数都是已知的，则仍然可在相差一个相似变换的条件下实现三维重构；如果两个相机之间有平移运动，且其内参数保持不变，则可在相差一个仿射变换的条件下实现三维重构。

3. 分层重构

（1）射影重构：根据以上分析可知，在相机未标定的情况下可以实现相机矩阵 P 和场景的世界坐标点 M 的射影重构。

（2）仿射重构：因为无穷远平面等价于仿射重构，所以仿射重构的本质是可通过某些方法确定无穷远平面。假设存在已确定场景的一个射影重构 $(P_1,P_2,\{M_i\})$，如果可通过某种方法来确定射影坐标系中某一平面 π（可表示为一个 4 维列向量）为真实坐标系中的无穷远平面（其坐标可表示为 $(0,0,0,1)^{\mathrm{T}}$），即可以找到将平面 π 映射到 $(0,0,0,1)^{\mathrm{T}}$ 的射影变换矩阵 H（其中 H 为射影坐标转换为真实坐标的点变换矩阵），使得 $H^{-\mathrm{T}}\pi=(0,0,0,1)^{\mathrm{T}}$（因为在三维空间中点和面是对偶的，或通过 $H^{\mathrm{T}}(0,0,0,1)^{\mathrm{T}}=\pi$ 来确定），其中 $H=\begin{bmatrix}[I,0]\\ \pi^{\mathrm{T}}\end{bmatrix}$。以上重构与真实重构相差一个以无穷远平面为不变平面的射影变换（即仿射变换），因此它是一个仿射重构。

纯平移运动约束：如果相机的运动是一个没有旋转且内参数保持不变的纯平移运动，由 $F=[e_2]_{\times}(K_2R_2K_1^{-1})$ 可知，此时 $K_1=K_2$ 且 $R_2=I$，所以 $F=[e_2]_{\times}$。因此，仿射重构可选的相机矩阵为 $P_1=[I,0]$，$P_2=[I,e_2]$。

场景约束：如果能够确定场景中无穷远平面上的 3 个点，即可确定平面 π 及其射影变换矩阵 H，从而可将射影重构转换为仿射重构。

平行线约束：如果能够确定场景中指向不同方向的 3 组平行线（即要求它们之间两两互不平行），即可利用这 3 组平行线在图像上的消失点来确定无穷远平面，从而能够确定平面 π 及其射影变换矩阵 H，进而将射影重构转换为仿射重构。

共线（或平行）线段的距离比率：因为仿射变换保持共线线段或者平行线段的距离比率不变，所以可以据此确定该直线（或平行线）在图像上的消失点。因此，只要确定不同方向上的三条共线（或平行）线段的距离比率，即可确定无穷远平面，从而能够确定平面 π 及其射影变换矩阵 H，进而将射影重构转换为仿射重构。

无穷远单应：如果相机中心 C_1 与像点 m_1 确定的直线与无穷远平面相交于 M，$M=(\tilde{M}^{\mathrm{T}},0)^{\mathrm{T}}$，即 $\mu_1m_1=P_1M=[H_1,p_{14}](\tilde{M}^{\mathrm{T}},0)^{\mathrm{T}}=H_1\tilde{M}$，而 M 在另一幅图像的像点为 m_2，即 $\mu_2m_2=P_2M=[H_2,p_{24}](\tilde{M}^{\mathrm{T}},0)^{\mathrm{T}}=H_2\tilde{M}$，那么 $\mu_1H_1^{-1}m_1=\mu_2H_2^{-1}m_2$，即 $m_2\simeq H_{\infty}m_1$，其中 $H_{\infty}=H_2H_1^{-1}$。因此，无穷远单应可以从仿射重构显式地计算出来，并且反过来也成立，即如果已知仿射重构的相机矩阵为 $P_1=[I,0]$，$P_2=[H_2,e_2]$，那么 $H_{\infty}=H_2$；反过来，如果已知 H_{∞}，那么仿射重构的相机矩阵可表示为 $P_1=[I,0]$，$P_2=[H_{\infty},e_2]$。

（3）相似重构：相似重构的关键是确定绝对二次曲线 Ω_{∞}，而绝对二次曲线 Ω_{∞} 是无穷远平面上的一条平面二次曲线，所以一定可以确定无穷远平面，即可确定一个仿射重构。仿射重构与相似重构之间相差一个使绝对二次曲线保持不变的射影变换，而根据第 2 章中关于“绝对二次曲线”的介绍可知，该射影变换为相似变换。

如果已知绝对二次曲线在某幅图像中的投影为 ω，且已知仿射重构中的相机矩阵为 $P=[H,p_4]$，那么 $H=\begin{bmatrix}A^{-1} & 0\\ 0^{\mathrm{T}} & 1\end{bmatrix}$ 的三维变换，可以把仿射重构变换为相似重构，其中矩阵 A 可由 $AA^{\mathrm{T}}=(H^{\mathrm{T}}\omega H)^{-1}$ 的 Cholesky 分解得到。绝对二次曲线在图像中的投影 ω 可以通过以下方法实现求解：①场景中正交性的约束。例如，正交直线的一对消失点 (v_1,v_2) 可提供一个约束 $v_1^{\mathrm{T}}\omega v_2=0$，或者来自一个方向的消失

点 v 和与该线垂直的平面的消失线 l 可提供两个约束 $l=\omega v$ 。②已知内参数的约束。如果相机内参数矩阵 K 已知，那么绝对二次曲线的投影为 $\omega=K^{-\mathrm{T}}K^{-1}$ ，而如果已知更多的信息，如非正交变形参数 $s=0$ ，像素为正方形（即 $f_x=f_y$ ）等，都可以进一步约束 ω 。③同一相机在多幅图像中的约束。由于绝对二次曲线在图像上的投影只依赖于相机内参数矩阵，而不依赖于相机的位置和方向，如果相机保持内参数矩阵不变（如同一相机在不同位置和角度拍摄的多幅图像），那么绝对二次曲线在不同图像上的投影 ω 是相同的，而如果有足够多的图像，即可利用以上性质实现相似重构。因为绝对二次曲线在无穷远平面上，所以它的投影可以通过无穷远单应从一幅图像转换为另一幅图像，即 $\omega_2=H_\infty^{-\mathrm{T}}\omega_1 H_\infty^{-1}$ ，根据 $\omega=\omega_1=\omega_2$ 可以构建 5 个约束（因为 ω 是一个 3×3 的对称阵），而待求的未知参数却有 8 个（即 K 的 5 个自由度和无穷远平面的 3 个自由度），所以无法利用两幅图像实现未知数的求解。如果结合场景中的正交性约束或者已知的内参数约束，就可以唯一确定 ω，从而可以进一步确定相机内参数矩阵 K（这就是实现相机自标定的过程，在第 9 章中会有详细介绍），而根据前面的结论可知，如果已知相机内参数矩阵 K ，可在相差一个相似变换的条件下，实现相机矩阵 P 和场景中世界坐标点 M 的三维重构。

（4）欧氏重构：它是在相似重构的基础上，利用地面控制点（GCP），把相对世界坐标系下的计算结果转换为某一已知坐标系（如大地测量坐标系）下的结果的重构。在该过程中，需要确定整体尺度系数、平移向量和旋转矩阵，也就是绝对定向的过程（详见第 6 章 6.2 节中关于“绝对定向”的介绍）。

需要注意的是：有些文献中提到的度量重构，通常是指相似重构或欧氏重构，因为基于以上两种重构结果，可以实现对线段之间的长度比、直线之间的角度等参数的度量。其中，欧氏重构是对真实场景的等比例重构，所以还可实现长度、面积、体积、方向等参数的度量，而相似重构的结果与真实场景相差一个整体尺度系数、平移向量和旋转矩阵。

3.2.6　图像坐标和世界坐标的归一化处理

在求解线性方程 $Ax=0$ 的过程中，为了使计算结果更稳健，需要进行归一化（normalization）处理。该处理是必要的，而不是可有可无的。归一化处理的目的是使归一化处理后的结果的平均值为 0，在各个维度上的平均长度为 1，即其 2 范数（欧氏距离）为 $\sqrt{N}$ ，其中 N 为数据的维数。具体计算过程如下。

假设有 m 个点，每个点的维数为 N ，那么对数据归一化处理的过程如下：①计算数据的质心 C ，即所有点在各个维度上的平均值 C_j ，其中 $j=1,2,\cdots,N$ ；②将坐标原点平移到质心 C 处；③计算 m 个点到质心的欧氏距离 d_i ，其中

$i=1,2,\cdots,m$，并计算出其平均距离 $\bar{d}$；④利用平均距离 $\bar{d}$，确定尺度转换系数 s（$s=\sqrt{N}/\bar{d}$）；⑤对数据进行归一化处理。下面分别给出一维、二维、三维数据的归一化的结果。

一维数据：$x_n=s(x-C_1)$。

二维数据：$\begin{cases}x_n=s(x-C_1)\\y_n=s(y-C_2)\end{cases}$，写为矩阵的形式 $\begin{bmatrix}x_n\\y_n\\1\end{bmatrix}=\begin{bmatrix}s&0&-sC_1\\0&s&-sC_2\\0&0&1\end{bmatrix}\begin{bmatrix}x\\y\\1\end{bmatrix}$。

三维数据：$\begin{cases}X_n=s(X-C_1)\\Y_n=s(Y-C_2)\\Z_n=s(Z-C_3)\end{cases}$，写为矩阵的形式 $\begin{bmatrix}X_n\\Y_n\\Z_n\\1\end{bmatrix}=\begin{bmatrix}s&0&0&-sC_1\\0&s&0&-sC_2\\0&0&s&-sC_3\\0&0&0&1\end{bmatrix}\begin{bmatrix}X\\Y\\Z\\1\end{bmatrix}$。

以上公式中的 x、y、X、Y、Z 为原始数据，x_n、y_n、X_n、Y_n、Z_n 为归一化后的结果。

归一化处理一方面可以提高结果的计算精度，另一方面可以消除结果受坐标变换的影响，即经过归一化处理后的数据对任何尺度缩放和坐标原点的定义都保持不变。需要注意的是：归一化处理不应该在每个维度上单独进行，而应该以每个点到质心的欧氏距离作为标准，确定一个整体的尺度转换系数，即该尺度转换系数是各向同性的。如果在每个维度上单独进行，可能会改变点与点之间的几何形态，尤其是当点分布在一条直线或者一个平面上时，甚至可能会出现在某个维度上的尺度转换系数为无穷大的情况。

下面举例说明利用归一化处理的结果进行相关计算的方法。

（1）利用两个平面场求单应矩阵 H 时，令 $m_{1n}=T_1m_1$，$m_{2n}=T_2m_2$，根据 $m_{2n}=H_nm_{1n}$，即可求出 H_n。因为 $T_2m_2=H_nT_1m_1$，即 $m_2=(T_2^{-1}H_nT_1)m_1$，所以 $H=T_2^{-1}H_nT_1$。

（2）在利用直接线性变换（direct linear transformation，DLT）算法求解相机投影矩阵 P 时，根据相机投影矩阵 $m\simeq PM$，令 $m_n=T_mm$，$M_n=T_wM$，根据 $m_n\simeq P_nM_n$，即可求出 P_n。因为 $T_mm\simeq P_nT_wM$，即 $m\simeq T_m^{-1}P_nT_wM$，所以 $P=T_m^{-1}P_nT_w$。

（3）在利用两幅图像的匹配点求基本矩阵 F 时，令 $m_{1n}=T_1m_1$，$m_{2n}=T_2m_2$，根据 $m_{2n}^{\mathrm{T}}F_nm_{1n}=0$ 即可求出 F_n。因为 $(T_2m_2)^{\mathrm{T}}F_n(T_1m_1)=0$，即 $m_2^{\mathrm{T}}(T_2^{\mathrm{T}}F_nT_1)m_1=0$，所以 $F=T_2^{\mathrm{T}}F_nT_1$。

（4）对相机矩阵内参数和外参数的归一化处理。在后方交会、相机标定和光束平差等计算过程中，都会用到该结果。具体处理过程如下：根据相机矩阵 $\mu m=K[R,\tilde{T}]M=KR[I,-\tilde{C}]M=KR(\tilde{M}-\tilde{C})$。由于 m 和 K 只与内参数有关，令 $m_n=T_mm$，即 $m=T_m^{-1}m_n$；而 $\tilde{M}_n$ 和 $\tilde{C}_n$ 只与相机的外参数有关，令 $M_n=T_wM$，$C_n=T_wC$，并假设其尺度转换系数为 s_w（s_w 是一个标量），即 $\tilde{M}_n=s_w\tilde{M}$，$\tilde{C}_n=s_w\tilde{C}$。因此，

归一化处理后的相机矩阵可表示为 $\mu T_m^{-1} m_n = s_w^{-1} KR(\tilde{M}_n - \tilde{C}_n)$，即 $(s_w \mu) m_n = (T_m K) R(\tilde{M}_n - \tilde{C}_n) = (T_m K) R[I, -s_w \tilde{C}](T_w M) = (T_m K)[R, -s_w R\tilde{C}](T_w M)$，令 $\mu_n = s_w \mu$，$K_n = T_m K$，所以 $\mu_n m_n = K_n R[I, -\tilde{C}_n] M_n = K_n [R, \tilde{T}_n] M_n$，其中 $\tilde{T}_n = -R\tilde{C}_n = s_w \tilde{T} = -s_w R\tilde{C}$，即 $\tilde{C} = -s_w^{-1} R^{\mathrm{T}} \tilde{T}_n$。$K = T_m^{-1} K_n$，$\mu = s_w^{-1} \mu_n$，而 R 不受归一化处理的影响。

3.2.7 判断点是否共线或共面的方法

将二维、三维坐标系中的 n 个点的坐标写为齐次形式，并将每个点向量写为行的形式，假设其结果为矩阵 A，通过 $\mathrm{rank}(A^{\mathrm{T}} A)$ 来判断。对二维坐标系中的点来说，如果其秩为 3，则说明这 n 个点不共线；如果其秩为 2，则说明这 n 个点共线；如果其秩为 1，则说明这 n 个点是完全重合的。对三维坐标系中的点来说，如果其秩为 4，则说明这 n 个点不共面；如果其秩为 3，则说明这 n 个点分布在一个平面上；如果其秩为 2，则说明这 n 个点共线；如果其秩为 1，则说明这 n 个点是完全重合的。

以上判断还可通过 SVD 分解得到的奇异值来实现，即 $[U, S, V] = \mathrm{svd}(A^{\mathrm{T}} A)$。该方法不但可确定是否共面、共线或者重合，而且还可根据奇异值的大小，进一步判断出这 n 个点是否接近于共面、共线或者重合，以及它们接近的程度。

3.3 多视图的约束

对在不同位置和角度拍摄的多幅图像上的匹配点而言，它们满足多视图几何约束。下面就对多视图的约束进行详细描述[以下内容主要参考了 Hartley 和 Zisserman（2003）和吴福朝（2008）的著作]。

3.3.1 两视图对极约束的张量表示

1）基本矩阵 F 的张量表示

根据 3.2 节的介绍可知，两视图满足对极约束关系，即 $m_2^{\mathrm{T}} F m_1 = 0$。将上式写为张量的形式，可表示为 $f(m_1, m_2) = (m_1)^j (m_2)^i f_{ij} = 0$，其中 m_1 和 m_2 的上标表示逆变指标，而 f_{ij} 为基本矩阵 F 的张量形式，它可表示为一个二阶协变张量。很明显，以上表达式是一个双线性函数，所以两视图中像点的对应关系为双线性关系。注：在以上张量公式中，如果上标（表示逆变张量）或者下标（表示协变张量）中存在重复的指标（哑指标），则表示需要按该指标进行求和处理。

此外，对两视图来说，根据相机矩阵 $\{P_1, P_2\}$ 的约束得 $\begin{cases} \mu_1 m_1 = K_1[R_1, \tilde{T}_1] M = P_1 M \\ \mu_2 m_2 = K_2[R_2, \tilde{T}_2] M = P_2 M \end{cases}$，

将其写为矩阵的形式为$\begin{bmatrix} P_1 & m_1 & 0 \\ P_2 & 0 & m_2 \end{bmatrix}\begin{bmatrix} M \\ -\mu_1 \\ -\mu_2 \end{bmatrix} = Ax = 0$，其中$A = \begin{bmatrix} P_1 & m_1 & 0 \\ P_2 & 0 & m_2 \end{bmatrix}$，是一个$6\times6$的方阵。因为上式有非零解，所以一定有$\det(A)=0$。将矩阵$A$展开得

$$A = \begin{bmatrix} P_1 & m_1 & 0 \\ P_2 & 0 & m_2 \end{bmatrix} = \begin{bmatrix} (P_1)^1 & (m_1)^1 & 0 \\ (P_1)^2 & (m_1)^2 & 0 \\ (P_1)^3 & (m_1)^3 & 0 \\ (P_2)^1 & 0 & (m_2)^1 \\ (P_2)^2 & 0 & (m_2)^2 \\ (P_2)^3 & 0 & (m_2)^3 \end{bmatrix}$$

，其中$(P_1)^j(j=1,2,3)$表示P_1的第j行，$(P_2)^i(i=1,2,3)$表示P_2的第i行。如果按照第 5 列展开来求解方阵A的行列式，那么

$$\det(A) = \det\begin{pmatrix} (P_1)^2 & 0 \\ (P_1)^3 & 0 \\ P_2 & m_2 \end{pmatrix}(m_1)^1 - \det\begin{pmatrix} (P_1)^1 & 0 \\ (P_1)^3 & 0 \\ P_2 & m_2 \end{pmatrix}(m_1)^2 + \det\begin{pmatrix} (P_1)^1 & 0 \\ (P_1)^2 & 0 \\ P_2 & m_2 \end{pmatrix}(m_1)^3$$

。上式中仅包含$(m_1)^j(m_2)^i$的项，该项即为基本矩阵F的各个元素f_{ij}的系数，而$(m_1)^j(m_2)^i$的系数即为基本矩阵F的各个元素f_{ij}，而两幅图像的双线性关系可表示为$(m_1)^j(m_2)^i f_{ij}=0$。因此，$f_{ij}=(-1)^{i+j}\det\begin{pmatrix} P_1(\sim j) \\ P_2(\sim i) \end{pmatrix}$，其中$P_1(\sim j)$表示将$P_1$去除第$j$行后的子矩阵，$P_2(\sim i)$表示将$P_2$去除第$i$行后的子矩阵。如果采用张量的形式，那么上式可表示为

$$f_{ij} = \frac{1}{4}\varepsilon_{imn}\varepsilon_{jkl}\det\begin{pmatrix} (P_1)^k \\ (P_1)^l \\ (P_2)^m \\ (P_2)^n \end{pmatrix}$$

。

对任意一个4×4的可逆矩阵H，如果相机矩阵$\{Q_1,Q_2\}$满足$P_1=Q_1H$，$P_2=Q_2H$，那么

$$f_{ij} = \frac{1}{4}\varepsilon_{imn}\varepsilon_{jkl}\det\begin{pmatrix} (P_1)^k \\ (P_1)^l \\ (P_2)^m \\ (P_2)^n \end{pmatrix} = \frac{1}{4}\varepsilon_{imn}\varepsilon_{jkl}\det\begin{pmatrix} (Q_1)^k H \\ (Q_1)^l H \\ (Q_2)^m H \\ (Q_2)^n H \end{pmatrix} = \frac{\det(H)}{4}\varepsilon_{imn}\varepsilon_{jkl}\det\begin{pmatrix} (Q_1)^k \\ (Q_1)^l \\ (Q_2)^m \\ (Q_2)^n \end{pmatrix}$$

。因为基本矩阵可以相差任意一个非零的尺度系数，所以基本矩阵F不

依赖于世界坐标系的选择。注：因为基本矩阵与世界坐标系的选择无关，所以对两视图的相机矩阵，不妨选取以下规范化的相机矩阵，即 $P_1=[I,0]$、$P_2=[A,e_2]$，其中 $A=[e_2]_\times F_{21}$，e_2 为第 2 幅图像的相机中心在第 1 幅图像上的投影（即极点），F_{21} 为图像 2 相对于图像 1 的基本矩阵（即 $m_2^{\mathrm{T}}F_{21}m_1=0$）。

2）极线的张量表示

由像点与极线的对应关系得 $l_1=F^{\mathrm{T}}m_2$ 和 $l_2=Fm_1$，如果将两直线 l_1 和 l_2 的坐标分别表示为一阶协变张量 $l_1=[(l_1)_1,(l_1)_2,(l_1)_3]^{\mathrm{T}}$ 和 $l_2=[(l_2)_1,(l_2)_2,(l_2)_3]^{\mathrm{T}}$，那么 $(l_1)_j=(m_2)^i f_{ij}$，$(l_2)_i=(m_1)^j f_{ij}$。因此，像点与其极线的对应关系为线性映射关系。

3）极点的张量表示

第 1 幅图像的极点 $e_1=[(e_1)^1,(e_1)^2,(e_1)^3]^{\mathrm{T}}$（即第 2 幅图像的相机中心在第 1 幅图像中的投影，即 $\mu_1 e_1=P_1C_2$，而 $\mu_2 m_2=P_2C_2=K_2R_2(\tilde{C}_2-\tilde{C}_2)=0$），第 2 幅图像的极点 $e_2=[(e_2)^1,(e_2)^2,(e_2)^3]^{\mathrm{T}}$（即第 1 幅图像的相机中心在第 2 幅图像中的投影，即 $\mu_2 e_2=P_2C_1$，而 $\mu_1 m_1=P_1C_1=K_1R_1(\tilde{C}_1-\tilde{C}_1)=0$），所以 $\begin{bmatrix}(P_1)^1 & (e_1)^1 & 0\\(P_1)^2 & (e_1)^2 & 0\\(P_1)^3 & (e_1)^3 & 0\\(P_2)^1 & 0 & 0\\(P_2)^2 & 0 & 0\\(P_2)^3 & 0 & 0\end{bmatrix}\begin{bmatrix}C_2\\-\mu_1\\-\mu_2\end{bmatrix}=0$，$\begin{bmatrix}(P_1)^1 & 0 & 0\\(P_1)^2 & 0 & 0\\(P_1)^3 & 0 & 0\\(P_2)^1 & 0 & (e_2)^1\\(P_2)^2 & 0 & (e_2)^2\\(P_2)^3 & 0 & (e_2)^3\end{bmatrix}\begin{bmatrix}C_1\\-\mu_1\\-\mu_2\end{bmatrix}=0$。因为上式一定存在非零解，所以可以得出 $(e_1)^j=\det\begin{pmatrix}(P_1)^j\\P_2\end{pmatrix}$，$(e_2)^i=\det\begin{pmatrix}P_1\\(P_2)^i\end{pmatrix}$。

3.3.2　三视图的约束

1. 三线性对应关系

1）三点对应关系

对三视图中的三点对应（图 3.6）来说，由相机矩阵 $\{P_1,P_2,P_3\}$ 的约束得

$\begin{cases}\mu_1 m_1 = K_1[R_1,\tilde{T}_1]M = P_1 M \\ \mu_2 m_2 = K_2[R_2,\tilde{T}_2]M = P_2 M \\ \mu_3 m_3 = K_3[R_3,\tilde{T}_3]M = P_3 M\end{cases}$，将其写为矩阵的形式为 $\begin{bmatrix} P_1 & m_1 & 0 & 0 \\ P_2 & 0 & m_2 & 0 \\ P_3 & 0 & 0 & m_3 \end{bmatrix}\begin{bmatrix} M \\ -\mu_1 \\ -\mu_2 \\ -\mu_3 \end{bmatrix} =$ $Ax=0$，而 A 是一个 9×7 的矩阵。因为上式有非零解，所以矩阵 A 的秩最多为 6，矩阵 A 的任意 7×7 的子矩阵的行列式都为 0。

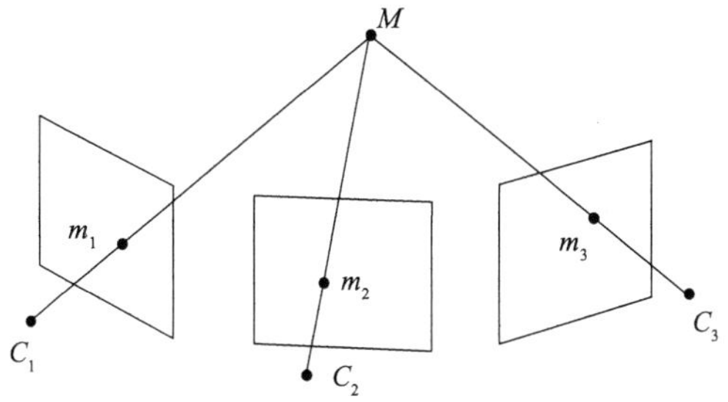

图 3.6　三视图中三点对应的几何关系

该 7×7 的子矩阵可由任意两个矩阵的 3 行及另外一个矩阵的某 1 行构成（共 9 种组合方式），或者由任意一个矩阵的 3 行及另外两个矩阵的某 2 行构成（共 27 种组合方式）。对第一种构成方式，如由前两个矩阵的 3 行及第三个矩阵的某 1 行构成，则该 7×7 的子矩阵可表示为 $\tilde{A}_j = \begin{bmatrix} P_1 & m_1 & 0 & 0 \\ P_2 & 0 & m_2 & 0 \\ (P_3)^j & 0 & 0 & (m_3)^j \end{bmatrix}$。因为 $\det(\tilde{A}_j) = (m_3)^j \det\begin{pmatrix} P_1 & m_1 & 0 \\ P_2 & 0 & m_2 \end{pmatrix} = 0$，所以以上方程只能构建前两幅图像之间的双线性约束关系，而无法构建三幅图像之间的约束关系，这并不是我们想要的结果。对第二种构成方式，如由第 1 个矩阵的 3 行及另外两个矩阵的某 2 行构成，则该 7×7 的子矩阵可表示为 $\tilde{A}_{uv} = \begin{bmatrix} P_1 & m_1 & 0 & 0 \\ (P_2)^j & 0 & (m_2)^j & 0 \\ (P_2)^q & 0 & (m_2)^q & 0 \\ (P_3)^k & 0 & 0 & (m_3)^k \\ (P_3)^r & 0 & 0 & (m_3)^r \end{bmatrix}$，其中 u 和 v 为自由指标，分别表示从 P_2 和 P_3 中删去的行指标。由于 $\det(\tilde{A}_{uv}) = \frac{1}{2}\varepsilon_{ilm}(m_1)^i \det$

$$\det\left(\begin{bmatrix}(P_1)^l & 0 & 0\\(P_1)^m & 0 & 0\\(P_2)^j & (m_2)^j & 0\\(P_2)^q & (m_2)^q & 0\\(P_3)^k & 0 & (m_3)^k\\(P_3)^r & 0 & (m_3)^r\end{bmatrix}\right)=\frac{1}{2}\varepsilon_{ilm}(m_1)^i\varepsilon_{jqu}(m_2)^j\det\left(\begin{bmatrix}(P_1)^l & 0\\(P_1)^m & 0\\(P_2)^q & 0\\(P_3)^k & (m_3)^k\\(P_3)^r & (m_3)^r\end{bmatrix}\right)=-\frac{1}{2}(m_1)^i\varepsilon_{jqu}(m_2)^j$$

$\varepsilon_{krv}(m_3)^k\varepsilon_{ilm}\det\left(\begin{bmatrix}(P_1)^l\\(P_1)^m\\(P_2)^q\\(P_3)^r\end{bmatrix}\right)=0_{uv}$。令 $(T_1)_i^{qr}=\frac{1}{2}\varepsilon_{ilm}\det\left(\begin{bmatrix}(P_1)^l\\(P_1)^m\\(P_2)^q\\(P_3)^r\end{bmatrix}\right)$（$(T_1)_i^{qr}$ 被称为三焦张量），采用张量的形式，以上公式可表示为 $(m_1)^i(m_2)^j(m_3)^k\varepsilon_{jqu}\varepsilon_{krv}(T_1)_i^{qr}=0_{uv}$。很明显，由上面的例子可知，如果 7×7 的子矩阵是由第 1 个矩阵的 3 行及另外两个矩阵的某 2 行构成，那么共有 9 种组合，可以构建 9 个三线性约束，但实际上它们只有 4 个独立的约束（在后面会给出具体的证明）。此外，如果包含选取的其他图像的 3 行及另外两个矩阵的某 2 行构成 7×7 的子矩阵，总共可以构建 27 个三线性约束。然而，尽管三焦张量有不同形式，但其本质是相同的，即它们都揭示了三对对应点的同一关联关系，所以实际应用中只考虑其中一种形式即可。此外，与两视图中的基本矩阵类似，由以上推导可知，三焦张量也不依赖于世界坐标系的选择，即在空间射影变换下是保持不变的。三焦张量在三视图中的作用，类似于基本矩阵在两视图中的作用。

因为 $(T_1)_i^{jk}$ 是由 3 个 3×3 矩阵构成的，所以共有 27 个元素，去除 1 个整体的尺度系数后有 26 个比值参数，但是实际上它只有 18 个自由度，这是因为：1 个相机矩阵有 11 个自由度，3 个相机矩阵共有 33 个自由度；此外，由于三焦张量与空间射影坐标系的选择无关，去除 4×4 的射影变换矩阵的 15 个自由度，三焦张量有 18 个自由度。

2）三线对应关系

对三视图中的三线对应几何关系（图 3.7）来说，假设空间中的一条非退化（即不经过任意一个相机中心）的直线 L，它在三个视图中的投影分别为直线 l_1、l_2 和 l_3，那么由其几何意义可知，相机中心 C_1、C_2 和 C_3 与直线 l_1、l_2 和 l_3 所确定的平面 $\pi_1=P_1^{\mathrm{T}}l_1$、$\pi_2=P_2^{\mathrm{T}}l_2$、$\pi_3=P_3^{\mathrm{T}}l_3$ 一定相交于空间直线 L，即以上 3 个平面是一组共线的平面束。

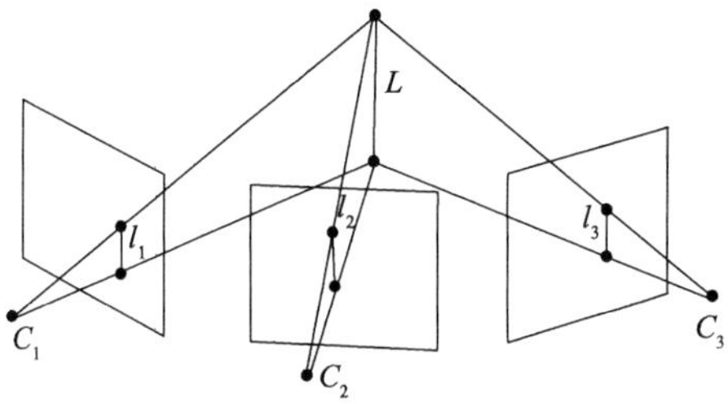

图 3.7　三视图中三线对应的几何关系

假设选取的规范化相机矩阵为 $P_1=[I,0]$、$P_2=[A,a_4]$、$P_3=[B,b_4]$，那么 $M=[\pi_1,\pi_2,\pi_3]=\begin{bmatrix} l_1 & A^{\mathrm{T}}l_2 & B^{\mathrm{T}}l_3 \\ 0 & a_4^{\mathrm{T}}l_2 & b_4^{\mathrm{T}}l_3 \end{bmatrix}$，其中 M 为一个 4×3 的矩阵，其秩必然为 2。因为第 3 个平面可由另外两个平面线性表示，例如 $\pi_1=\alpha\pi_2+\beta\pi_3$，根据 M 的最后一行可得 $\alpha=k(b_4^{\mathrm{T}}l_3)$，$\beta=-k(a_4^{\mathrm{T}}l_2)$（即通过高斯消元法将 M 的最后一行转化为 0），其中 k 为任意一个非零的尺度系数。因此，$l_1\simeq(b_4^{\mathrm{T}}l_3)A^{\mathrm{T}}l_2-(a_4^{\mathrm{T}}l_2)B^{\mathrm{T}}l_3=l_3^{\mathrm{T}}(b_4A^{\mathrm{T}})l_2-l_2^{\mathrm{T}}(a_4B^{\mathrm{T}})l_3$，即 $(l_1)_i\simeq l_2^{\mathrm{T}}(a_ib_4^{\mathrm{T}}-a_4b_i^{\mathrm{T}})l_3=l_2^{\mathrm{T}}[(T_1)_i]l_3$，其中 a_i 和 b_i（$i=1,2,3$）分别为矩阵 A 和 B 的第 i 列，$(T_1)_i=a_ib_4^{\mathrm{T}}-a_4b_i^{\mathrm{T}}$，而 $\{(T_1)_1,(T_1)_2,(T_1)_3\}$ 即为三焦张量的矩阵表示，或简单地表示为 $[(T_1)_i]$，其中 $(T_1)_i$ 是一个 3×3 的矩阵。如果采用张量表示，那么 $(T_1)_i=a_ib_4^{\mathrm{T}}-a_4b_i^{\mathrm{T}}$ 可表示为 $(T_1)_i^{jk}=a_i^jb_4^k-a_4^jb_i^k$，而 $(l_1)_i\simeq l_2^{\mathrm{T}}[(T_1)_i]l_3$ 可表示为 $(l_1)_i\simeq(l_2)_j(l_3)_k(T_1)_i^{jk}$。以上公式还可以写为向量积的形式，即 $[(l_1)_i]_\times[(l_2)_j(l_3)_k(T_1)_i^{jk}]=0$，写为张量的形式为 $(l_1)_p(l_2)_j(l_3)_k\varepsilon^{ipq}(T_1)_i^{jk}=0^q$。同理，可以推导出其他几种组合的形式，即 $(l_2)_i\simeq(l_1)_j(l_3)_k(T_2)_i^{jk}$ 和 $(l_3)_i\simeq(l_1)_j(l_2)_k(T_3)_i^{jk}$，即 $(l_1)_j(l_2)_p(l_3)_k\varepsilon^{ipq}(T_2)_i^{jk}=0^q$ 和 $(l_1)_j(l_2)_k(l_3)_p\varepsilon^{ipq}(T_3)_i^{jk}=0^q$。根据以上推导，可得出三焦张量与不同图像基本矩阵之间的关系。

3）点-点-线对应关系

对三视图中两点和一线的对应几何关系（图 3.8）来说，如果空间中经过直线

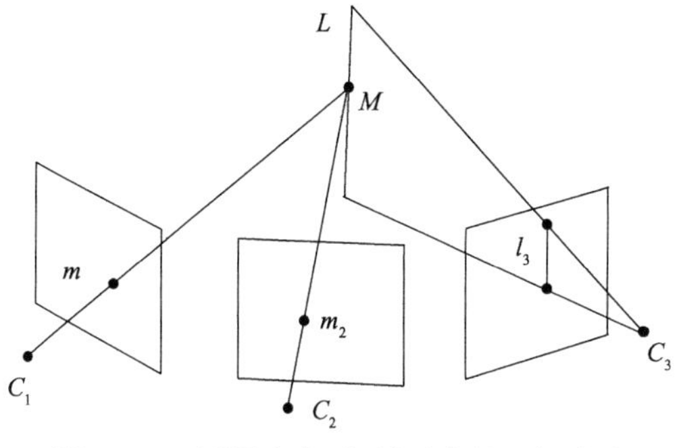

图 3.8　三视图中点-点-线对应的几何关系

L 的一点 M，在第 1 幅和第 2 幅图像上的投影点分别为 $(m_1)^i$ 和 $(m_2)^j$，直线 L 在第 3 幅图像的投影为直线 $(l_3)_r$，那么其三线性关系为 $(m_1)^i(m_2)^j(l_3)_r\varepsilon_{jqu}(T_1)_i^{qr}=0_u$。

4）点-线-线对应关系

对三视图中一点和两线的对应几何关系（图 3.9）来说，如果空间中经过直线 L 的一点 M，在第 1 幅图像上的投影点为 $(m_1)^i$，直线 L 在第 2 和第 3 幅图像的投影分别为直线 $(l_2)_q$ 和 $(l_3)_r$，那么其三线性关系为 $(m_1)^i(l_2)_q(l_3)_r(T_1)_i^{qr}=0$。

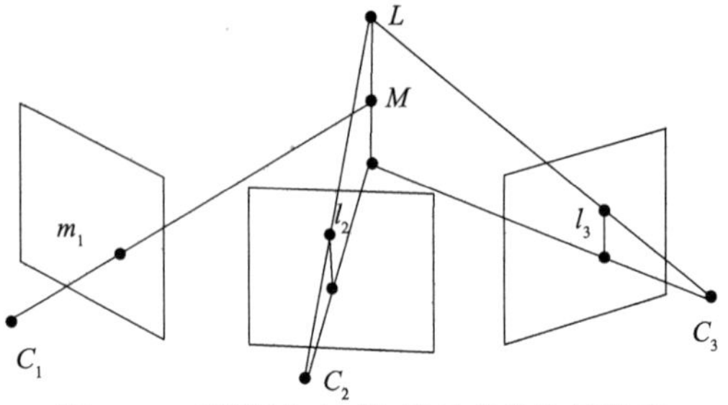

图 3.9　三视图中点-线-线对应的几何关系

2. 三线性关系独立约束的个数

对三点的线性关系来说，其约束为 $(m_1)^i(m_2)^j(m_3)^k\varepsilon_{jqu}\varepsilon_{krv}(T_1)_i^{qr}=0_{uv}$，其中 u 和 v 的 3 种选择可以得到 9 个三线性组合。从几何上看，其三线性关系是由点-线-线对应关系在第 2 幅和第 3 幅图像上选择特殊直线而得到。选择 $u=1,2,3$ 分别对应于图像上平行于 x 轴、y 轴和通过图像原点的直线，如选择 $u=1$，那么将 $(m_2)^j\varepsilon_{jqu}$ 展开得一条水平直线 $(l_2)_q=(m_2)^j\varepsilon_{jq1}=[0,-(m_2)^3,(m_2)^2]^{\mathrm{T}}$。对任意的 t，形如 $y_2=[(m_2)^1+t,(m_2)^2,(m_2)^3]^{\mathrm{T}}$ 的点都满足 $[(l_2)_q]^{\mathrm{T}}y_2=0$，所以 y_2 是第 2 幅图像上过 m_2 的一条水平直线。同理，在第 3 幅图像上选择 $v=2$，可以得到过 m_3 的一条铅直线 $(l_3)_r=(m_3)^k\varepsilon_{kr2}=[(m_3)^3,0,-(m_3)^1]^{\mathrm{T}}$。因为，三点对应的三线性关系可表示为 $(m_1)^i(m_2)^j(m_3)^k\varepsilon_{jqu}\varepsilon_{krv}(T_1)_i^{qr}=(m_1)^i(l_2)_q(l_3)_r(T_1)_i^{qr}=(m_1)^i[-(m_2)^3((m_3)^3(T_1)_i^{21}-(m_3)^1(T_1)_i^{23})+(m_2)^2((m_3)^3(T_1)_i^{31}-(m_3)^1(T_1)_i^{33})]=0_{uv}$。因为上式中只包含了 4 个独立的三焦张量，即 $(T_1)_i^{21},(T_1)_i^{23},(T_1)_i^{31},(T_1)_i^{33}$，所以对三点的线性关系来说，尽管可以构建 9 个三焦张量的约束，但其独立约束的个数只有 4 个。对各种三线性关系独立约束的个数见表 3.1。

表 3.1　三线性关系及其独立约束的个数

三线性关系	约束	独立约束的个数
点-点-点	$(m_1)^i(m_2)^j(m_3)^k\varepsilon_{jqu}\varepsilon_{krv}(T_1)_i^{qr}=0_{uv}$	4

续表

三线性关系	约束	独立约束的个数
点-点-线	$(m_1)^i(m_2)^j(l_3)_r\varepsilon_{jqu}(T_1)_i^{qr}=0_u$	2
点-线-线	$(m_1)^i(l_2)_q(l_3)_r(T_1)_i^{qr}=0$	1
线-线-线	$(l_1)_p(l_2)_j(l_3)_k\varepsilon^{ipq}(T_1)_i^{jk}=0^q$	2

3. 由三焦张量求解基本矩阵

因为 $(l_1)_i\simeq l_2^{\mathrm{T}}[(T_1)_i]l_3$ ，而 $l_1\simeq H_{31}^{\mathrm{T}}l_3$ （即 $l_3\simeq H_{31}^{-\mathrm{T}}l_1$ ，其对应的点单应为 $m_3\simeq H_{31}m_1$ ），所以 $H_{31}(l_2)=[h_1,h_2,h_3]$ ，$h_i=[(T_1)_i]^{\mathrm{T}}l_2(i=1,2,3)$ ，其中 $H_{31}(l_2)$ 即为由直线 l_2 诱导的第 1 幅图像点映射到第 3 幅图像的单应矩阵。同理，可得到 $H_{21}(l_3)=[h_1,h_2,h_3]$ ，$h_i=[(T_1)_i]l_3(i=1,2,3)$ ，其中 $H_{21}(l_3)$ 即为由直线 l_3 诱导的第 1 幅图像点映射到第 2 幅图像的单应矩阵。因此，$(m_3)_i\simeq H_{31}m_1=[(T_1)_i]^{\mathrm{T}}l_2m_1$ ，$(m_2)_i\simeq H_{21}m_1=[(T_1)_i]l_3m_1$ 。连接 e_3 和 m_3 的直线 $(l_3)_i=[e_3]_\times(T_1)_i^{\mathrm{T}}l_2m_1=F_{31}m_1$ ，即 $(F_{31})_i=[e_3]_\times(T_1)_i^{\mathrm{T}}l_2$ 。由于上式对 l_2 上的任意一点都成立，但 l_2 不能是 $[(T_1)_i]^{\mathrm{T}}$ 右零空间的点，由于极点 e_2 与其右零空间正交，不妨取 e_2 ，即 $(F_{31})_i=[e_3]_\times(T_1)_i^{\mathrm{T}}e_2$ 。同理，可以得到 $(F_{21})_i=[e_2]_\times[(T_1)_i]e_3$ 。

4. 由三焦张量恢复相机矩阵

由三焦张量恢复相机矩阵，即利用三焦张量构建射影意义下相容的三个相机矩阵。其具体方法如下：

将第 1 幅图像的相机矩阵作为标准矩阵（当然也可将其他两幅图像的相机矩阵作为标准矩阵），即 $P_1=[I,0]$ 。假设第 2 幅图像的规范化相机矩阵为 $P_2=[A,a_4]$ ，那么矩阵 A 和向量 a_4 可表示为以下形式：因为 $(F_{21})_i=[e_2]_\times[(T_1)_i]e_3$ ，所以矩阵 $A=[(T_1)_1e_3,(T_1)_2e_3,(T_1)_3e_3]$ ，而 $a_4=e_2$ ，即 $P_2=[(T_1)_1e_3,(T_1)_2e_3,(T_1)_3e_3,e_2]$ 。假设第 3 幅图像的规范化相机矩阵为 $P_3=[B,b_4]$ ，尽管 P_1 和 P_2 是相容的，P_1 和 P_3 也是相容的，但是 P_2 和 P_3 却不一定是相容的。因为上式中的 P_2 只是一个特解，而其通解可表示为 $P_2=[[(T_1)_1e_3,(T_1)_2e_3,(T_1)_3e_3]+e_2v^{\mathrm{T}},\lambda e_2]$ ，其中 v 是一个三维列向量。同理，对 P_3 也可以得出一个类似的特解。

但是，可以采用以下方法得出三个矩阵都相容的结果。对其具体描述如下：令 $a_4=e_2$ ，$b_4=e_3$ ，而根据前面的假设条件可知 $a_i=(T_1)_ie_3$ ，那么将其代入 $(T_1)_i=a_ib_4^{\mathrm{T}}-a_4b_i^{\mathrm{T}}$ 可得 $(T_1)_i=(T_1)_ie_3e_3^{\mathrm{T}}-e_2b_i^{\mathrm{T}}$ ，即 $e_2b_i^{\mathrm{T}}=(T_1)_i(e_3e_3^{\mathrm{T}}-I)$ 。如果 e_2 是归一化处理后的结果（即 $e_2^{\mathrm{T}}e_2=1$ ），那么将上式左乘 e_2^{T} 可得 $b_i^{\mathrm{T}}=e_2^{\mathrm{T}}(T_1)_i(e_3e_3^{\mathrm{T}}-I)$ ，即 $b_i=(e_3e_3^{\mathrm{T}}-I)(T_1)_i^{\mathrm{T}}e_2$ （注：$(e_3e_3^{\mathrm{T}}-I)$ 是一个对称矩阵）。因此，$P_3=[(e_3e_3^{\mathrm{T}}-I)[(T_1)_1^{\mathrm{T}},(T_1)_2^{\mathrm{T}},(T_1)_3^{\mathrm{T}}]e_2,e_3]$ ，其中 $[(T_1)_1^{\mathrm{T}},(T_1)_2^{\mathrm{T}},(T_1)_3^{\mathrm{T}}]$ 表示 $(e_3e_3^{\mathrm{T}}-I)(T_1)_i^{\mathrm{T}}e_2(i=1,2,3)$ 矩阵相

乘后的结果，而不是一个合成的矩阵。

因此，通过以上方法得到的结果，即为三个矩阵都相容的结果。

3.3.3　多视图的约束

与 3 视图的约束类似，可以得出多视图的约束关系。根据

$$\begin{cases} \mu_1 m_1 = K_1[R_1, \tilde{T}_1]M = P_1 M \\ \mu_2 m_2 = K_2[R_2, \tilde{T}_2]M = P_2 M \\ \quad\cdots\cdots \\ \mu_n m_n = K_n[R_n, \tilde{T}_n]M = P_n M \end{cases}$$

，将其写为矩阵的形式：

$$\underbrace{\begin{bmatrix} P_1 & m_1 & 0 & \cdots & 0 \\ P_2 & 0 & m_2 & \cdots & 0 \\ \vdots & \vdots & \vdots & & \vdots \\ P_n & 0 & 0 & \cdots & m_n \end{bmatrix}}_{3n\times(n+4)} \underbrace{\begin{bmatrix} M \\ -\mu_1 \\ -\mu_2 \\ \cdots \\ -\mu_n \end{bmatrix}}_{(n+4)\times 1} = Ax = \underbrace{0}_{3n\times 1}$$

。例如，对 4 视图来说，如果方程有非零解，则其系数矩阵的秩最大为 7，因此所有 8×8 的子矩阵的行列式都为零，从而可以构建其四线性约束关系（表 3.2）。同理，可以推导出 N 视图的约束关系。

在实际应用过程中，因为公共匹配点同时出现在多幅图像的概率会随着图像数量的增加而变小，而且其约束的表达式过于复杂，所以多于 3 视图的约束几乎用不到。

表 3.2　四线性关系及其独立约束的个数

四线性关系	约束	独立约束的个数
四点	$(m_1)^i(m_2)^j(m_3)^k(m_4)^l\varepsilon_{ipw}\varepsilon_{jqx}\varepsilon_{kry}\varepsilon_{lsz}Q^{pqrs}=0_{wxyz}$	16
三点一线	$(m_1)^i(m_2)^j(m_3)^k(l_3)_s\varepsilon_{ipw}\varepsilon_{jqx}\varepsilon_{kry}Q^{pqrs}=0_{wxy}$	8
两点两线	$(m_1)^i(m_2)^j(l_3)_r(l_4)_s\varepsilon_{ipw}\varepsilon_{jqx}Q^{pqrs}=0_{wx}$	4
三线	$(l_1)_p(l_2)_q(l_3)_rQ^{pqrs}=0^s$	3
四线	$(l_1)_p(l_2)_q(l_3)_rQ^{pqrs}=0^s$，$(l_1)_p(l_2)_q(l_4)_sQ^{pqrs}=0^r$， $(l_1)_p(l_3)_r(l_4)_sQ^{pqrs}=0^q$，$(l_2)_q(l_3)_r(l_4)_sQ^{pqrs}=0^p$	9

下篇　现代摄影测量空间定位的理论与方法

本篇概要

本篇包含了第 4 章~第 10 章的内容。各章内容可利用相机模型 $\mu m = K[R,\tilde{T}]M = PM$ 最基本的约束来描述，具体如下：第 4 章为空间前方交会，即在已知两幅或者更多图像的相机矩阵的条件下，求解匹配点对应的世界坐标点的过程，可简单描述为已知两幅或者更多图像的 m 和 P（$P = K[R,\tilde{T}]$），求解 M 的过程。第 5 章为空间后方交会，即已知某个相机的内参数，利用一组已知世界坐标点（即控制点）及其对应的像点，求解相机外参数的过程，可简单描述为已知一幅图像的 m、M 和 K，求解 R 和 $\tilde{T}$ 的过程。第 6 章为相对定向与绝对定向，其中相对定向为已知相机内参数和两幅图像之间的匹配点，来确定这两幅图像在某一相对世界坐标系下的外参数，以及在该相对坐标系下的世界坐标点的过程，可简单描述为已知两幅图像的 K 和 m，求解 R、$\tilde{T}$ 和 M 的过程；绝对定向为将世界坐标点在某一世界坐标系下的坐标，转换为另一个世界坐标系下坐标的过程。第 7 章为从运动恢复结构，即利用相机在运动过程中拍摄的多幅图像，来获取它们在某一相对世界坐标系中所有图像的相机位姿，以及在该相对坐标系下的世界坐标点的过程，其实质为多幅图像的相对定向，可简单描述为已知 3 幅或者更多图像的 K 和 m，求解 R、$\tilde{T}$ 和 M 的过程。第 8 章为基于已知参照物的相机标定，即借助场景中控制点及其在图像上的像点，或者场景中的平行直线、直线间的夹角（如正交）、图像上的消失点、消失线等已知信息（可看作对世界坐标约束的变形），采用一定的算法来获得相机内参数（包含镜头畸变参数）和外参数的过程，可简单描述为已知 m 和 M，求解 K、R 和 $\tilde{T}$ 的过程。第 9 章为相机自标定，即在不借助场景中任何已知参照物的条件下，对相机内参数进行某些限定，通过相机的某种运动，利用场景中的物体在多幅图像中形成的匹配点，直接得出相机内参数和某一相对坐标系统下的外参数的过程，可简单描述为已知多图像的 m，求解 K、R、$\tilde{T}$ 和 M（注：在有些情况下，如纯旋转运动，无法求 M）的过程。第 10 章为光束平差，其目的是使所有的世界坐标点在多幅图像上的重投影像点与实际投影的像点之间的误差平方和最小（即重投影误差最小化），以实现对相机矩阵（包括相机内参数和外参数）及世界坐标点的优化处理，它可实现对以上各章内容进行非线性优化处理。以上内容构成了现代摄影测量空间定位的基本理论与方法体系。

第 4 章　空间前方交会

在摄影测量中，空间前方交会（intersection）是指在已知相机矩阵（由相机内参数和外参数构成）并假设其没有误差的条件下，利用世界坐标点在 n（$n \geqslant 2$）幅图像上的匹配点来确定该世界坐标点在三维空间中位置的过程，即已知各图像的像点 m_i（如果包含镜头畸变，则需要事先将其消除）和相机矩阵 $P_i\ (i=1,2,\cdots,n)$，求世界坐标点 M 的过程。在计算机视觉中被称为三角定位（triangulation），“三角”即由两个相机的观测中心和被观测的世界坐标点所构成的三角形。

在空间前方交会的过程中，如果利用两幅图像来确定世界坐标点在三维空间中的位置，必须要求两个相机的观测中心和被观测的世界坐标点所构成的三角形的三个顶点不能共线或接近于共线。如果待确定的世界坐标点刚好位于两个相机观测中心的连线（基线）上，则会出现三点共线的情况，在这种情况下是无法进行定位的。此时，可以通过改变相机的观测位置和姿态，并通过多幅图像来实现所有世界坐标点的定位。

4.1　实现空间前方交会的基本思路和方法

思路 1：直接求解世界坐标点 M 和各图像的尺度系数 μ_i。

方法 1：假设某个被观测的世界坐标点 M 在 n 幅图像中出现，那么可通过以下方法得出其计算结果。根据 $\begin{cases} \mu_1 m_1 = K_1[R_1,\tilde{T}_1]M = P_1 M \\ \mu_2 m_2 = K_2[R_2,\tilde{T}_2]M = P_2 M \\ \cdots\cdots \\ \mu_n m_n = K_n[R_n,\tilde{T}_n]M = P_n M \end{cases}$，将其写为矩阵的形式：

$\underbrace{\begin{bmatrix} P_1 & m_1 & 0 & \cdots & 0 \\ P_2 & 0 & m_2 & \cdots & 0 \\ \vdots & \vdots & \vdots & & \vdots \\ P_n & 0 & 0 & \cdots & m_n \end{bmatrix}}_{3n\times(n+4)} \underbrace{\begin{bmatrix} M \\ -\mu_1 \\ -\mu_2 \\ \cdots \\ -\mu_n \end{bmatrix}}_{(n+4)\times 1} = Ax = \underset{3n\times 1}{\underbrace{0}}$。当 $3n \geqslant (n+4)$，即 $n \geqslant 2$ 时（利用两幅或者两幅以上的图像即可实现其求解），利用最小二乘法即可求出其解。具体求解过程如下：通过对矩阵 A 进行 SVD 分解，可得到最小奇异值对应的特征向量，其结果与待求的世界坐标点 M 的结果仅相差一个尺度系数。因为世界坐标点 M 的第

4 个元素为 1，所以据此可求出该系数，对 M 的第 4 个元素进行归一化处理，从而可直接得出世界坐标点 M 和各图像尺度系数的负值（即 $-\mu_i$ ）。

根据以上算法可以直接得出世界坐标点 M 的结果，然而以上计算结果只是在代数上实现了 $Ax=0$ 的优化，真正的优化目标应该是待求世界坐标点的重投影误差最小化（详见思路 4 的介绍）。此外，因为矩阵 A 是一个稀疏矩阵，矩阵 A 的大小会随图像数量的增加而急剧增大，所以其计算效率较低；而且，当其条件数较大时，采用该算法得到的结果会存在较大的误差。因为该算法存在以上问题，所以不建议采用该算法来实现世界坐标点的解算。

思路 2：先确定各图像的尺度系数 μ_i ，再得出世界坐标点 M 。

方法 2：对两幅图像来说，$M(\mu_i)=\mu_i P_i^{+} m_i + C_i\ (i=1,2)$ ，其中 P_i^{+} 为 P_i 的广义逆（因为矩阵 P_i 是一个 3×4 的矩阵，所以 $P_i^{+}=P_i^{\mathrm{T}}(P_i P_i^{\mathrm{T}})^{-1}$ ）。该约束条件可进一步转换为 $\mu_1 P_1^{+} m_1 + C_1 = \mu_2 P_2^{+} m_2 + C_2$ ，其中 $\tilde{C}_i=-R^{\mathrm{T}}\tilde{T}=-(H_i)^{-1}P_i(:,4)$ ，而 $H_i=K_i R_i=P_i(:,1:3)$ ，其中 $P_i(:,4)$ 表示矩阵 P_i 的第 4 列向量，$P_i(:,1:3)$ 表示由矩阵 P_i 的第 1 列~第 3 列组成的矩阵（下同）。上式中存在 3 个线性无关的方程，只需要求解两个未知数，因此可以直接通过最小二乘法得出尺度系数 μ_1 和 μ_2 。然后，根据 $M(\mu_1)=\mu_1 P_1^{+} m_1 + C_1$ 和 $M(\mu_2)=\mu_2 P_2^{+} m_2 + C_2$ ，得出世界坐标 $M(\mu_1)$ 和 $M(\mu_2)$ 的齐次坐标，但因为该结果与欧氏坐标相差一个常数，所以需要将列向量的第 4 个元素进行归一化处理，从而得到欧氏坐标系中的非齐次坐标 $\tilde{M}(\mu_1)$ 和 $\tilde{M}(\mu_2)$ 。理论上以上两个数值应该是相等的，但因为存在误差，所以通常它们并不严格相等，可以对以上两幅图像得到的结果求平均处理，即 $\tilde{M}=(\tilde{M}(\mu_1)+\tilde{M}(\mu_2))/2$ 。因为这两世界坐标点的平均值即为二者的中点，所以该算法在计算机视觉中被称为中点法。

此外，以上求解过程还可采用以下方法实现：首先将世界坐标点 M 转换为其非齐次形式 $\tilde{M}$ 。因为 $\mu_i m_i = K_i R_i(\tilde{M}-\tilde{C}_i)$ ，所以 $\tilde{M}(\mu_i)=\mu_i H_i^{-1} m_i + \tilde{C}_i\ (i=1,2,\cdots,n)$ ，其中 $H_i=K_i R_i=P_i(:,1:3)$ ，$\tilde{C}_i=-R^{\mathrm{T}}\tilde{T}=-H_i^{-1}P_i(:,4)$ 。然后，再利用最小二乘法求出各幅图像上的尺度系数 μ_i ；最后，根据确定的尺度系数，即可进一步求出 $\tilde{M}$ 。

以上算法优化的对象是尺度系数 μ_i ，而真正的优化目标应该是待求世界坐标点的重投影误差最小化。因此，其结果受世界坐标点在各图像中的尺度系数（深度）的影响较大。如果世界坐标点在各图像的尺度系数（深度）基本一致，那么采用这种方法得到的结果还可以接受，如果差异很大，则其精度会变低。例如，传统的摄影测量就是采用该算法的基本思想实现前方交会的（该法在摄影测量中被称作投影系数法）。对垂直摄影测量来说，通常世界坐标点在各图像中的尺度系数大致相等，所以其计算结果还可以接受，但对倾斜摄影测量来说，各图的尺度系数可能会存在较大差异，所以通常其计算结果的精度较低。

此外，以上算法只能适用于两幅图像的前方交会计算，当图像多于或者等于 3

幅时，可以采用两两组合（从 n 幅图像中选 2 幅的所有组合）的方法，根据每个组合得出世界坐标点 M 的计算结果，并求取各个组合的均值（或中值）作为最终的输出结果。但是，这样就会导致计算量较大，计算效率较低。

因为该算法存在以上问题，所以也不建议采用该算法来实现世界坐标点的解算。

思路 3：先消除尺度系数 μ_i，再求解世界坐标点。

方法 3.1：采用齐次矩阵 $Ax=0$ 的求解方法。

因为 $\mu m = PM$，即 $\mu\begin{bmatrix} x \\ y \\ 1 \end{bmatrix} = \begin{bmatrix} p_1 & p_2 & p_3 & p_4 \\ p_5 & p_6 & p_7 & p_8 \\ p_9 & p_{10} & p_{11} & p_{12} \end{bmatrix}\begin{bmatrix} X \\ Y \\ Z \\ 1 \end{bmatrix}$，其中 $\mu = p_{3R}M = p_9X + p_{10}Y + p_{11}Z + p_{12}$（$p_{3R}$ 为相机矩阵 P 的第 3 行向量），所以 $\begin{cases} x(p_9X + p_{10}Y + p_{11}Z + p_{12}) = p_1X + p_2Y + p_3Z + p_4 \\ y(p_9X + p_{10}Y + p_{11}Z + p_{12}) = p_5X + p_6Y + p_7Z + p_8 \end{cases}$，写为 $Ax=0$ 的形式：$\begin{cases} (xp_9 - p_1)X + (xp_{10} - p_2)Y + (xp_{11} - p_3)Z + (xp_{12} - p_4) = 0 \\ (yp_9 - p_5)X + (yp_{10} - p_6)Y + (yp_{11} - p_7)Z + (yp_{12} - p_8) = 0 \end{cases}$。

将以上公式写为矩阵的形式：$\begin{bmatrix} xp_9 - p_1 & xp_{10} - p_2 & xp_{11} - p_3 & xp_{12} - p_4 \\ yp_9 - p_5 & yp_{10} - p_6 & yp_{11} - p_7 & yp_{12} - p_8 \end{bmatrix}\begin{bmatrix} X \\ Y \\ Z \\ 1 \end{bmatrix} = 0$，即 $\left(\begin{bmatrix} x \\ y \end{bmatrix}[p_9, p_{10}, p_{11}, p_{12}] - \begin{bmatrix} p_1 & p_2 & p_3 & p_4 \\ p_5 & p_6 & p_7 & p_8 \end{bmatrix}\right)\begin{bmatrix} X \\ Y \\ Z \\ 1 \end{bmatrix} = 0$，可简写为 $\begin{bmatrix} xp_{3R} - p_{1R} \\ yp_{3R} - p_{2R} \end{bmatrix}M = AM = 0$（$p_{1R}$ 和 p_{2R} 为相机矩阵 P 的第 1 行和第 2 行向量）。因此，只要利用两幅或者两幅以上的图像即可实现其求解，而通过对矩阵 A 进行 SVD 分解，并对 M 的第 4 个元素进行归一化处理，即可得到最终的计算结果。

方法 3.2：采用非齐次矩阵 $Ax=b$ 的求解方法。

可将以上公式 $\begin{bmatrix} xp_9 - p_1 & xp_{10} - p_2 & xp_{11} - p_3 & xp_{12} - p_4 \\ yp_9 - p_5 & yp_{10} - p_6 & yp_{11} - p_7 & yp_{12} - p_8 \end{bmatrix}\begin{bmatrix} X \\ Y \\ Z \\ 1 \end{bmatrix} = 0$ 转化为 $Ax = b$ 的形式，即 $\left(\begin{bmatrix} x \\ y \end{bmatrix}[p_9, p_{10}, p_{11}] - \begin{bmatrix} p_1 & p_2 & p_3 \\ p_5 & p_6 & p_7 \end{bmatrix}\right)\begin{bmatrix} X \\ Y \\ Z \end{bmatrix} = \begin{bmatrix} p_4 \\ p_8 \end{bmatrix} - \begin{bmatrix} x \\ y \end{bmatrix}p_{12}$。该公式可通过

最小二乘法直接得出世界坐标点的非齐次坐标 $\tilde{M}=(X,Y,Z)^{\mathrm{T}}$。

对以上两种方法的比较如下。

（1）齐次矩阵的求解方法可以适应世界坐标点为无穷远点的情况，这是因为求解齐次矩阵 $AM=0$，可以直接得到 $\|M\|=1$ 的解，即使 $M=(X,Y,Z,T)^{\mathrm{T}}$ 的最后一个元素 $T=0$ 也是可以适应的，而非齐次矩阵的求解方法却无法适应无穷远点。需要注意的是：如果世界坐标点为无穷远点或者其深度相对于基线长度非常大，那么利用前方交会法确定的世界坐标点的空间位置具有很大的误差。这是因为：在这种情况下，基线长度与其深度之比将非常小，两个相机的观测中心和被观测的世界坐标点所构成的三角形是极不稳定的，这是一个病态求解问题，其解算结果会对误差非常敏感。因此，即使利用齐次矩阵的求解方法得出一个无穷远点的结果，也会有很大的误差。同理，如果基线长度与其深度之比非常大，两个相机的观测中心和被观测的世界坐标点所构成的三角形也是极不稳定的，也是一个病态求解问题，所以其结果也会有很大的误差。对以上两种情况，可以根据基线长度与其深度之比，分别设定较大的和较小的阈值，来警示那些不稳定的计算结果。

（2）齐次矩阵的求解方法不具有射影变换的不变性，这是因为：在射影变换矩阵 H 的作用下，世界坐标点 M 转换为 HM，而相机矩阵 P 则变为 PH^{-1}，$\mu m=(PH^{-1})(HM)=PM$，在射影变换矩阵 H 的作用下 $(AH^{-1})(HM)=A'M'=0$，所以优化目标 $A'M'=0$ 与 $AM=0$ 并不等价。同样，非齐次矩阵的求解方法对一般的射影变换矩阵 H 也不具有不变性。但是，虽然射影变换矩阵 H 是一个仿射变换，非齐次矩阵的求解方法却是仿射不变的，这是因为：对一个仿射变换矩阵 H 来说，根据 $HM=M'$，其中 $M=(X,Y,Z,1)^{\mathrm{T}}$，$M'=(X',Y',Z',1)^{\mathrm{T}}$，它们之间存在着一一对应的关系，而对应点的误差是相同的。

以上算法的计算效率非常高（整个计算过程只涉及线性运算，且矩阵的大小随着图像数量的增加仅为线性增长关系）。然而，这种算法优化的对象是世界坐标点 M，即当各个相机观测中心与世界坐标点在各图像中的匹配点的连线不严格相交时（理论上所有的匹配点的连线都应该是相交的），对待确定的世界坐标点的优化，也就是使待确定的世界坐标点与各图像确定的世界坐标点所在的直线（即相机中心与像点的连线）上的点的误差平方和最小。因为这种算法的优化目标不是待求世界坐标点的重投影误差最小化，所以其结果的精度仍然受到尺度系数（深度）的影响。但是，如果对各幅图像上的像点，按照某种约束（如光束平差和对极几何约束）进行了优化（如下面介绍的 Sampson 近似法，以及 Hartley 和 Sturm 提出的优化方法），从而消除了像点误差，那么以上算法就是准确的。

思路 4：采用光束平差法对重投影误差进行优化。

方法 4：一个世界坐标点在各图像的像点，与待确定的该世界坐标点的位置（即

对世界坐标点位置的优化结果）在各图像的重投影像点之间的误差平方和最小化（它的本质是几何误差最小化），简称为待求世界坐标点的重投影误差最小化，即 $\min\sum_{i=1}^{n}d(m_i-\hat{m}_i)^2=\min\sum_{i=1}^{n}\|m_i-\hat{m}_i\|_2^2\ (i=1,2,\cdots,n)$，其中 m_i 为世界坐标点的投影像点，$\hat{m}_i$ 为在前方交会得到的世界坐标点在各图像的重投影像点。该问题本质上是光束平差问题（详见第 10 章的介绍），只不过此处相机的内参数和外参数都是已知的，所以只需要根据误差平方和最小来确定待求的世界坐标点即可。此外，因为在所有存在匹配点的图像中，每幅图上只可能有一个点，所以求解过程不会涉及稀疏矩阵的运算。

这种算法得到的计算结果精度非常高，而且不受尺度系数（深度）的影响。然而，这是一个非线性优化问题，通常可采用高斯-牛顿法进行线性化后，通过迭代运算（其初始值可采用思路 3 获取）得到最终的解算结果，即 $f(p+\delta_p)\approx f(p)+J\delta_p$，其中 $J=\partial M/\partial p$，$\delta_p=(J^{\mathrm{T}}J)^{-1}(J^{\mathrm{T}}\varepsilon)$。由于雅可比矩阵 J 的公式非常复杂，在具体计算时可采用第 2 章中介绍的符号运算来实现。因为该算法需要进行迭代运算，所以其计算效率可能会降低。但是，实际测试表明，这种算法通常只需要 2~3 次迭代即可收敛到一个极小值，所以它还是非常高效的。

思路 5：光束平差和对极几何约束相结合来求解世界坐标点。

优化目标：根据两幅图像上的像点，在满足对极几何约束的条件下，使待求世界坐标点的重投影误差最小化，即 $\min[d(m_1,\hat{m}_1)^2+d(m_2,\hat{m}_2)^2]$，s.t. $\hat{m}_2^{\mathrm{T}}F\hat{m}_1=0$，其中，如果已知相机矩阵 P_1 和 P_2，就可以直接确定基本矩阵 F。由第 3 章中关于“基本矩阵 F 的代数推导”部分的介绍可知，$F=[e_2]_\times(P_2P_1^+)$ 或者 $F=(P_2P_1^+)^{-\mathrm{T}}[e_1]_\times$，其中 $e_2=P_2C_1$，$e_1=P_1C_2$，而 $\tilde{C}_i=-R^{\mathrm{T}}\tilde{\mathrm{T}}=-(H_i)^{-1}P_i(:,4)$，$H_i=K_iR_i=P_i(:,1:3)$ $(i=1,2)$。因此，在已知基本矩阵 F 的条件下，即可实现在对极几何约束条件下的对像点的优化问题。很明显，对像点的优化问题是一个非线性优化问题，可以采用以下两种方法来实现。

方法 5.1：采用 Sampson 近似法。

因为上式是一个带有限制条件的优化问题，所以可采用拉格朗日乘子法来实现其求解。具体求解时，可采用 Sampson 近似法来处理。具体描述如下。

根据第 3 章中关于“Sampson 距离”部分的介绍可知，令 $M=(x_1,y_1,x_2,y_2)^{\mathrm{T}}$，$\delta_M=-J^{\mathrm{T}}(JJ^{\mathrm{T}})^{-1}\varepsilon$，其中 $J=\dfrac{\partial C_F}{\partial M}=\left(\dfrac{\partial C_F}{\partial m_1},\dfrac{\partial C_F}{\partial m_2}\right)=\left(F^{\mathrm{T}}m_2,Fm_1\right)$，所以 $\hat{M}=M+\delta_M$，即 $\begin{bmatrix}\hat{x}_1\\\hat{y}_2\\\hat{x}_2\\\hat{y}_2\end{bmatrix}=\begin{bmatrix}x_1\\y_2\\x_2\\y_2\end{bmatrix}-\dfrac{m_2^{\mathrm{T}}Fm_1}{(Fm_1)_1^2+(Fm_1)_2^2+(F^{\mathrm{T}}m_2)_1^2+(F^{\mathrm{T}}m_2)_2^2}\begin{bmatrix}(F^{\mathrm{T}}m_2)_1\\(F^{\mathrm{T}}m_2)_2\\(Fm_1)_1\\(Fm_1)_2\end{bmatrix}$。如此经过若干次迭

代运算，即可得到这两幅图像上的经过优化的像点坐标。根据经过优化的像点坐标，采用思路 3 的方法即可解算出待求的世界坐标点的结果。

方法 5.2：Hartley 和 Sturm 提出的优化算法。

根据 Hartley 和 Sturm（1997）的描述，对两幅图像来说，$\min[d(m_1,\hat{m}_1)^2+d(m_2,\hat{m}_2)^2]$，s.t. $\hat{m}_2^{\mathrm{T}}F\hat{m}_1=0$，等价于像点到极线的距离最小化问题，即 $\min[d(m_1,\hat{l}_1)^2+d(m_2,\hat{l}_2)^2]$。这样，就可以实现在对极几何约束条件下，使待求世界坐标点的重投影误差最小化。必须先排除像点位于极点或者极点附近的位置，因为如果像点刚好位于极点处，将无法得到唯一的极线。对以上情况以外的一般点，都可采用以下优化方法来实现。具体描述如下。

（1）为了简化计算过程，需要对两幅图像上的图像坐标系 $o\text{-}xy$ 进行平移处理，使像点在新坐标系 $(o'\text{-}x'y')$ 中的坐标为其原点，即令 $T_1=\begin{bmatrix}1&0&-x_1\\0&1&-y_1\\0&0&1\end{bmatrix}$，$T_2=\begin{bmatrix}1&0&-x_2\\0&1&-y_2\\0&0&1\end{bmatrix}$，使得 $m_1'=T_1m_1=\begin{bmatrix}1&0&-x_1\\0&1&-y_1\\0&0&1\end{bmatrix}\begin{bmatrix}x_1\\y_1\\1\end{bmatrix}=\begin{bmatrix}0\\0\\1\end{bmatrix}$，$m_2'=T_2m_2=\begin{bmatrix}1&0&-x_2\\0&1&-y_2\\0&0&1\end{bmatrix}\begin{bmatrix}x_2\\y_2\\1\end{bmatrix}=\begin{bmatrix}0\\0\\1\end{bmatrix}$。

（2）因为 $m_2^{\mathrm{T}}Fm_1=0$ 等价于 $(T_2m_2)^{\mathrm{T}}(T_2^{-\mathrm{T}}FT_1^{-\mathrm{T}})(T_1m_1)=0$，所以在经过平移后的坐标系中的基本矩阵为 $F'=T_2^{-\mathrm{T}}FT_1^{-\mathrm{T}}$。

（3）根据基本矩阵 F'，利用 SVD 分解可以得出第 1 幅图像和第 2 幅图像上的核点 e_1' 和 e_2'，并对其进行归一化处理，即 $\hat{e}_1'=k_1(e_{1(1)}',e_{1(2)}',e_{1(3)}')^{\mathrm{T}}$，其中下标中的 $(i)(i=1,2,3)$ 为该向量的第 i 个元素，使得 $k_1^2[(e_{1(1)}')^2+(e_{1(2)}')^2]=1$，即 $k_1=1/\sqrt{(e_{1(1)}')^2+(e_{1(2)}')^2}$。同样，$\hat{e}_2'=k_2(e_{2(1)}',e_{2(2)}',e_{2(3)}')^{\mathrm{T}}$，$k_2^2[(e_{2(1)}')^2+(e_{2(2)}')^2]=1$，即 $k_2=1/\sqrt{(e_{2(1)}')^2+(e_{2(2)}')^2}$。

（4）构造对图像坐标系 $o'\text{-}x'y'$ 的旋转矩阵 $R_1=\begin{bmatrix}\hat{e}_{1(1)}'&\hat{e}_{1(2)}'&0\\-\hat{e}_{1(2)}'&\hat{e}_{1(1)}'&0\\0&0&1\end{bmatrix}$，$R_2=\begin{bmatrix}\hat{e}_{2(1)}'&\hat{e}_{2(2)}'&0\\-\hat{e}_{2(2)}'&\hat{e}_{2(1)}'&0\\0&0&1\end{bmatrix}$，从而得到在另一个新坐标系 $o''\text{-}x''y''$ 中的极点坐标 $e_1''=R_1\hat{e}_1'=$

$\begin{bmatrix} \hat{e}'_{1(1)} & \hat{e}'_{1(2)} & 0 \\ -\hat{e}'_{1(2)} & \hat{e}'_{1(1)} & 0 \\ 0 & 0 & 1 \end{bmatrix}\begin{bmatrix} \hat{e}'_{1(1)} \\ \hat{e}'_{1(2)} \\ \hat{e}'_{1(3)} \end{bmatrix} = \begin{bmatrix} 1 \\ 0 \\ f_1 \end{bmatrix}$，$e''_2 = R_2 e'_2 = \begin{bmatrix} \hat{e}'_{2(1)} & \hat{e}'_{2(2)} & 0 \\ -\hat{e}'_{2(2)} & \hat{e}'_{2(1)} & 0 \\ 0 & 0 & 1 \end{bmatrix}\begin{bmatrix} \hat{e}'_{2(1)} \\ \hat{e}'_{2(2)} \\ \hat{e}'_{2(3)} \end{bmatrix} = \begin{bmatrix} 1 \\ 0 \\ f_2 \end{bmatrix}$，其中 $f_1 = \hat{e}'_{1(3)}$，$f_2 = \hat{e}'_{2(3)}$。注：经过旋转后，$o'\text{-}x'y'$ 的原点在新坐标系 $o''\text{-}x''y''$ 中仍保持不变。

（5）因为 $(R_2T_2m_2)^{\mathrm{T}}[R_2(T_2^{-\mathrm{T}}FT_1^{-\mathrm{T}})R_1^{\mathrm{T}}](R_1T_1m_1) = 0$，所以在新坐标系 $o''\text{-}x''y''$ 中 $F'' = R_2F'R_1^{\mathrm{T}}$。因为 $F'' = [e''_2]_\times H = H^{-\mathrm{T}}[e''_1]_\times$，所以 $F''e''_1 = H^{-\mathrm{T}}([e''_1]_\times e''_1) = 0$，$(e''_2)^{\mathrm{T}}F'' = ((e''_2)^{\mathrm{T}}[e''_2]_\times)H = 0$。因此，$F''$ 有以下特殊形式：$F'' = \begin{bmatrix} f_1f_2d & -f_2c & -f_2d \\ -f_1b & a & b \\ -f_1d & c & d \end{bmatrix}$。

（6）假设在第 1 幅图像中，通过极点 e_1 和优化后的像点 $\hat{m}_1$ 的直线，即为优化后的极线 $\hat{l}_1$（而优化后的像点一定分布在该极线上），初始的像点 m_1（在新坐标系 $o''\text{-}x''y''$ 中的原点）到极线 $\hat{l}_1$ 的垂直距离（d_1）最小问题，等价于在新坐标系 $o''\text{-}x''y''$ 的 y'' 轴方向上像点 m_1（在新坐标系 $o''\text{-}x''y''$ 中的原点）到极线 $\hat{l}_1$ 与 y'' 的交点的距离（$d_{y''}$）最小问题，因为 $d_1 = d_{y''}\cos\alpha$，其中 α 为极线 $\hat{l}_1$ 与 l_1（即新坐标系 $o''\text{-}x''y''$ 的 x'' 轴）的夹角，二者只相差一个系数，而 $m''_1 = d_y = (0,t,1)^{\mathrm{T}}$（图 4.1）。所以，$l''_1 = m''_1 \times e''_1 = (0,t,1)^{\mathrm{T}} \times (1,0,f_1)^{\mathrm{T}} = (f_1t,1,-t)^{\mathrm{T}}$。那么，第 1 幅图像的像点（即在新坐标系中的原点）到极线 l''_1 的距离的平方为 $d(m''_1, l''_1(t))^2 = \dfrac{t^2}{1+f_1^2t^2}$。同理，在第 2 幅图像中，$l''_2 = Fm''_1 = F(0,t,1)^{\mathrm{T}} = (-f_2(ct+d), at+b, ct+d)^{\mathrm{T}}$，那么，第 2 幅图像的像点（即在新坐标系中的原点）到极线 l''_2 的距离的平方为 $d(m''_2, l''_2(t))^2 = \dfrac{(ct+d)^2}{(at+b)^2 + f_2^2(ct+d)^2}$。

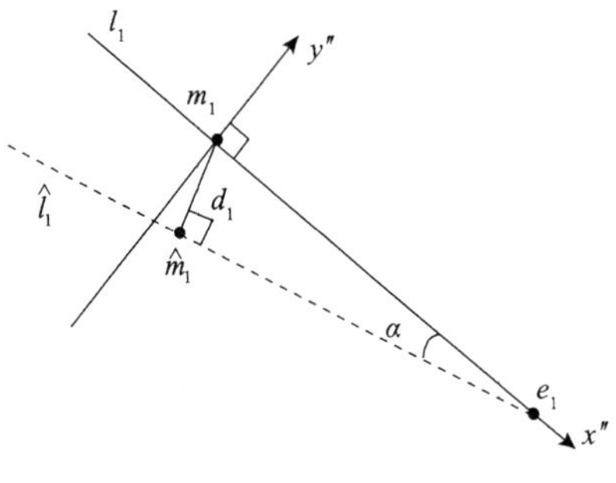

（a）第1幅图像

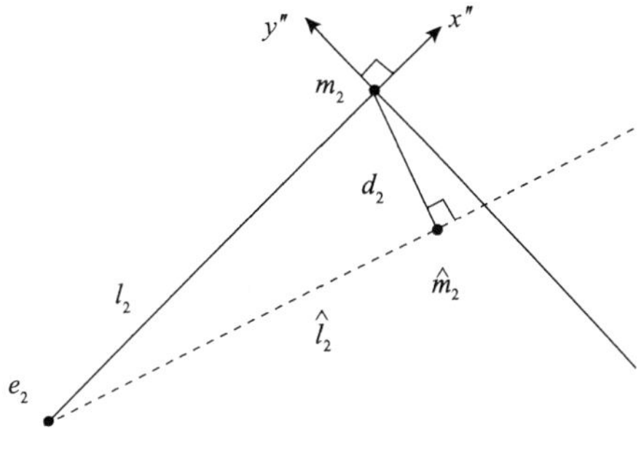

（b）第2幅图像

图 4.1　像点和优化后的像点之间的关系

（7）优化目标$\min[d(m_1'',l_1''(t))^2+d(m_2'',l_2''(t))^2]$，等价于求解$s(t)=\dfrac{t^2}{1+f_1^2t^2}+\dfrac{(ct+d)^2}{(at+b)^2+f_2^2(ct+d)^2}$的最小值。该式的最大值和最小值出现在其一阶导数为零处，即$s'(t)=\dfrac{2t}{(1+f_1^2t^2)^2}-\dfrac{2(ad-bc)(at+b)(ct+d)}{[(at+b)^2+f_2^2(ct+d)^2]^2}=0$。因此，只要经过通分，使其分子为零即可，即$g(t)=t[(at+b)^2+f_2^2(ct+d)^2]^2-(ad-bc)(1+f_1^2t^2)^2(at+b)(ct+d)=0$。很明显，上式是一个关于$t$的一元六次多项式（注：由于计算公式非常复杂，在具体计算时可采用第 2 章中介绍的符号运算来实现），可通过构造一个系数矩阵，并采用求其特征值的方法实现其求解。上式有 6 个解（包含复数解），因此可以先排除复数解，然后逐一计算t的每个实数解对应的$s(t)$。此外，还需要计算$t\to\infty$时的渐进值，即$\underset{t\to\infty}{s(t)}=1/f_1^2+c^2/(a^2+f_2^2c^2)$。最后，通过比较得出所有的$s(t)$值中的最小值，即可确定其对应的$t$。

（8）在计算出t后，即可得出l_1''和l_2''，从而可以确定极线l_1''和l_2''的点分别距离像点m_1''和m_2''（即两图像坐标系的原点）最近的点，即优化的结果$\hat{m}_1''$和$\hat{m}_2''$。注：对平面上的一般直线$(\lambda,\mu,\nu)^{\mathrm{T}}$，该直线上最接近原点的点，即为过原点的法线与该直线的交点，其坐标为$(-\lambda\nu,-\mu\nu,\lambda^2+\mu^2)^{\mathrm{T}}$。

（9）将新坐标系中的$\hat{m}_1''$和$\hat{m}_2''$的结果，还原为初始坐标系中的$\hat{m}_1$和$\hat{m}_2$的结果，即$\hat{m}_1=T_1^{-1}R_1^{\mathrm{T}}\hat{m}_1''$，$\hat{m}_2=T_2^{-1}R_2^{\mathrm{T}}\hat{m}_2''$。

（10）根据经过优化的像点坐标，采用思路 3 的方法即可得出待求世界坐标点的结果。

以上优化过程，是将在对极几何约束的条件下，使待求世界坐标点的重投影误差最小化问题，转换为像点到极线的距离最小化问题。尽管该算法的计算过程只涉及线性运算，而且不受尺度系数（深度）的影响，但是以上算法也存在一些缺点，主要包括：第一，以上计算过程非常复杂，导致计算效率较低；第二，因为高次方程的计算结果对误差较为敏感，所以其结果的精度会受到一定的影响；第三，以上算法只能适用于两幅图像的情况，所以对多幅图像可以采用n选 2 的计算方案，但当图像数量较多时，其计算量将是非常大的，所以其计算效率将会变得非常低。因此，在实际应用过程中以上算法是不太实用的。

综上所述，空间前方交会问题看似比较简单，但是要想得到最优解，实际上这个问题还是比较复杂的。空间前方交会需要解决的核心问题是：使待确定的世界坐标点的重投影误差最小化，或者在此基础上进一步考虑对极几何约束，其本质是一个非线性优化问题。对极几何约束只有针对两幅图像才成立，因此对 3 幅或者更多的图像无法应用该约束条件。

此外，空间前方交会的假设条件是相机矩阵没有误差，而实际上这是一个非常理想化的假设条件，因为相机矩阵自身或多或少地含有一定的误差。如果以上约束条件中带有对极几何约束，那么对 3 幅或者更多的图像来说，可采用 n 选 2 的计算方案来实现其优化，但是由于相机矩阵自身误差的存在，可能导致无法得到最终的优化结果。例如，对 3 幅图像而言，由图像 1 和图像 2 组合得到的优化结果，可能与图像 1 和图像 3 组合得到的关于图像 1 的优化结果总是不一致的。因此，通常情况下，只要满足待求世界坐标点的重投影误差最小化即可，这也是光束平差的基本思想，该约束考虑了世界坐标点在多幅图像上的重投影误差最小化问题。由 4.2 节关于“像点误差对世界坐标点定位精度的影响”可知，图像的数量越多，其得到的优化结果越可靠。

通过对以上介绍的各种算法优缺点的分析，可以得出以下结论：在空间前方交会的计算过程中，如果对计算结果的精度要求不是特别高，建议直接采用思路 3 的方法进行计算；如果对精度的要求较高，建议采用思路 4 的方法进行计算。以上推荐的两种算法都可以直接对多幅图像进行计算，而不需要采用 n 选 2 的计算方案，而且它们的计算效率都非常高。

4.2　像点误差对世界坐标点定位精度的影响

利用相机中心和像点可以唯一确定一条直线，该直线可表示为 $\tilde{M}(\mu)=\mu H^{-1}m+\tilde{C}$，其中 $H=KR$，$\tilde{C}=-R^{\mathrm{T}}\tilde{T}$。根据该公式，对一幅图像来说，因为相机矩阵 P 是确定的，所以尺度系数 μ（即世界坐标点的深度）越大，世界坐标点的定位误差就越大，即世界坐标在相机主轴方向上距离像平面越远，其定位误差就会越大。这就是想提高世界坐标点的定位精度，需要近距离拍摄的原因。

假设像点的误差在 x,y 方向上都满足正态分布，那么由相机中心和一定误差范围内（对正态分布来说，误差在 3σ 以内的置信度为 99.73%）的像点所确定的直线，在三维空间内将分布在一个圆锥内。这样一来，由多幅图像（至少两幅）联合起来所确定的世界坐标点，将在一定置信度条件下，一定分布在由各幅图像所确定的圆锥在三维空间范围内的交集内（图 4.2）。对多幅图像来说，如果各幅图像的相机内参数矩阵 K 是相同的，那么对误差的影响主要取决于相机的位姿参数，即相机观测中心 C 和旋转矩阵 R。

如果利用多幅图像进行世界坐标点的定位，得到的坐标为 $M=(X,Y,Z,1)^{\mathrm{T}}$，那么就可以根据已知的每幅图像的像点误差（如误差分布在 1 个像素范围内），来估计其对世界坐标点定位精度的影响。具体方法如下：对一幅图像来说，如果消除尺度系数 μ，其表达式可表示为 $\begin{cases}(xp_9-p_1)X+(xp_{10}-p_2)Y+(xp_{11}-p_3)Z+(xp_{12}-p_4)=0\\(yp_9-p_5)X+(yp_{10}-p_6)Y+(yp_{11}-p_7)Z+(yp_{12}-p_8)=0\end{cases}$。

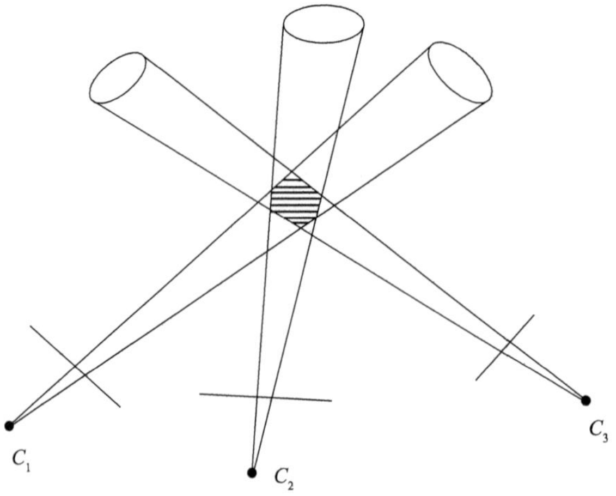

图 4.2　像点误差对世界坐标点定位精度的影响示意图

由此，可得出各个偏导数$\frac{\partial X}{\partial x}$、$\frac{\partial X}{\partial y}$、$\frac{\partial Y}{\partial x}$、$\frac{\partial Y}{\partial y}$、$\frac{\partial Z}{\partial x}$和$\frac{\partial Z}{\partial y}$。因此，世界坐标点的定位误差可表示为$\Delta X=\sqrt{\left(\frac{\partial X}{\partial x}\delta x\right)^2+\left(\frac{\partial X}{\partial y}\delta y\right)^2}$，$\Delta Y=\sqrt{\left(\frac{\partial Y}{\partial x}\delta x\right)^2+\left(\frac{\partial Y}{\partial y}\delta y\right)^2}$，$\Delta Z=\sqrt{\left(\frac{\partial Z}{\partial x}\delta x\right)^2+\left(\frac{\partial Z}{\partial y}\delta y\right)^2}$，其中$\delta x$和$\delta y$分别为在$x$轴和$y$轴方向上的像点误差。

假设所有图像的相机矩阵都没有误差，那么利用多幅图像联合起来进行世界坐标点的空间定位，会比只利用其中的两幅图像进行定位的精度更高，这是因为：从代数的角度来说，对多幅图像的观测数据采用最小二乘法进行平差计算，可以提高结果的解算精度；而从几何的角度分析，利用多幅图像进行定位时，其定位误差一定分布在由各幅图像所确定的圆锥在三维空间范围内的交集内，所以可以提高结果的解算精度。

第 5 章　空间后方交会

在摄影测量中，空间后方交会（resection）是指在相机内参数已知的条件下，利用一幅图像上的像点及其对应的已知世界坐标点（控制点），来解算相机位姿参数的过程，即已知一幅图像上的像点 m（如果包含镜头畸变，则需要事先将其消除）、相机内参数矩阵 K、世界坐标点 M，来解算相机旋转矩阵 R 和相机观测中心 C（或平移向量 $\tilde{T}$，其中 $\tilde{T}=-R\tilde{C}$）的过程。在计算机视觉中，该问题被称为 P*n*P（perspective-*n*-point）问题（根据采用的像点数的不同，采用的具体算法有 P4P 和 P*n*P 等）。如果只利用 3 个像点，那么 P3P 无法得到唯一的解算结果，详见下文的分析。注意：如果相机内参数矩阵 K（包含镜头畸变参数）是未知的，那么该问题是基于已知参照物的相机标定问题（详见第 8 章的介绍）。

因为 $\mu m = K[R,\tilde{T}]M$，而相机矩阵 K 是已知的，所以上式可写为 $\hat{\mu}(K^{-1}m)=\hat{\mu}\hat{m}=[R,\tilde{T}]M=\hat{P}M$，其中 $\hat{m}$ 为规范化的像点坐标，$\hat{P}$ 为规范化的相机矩阵，$\hat{P}=[R,\tilde{T}]$，$\hat{\mu}=\hat{p}_{3R}M$，$\hat{p}_{3R}$ 为 $\hat{P}$ 的第 3 行向量。空间后方交会的求解过程，实际上就相当于已知 $\hat{m}$ 和 M，求解矩阵 $\hat{P}$（由 R 和 $\tilde{T}$ 组成）的过程，而由 $\hat{P}$ 即可进一步求出 R 和 $\tilde{T}$。如果能够通过某种方法求出 $\hat{\mu}$，从而 $\hat{\mu}\hat{m}$ 是已知的，那么在其基础上进一步求解 R 和 $\tilde{T}$ 的过程，实际上是绝对定向的过程（详见第 6 章的介绍）。

需要注意的是：如果世界坐标点分布在一个过相机中心的平面上，那么该平面在图像上的投影将退化为一条直线（由第 3 章的介绍可知，此时平面单应矩阵 H 的秩为 2）；如果世界坐标点不但分布在一个过相机中心的平面上，而且分布在一个过相机中心的直线上（此时平面单应矩阵 H 的秩为 1），那么其投影将退化为一个点。在以上两种退化的情况下，是无法进行空间后方交会的。

在没有出现退化的情况下，可采用非线性算法和线性算法，来实现以上求解过程。对其具体描述如下。

5.1　非线性算法

非线性算法的基本原理是基于光束平差法，即使待求的相机矩阵的各个参数满足重投影误差最小化。因为相机矩阵 $\hat{P}$ 是由旋转矩阵 R 和平移向量 $\tilde{T}$ 组成的，其中 R 只与它在 X,Y,Z 方向的转角 ω,φ,κ 有关，而平移向量 $\tilde{T}$ 与相机中心坐标 X_s,Y_s,Z_s 有关，所以相机矩阵 $\hat{P}$ 只包含 6 个独立的参数。通常可采用高斯–牛顿法进行线性化后，通过迭代运算（其初始值可采用思路 3 获取）得到最终的解算结果，即 $f(p+\delta_p)\approx f(p)+J\delta_p$，其中 J 为待优化参数的雅可比矩阵（一阶导数），$J=\begin{bmatrix}\dfrac{\partial x}{\partial X_s},\dfrac{\partial x}{\partial Y_s},\dfrac{\partial x}{\partial Z_s},\dfrac{\partial x}{\partial \omega},\dfrac{\partial x}{\partial \varphi},\dfrac{\partial x}{\partial \kappa}\\ \dfrac{\partial y}{\partial X_s},\dfrac{\partial y}{\partial Y_s},\dfrac{\partial y}{\partial Z_s},\dfrac{\partial y}{\partial \omega},\dfrac{\partial y}{\partial \varphi},\dfrac{\partial y}{\partial \kappa}\end{bmatrix}$，$\delta_p=(J^{\mathrm T}J)^{-1}(J^{\mathrm T}\varepsilon)$。因为上式中有 6 个未知参数，而利用一个世界坐标点可以构建两组约束方程，所以利用 3 个或者更多的线性无关的控制点，即可实现未知参数的求解。由于雅可比矩阵 J 的公式非常复杂，在具体计算时可采用第 2 章中介绍的符号运算来实现。

以上非线性算法的求解过程并不复杂，而需要解决的关键问题是：如何确定相机中心的位置 X_s,Y_s,Z_s，以及转角 ω,φ,κ 的初始值。如果有 GNSS/IMU 外部设备得到的辅助信息，那么其初始值的判断较为简单；如果没有，那么其初始值可采用基于弱透视投影变换的近似处理来估计，或者采用 5.2 节中介绍的线性求解算法得到。

基于弱透视投影变换模型的近似处理：首先，将所有的世界坐标点（控制点）的尺度系数（深度）$\hat{\mu}$ 看作一个固定的常数。然后，根据从图像上选取的两个不重合的像点，可得 $\begin{cases}\hat{\mu}\hat{m}_1=[R,\tilde{T}]M_1\\ \hat{\mu}\hat{m}_2=[R,\tilde{T}]M_2\end{cases}$，即 $\hat{\mu}(\hat{m}_2-\hat{m}_1)=[R,\tilde{T}](M_2-M_1)$。令 $v=\hat{m}_2-\hat{m}_1$，$V=M_2-M_1$，其中 v 的第 3 个元素一定为 0，V 的第 4 个元素一定为 0，所以 $\hat{\mu}v=R\tilde{V}$，其中 $\tilde{V}$ 为 V 的前 3 个元素组成的列向量。因为 R 是一个单位正交矩阵，所以 $(R\tilde{V})^{\mathrm T}(R\tilde{V})=\tilde{V}^{\mathrm T}\tilde{V}=(\hat{\mu}v)^{\mathrm T}(\hat{\mu}v)$。因为 $\hat{\mu}>0$，所以 $\hat{\mu}=\sqrt{\dfrac{\tilde{V}^{\mathrm T}\tilde{V}}{v^{\mathrm T}v}}$（$\hat{\mu}$ 是一个标量）。最后，将 $\hat{\mu}=\sqrt{\dfrac{\tilde{V}^{\mathrm T}\tilde{V}}{v^{\mathrm T}v}}$ 代入 $\hat{\mu}v=R\tilde{V}$，得 $\left(\sqrt{\dfrac{\tilde{V}^{\mathrm T}\tilde{V}}{v^{\mathrm T}v}}\right)v=R\tilde{V}$。

因为旋转矩阵 R 只与转角 ω,φ,κ 有关，即它只有 3 个独立的未知数，所以从理论上讲，通过两个像点即可求出 R。然而，这仍然是一个非线性优化问题，而且其结果可能存在解不唯一的情况。但是，可以通过以下两种方法来实现 R 初始值的估计，并进一步估计出相机中心的位置 C，其求解过程仅涉及线性运算。具体描述如下。

方法 1：假设世界坐标都分布在一个平面上且与像平面平行。

可假设世界坐标都分布在一个平面上且与像平面平行（即令 $\omega=0$，$\varphi=0$），从而 $V_Z=0$，而在该前提下即可直接求出 κ，因为当 $\omega=0$，$\varphi=0$ 时，$R=\begin{bmatrix}\cos\kappa & \sin\kappa & 0\\ -\sin\kappa & \cos\kappa & 0\\ 0 & 0 & 1\end{bmatrix}$，根据 $\hat{\mu}\begin{bmatrix}v_{\hat{x}}\\ v_{\hat{y}}\\ 0\end{bmatrix}=R\tilde{V}=\begin{bmatrix}\cos\kappa & \sin\kappa & 0\\ -\sin\kappa & \cos\kappa & 0\\ 0 & 0 & 1\end{bmatrix}\begin{bmatrix}V_X\\ V_Y\\ 0\end{bmatrix}$，即 $\begin{bmatrix}\hat{\mu}v_{\hat{x}}\\ \hat{\mu}v_{\hat{y}}\end{bmatrix}=$

$\begin{bmatrix}\cos\kappa & \sin\kappa\\ -\sin\kappa & \cos\kappa\end{bmatrix}\begin{bmatrix}V_X\\ V_Y\end{bmatrix}$，可进一步转换为 $\begin{bmatrix}\hat{\mu}v_{\hat{x}}\\ \hat{\mu}v_{\hat{y}}\end{bmatrix}=\begin{bmatrix}\cos\kappa & \sin\kappa\\ -\sin\kappa & \cos\kappa\end{bmatrix}\begin{bmatrix}V_X\\ V_Y\end{bmatrix}=\begin{bmatrix}V_Y & V_X\\ -V_X & V_Y\end{bmatrix}$ $\begin{bmatrix}\sin\kappa\\ \cos\kappa\end{bmatrix}$，据此可直接求出 $\sin\kappa$ 和 $\cos\kappa$，从而得到 κ。将 $\omega=0$，$\varphi=0$，以及通过以上解算得到的 κ 作为初始值，即可得到旋转矩阵 R 的近似结果。结合前面求出的 $\hat{\mu}$，并根据 $\hat{\mu}\hat{m}=[R,\tilde{T}]M$ 即可求出 $\tilde{T}$ 的近似值，而 $\tilde{C}=-R^{\mathrm{T}}\tilde{T}$。最后，根据以上过程确定的 6 个参数的初始值，通过迭代运算即可得到精确的解算结果。

需要注意的是：以上求解的前提条件是假设世界坐标都在一个平面上且与像平面平行，而这种假设通常对地表起伏不大且垂直摄影测量来说还算合理，但对倾斜摄影测量来说却非常不合理。当相机的倾斜角度较大时，得到的初始值就会与其真实值之间存在着很大的偏差，可能会导致结果不收敛，或者得到一个错误的结果。因此，这种算法的适应能力太差，不建议采用该方法。

方法 2：通过增加新点以构建 3 组或更多的线性无关的 $\tilde{V}$ 向量。

根据方法 1 中的描述，从图像上选取两个不重合的像点即可构建一组关于旋转矩阵 R 的约束 $\begin{bmatrix}\hat{\mu}v_{\hat{x}}\\ \hat{\mu}v_{\hat{y}}\\ 0\end{bmatrix}=R\tilde{V}=\begin{bmatrix}r_{11} & r_{12} & r_{13}\\ r_{21} & r_{22} & r_{23}\\ r_{31} & r_{32} & r_{33}\end{bmatrix}\begin{bmatrix}V_X\\ V_Y\\ V_Z\end{bmatrix}$，即 $\begin{bmatrix}\hat{\mu}v_{\hat{x}}\\ \hat{\mu}v_{\hat{y}}\end{bmatrix}=\begin{bmatrix}r_{11} & r_{12} & r_{13}\\ r_{21} & r_{22} & r_{23}\end{bmatrix}\begin{bmatrix}V_X\\ V_Y\\ V_Z\end{bmatrix}$。因此，如果选取利用 3 个线性无关的点（即这 3 个点不能共线），即可构建三组（1-2、1-3、2-3 的组合）线性无关的约束，$\begin{bmatrix}\hat{\mu}_{1\text{-}2}v_{(1\text{-}2)\hat{x}}, \hat{\mu}_{1\text{-}3}v_{(1\text{-}3)\hat{x}}, \hat{\mu}_{2\text{-}3}v_{(2\text{-}3)\hat{x}}\\ \hat{\mu}_{1\text{-}2}v_{(1\text{-}2)\hat{y}}, \hat{\mu}_{1\text{-}3}v_{(1\text{-}3)\hat{y}}, \hat{\mu}_{2\text{-}3}v_{(2\text{-}3)\hat{y}}\end{bmatrix}=\begin{bmatrix}r_{11} & r_{12} & r_{13}\\ r_{21} & r_{22} & r_{23}\end{bmatrix}$ $\begin{bmatrix}V_{(1\text{-}2)X}, V_{(1\text{-}3)X}, V_{(2\text{-}3)X}\\ V_{(1\text{-}2)Y}, V_{(1\text{-}3)Y}, V_{(2\text{-}3)Y}\\ V_{(1\text{-}2)Z}, V_{(1\text{-}3)Z}, V_{(2\text{-}3)Z}\end{bmatrix}$。因此，可以直接得出旋转矩阵 R 前两行的结果。注意：如果像点数 n 多于 3 个，就可以构建更多的约束。当像点数 n 较小时，可以根据 n 选 2 的所有像点组合；当像点数 n 较大时，如果计算所有的 n 选 2 的组合会导致计算效率过低，则随机选取一定数量的不重复的两个像点的组合即可。然后，采用最小二乘法来实现旋转矩阵 R_0 前两行元素的解算。R_0 的第3行可根据前两行来求解，即 $r_{3\mathrm{R}}=\mathrm{cross}(r_{1\mathrm{R}},r_{2\mathrm{R}})$。之后，对 R_0 进行单位正交化处理（即需要满足 $RR^{\mathrm{T}}=I$。单位正交化的实现方法如下：先对 R_0 进行 SVD 分解，$[U,S,V]=\mathrm{svd}(R_0)$，然后令 $R=UV^{\mathrm{T}}$ 即为待求的结果），从而可以得到旋转矩阵 R 的最终结果。在得出旋转矩阵 R 以后，结合前面求出的 $\hat{\mu}$，并根据 $\hat{\mu}\hat{m}=[R,\tilde{T}]M$，即可求出 $\tilde{T}$ 的近似值，而 $\tilde{C}=-R^{\mathrm{T}}\tilde{T}$。最后，根据以上过程确定的 6 个参数的初始值，通过迭代运算即可得到精确的解算结果。

需要注意的是：初始值的估计对以上非线性算法的求解有着重要的影响。如果初始值的估计是合理的，那么利用非线性算法得到的结果的精度会非常高；而如果初始值估计的不合理，可能会导致迭代不收敛，或者得到一个错误的解算结果。当世界坐标点的深度差异不大时，采用基于弱透视投影变换的近似处理是合理的，但当世界坐标点的深度差异较大时，采用以上方法得到的初始值与真实值相比，可能会存在较大的偏差。大量的实际测试表明，以上算法的适应性是比较强的，但在一些极端情况（如世界坐标点接近于分布在一个过相机中心的平面上）下会出现问题。在不出现极端情况的条件下，以上算法是可以适应世界坐标点分布在一个平面上的情况的。

5.2　线性求解算法

1）DLT 算法

$\hat{\mu}\hat{m}=[R,\tilde{T}]M=\hat{P}M$，其中 $\hat{\mu}=\hat{p}_{3\mathrm{R}}M$，$\hat{p}_{3\mathrm{R}}$ 为 $\hat{P}$ 的第 3 行向量。将上式展开可得 $\hat{\mu}\begin{bmatrix}\hat{x}\\\hat{y}\\1\end{bmatrix}=\begin{bmatrix}\hat{p}_{11}&\hat{p}_{12}&\hat{p}_{13}&\hat{p}_{14}\\\hat{p}_{21}&\hat{p}_{22}&\hat{p}_{23}&\hat{p}_{24}\\\hat{p}_{31}&\hat{p}_{32}&\hat{p}_{33}&\hat{p}_{34}\end{bmatrix}\begin{bmatrix}X\\Y\\Z\\1\end{bmatrix}$，其中 $\hat{\mu}=\hat{p}_{31}X+\hat{p}_{32}Y+\hat{p}_{33}Z+\hat{p}_{34}>0$，所以

$\begin{cases}\hat{x}(\hat{p}_{31}X+\hat{p}_{32}Y+\hat{p}_{33}Z+\hat{p}_{34})=\hat{p}_{11}X+\hat{p}_{12}Y+\hat{p}_{13}Z+\hat{p}_{14}\\\hat{y}(\hat{p}_{31}X+\hat{p}_{32}Y+\hat{p}_{33}Z+\hat{p}_{34})=\hat{p}_{21}X+\hat{p}_{22}Y+\hat{p}_{23}Z+\hat{p}_{24}\end{cases}$，即

$\begin{cases}X\hat{p}_{11}+Y\hat{p}_{12}+Z\hat{p}_{13}+\hat{p}_{14}+0+0+0+0-\hat{x}X\hat{p}_{31}-\hat{x}Y\hat{p}_{32}-\hat{x}Z\hat{p}_{33}-\hat{x}\hat{p}_{34}=0\\0+0+0+0+X\hat{p}_{21}+Y\hat{p}_{22}+Z\hat{p}_{23}+\hat{p}_{24}-\hat{y}X\hat{p}_{31}-\hat{y}Y\hat{p}_{32}-\hat{y}Z\hat{p}_{33}-\hat{y}\hat{p}_{34}=0\end{cases}$。以上公式即为 DLT 算法的数学表达式。因此，只要利用 6 个或者更多的世界坐标点（必须要求它们不共面），即可在相差一个尺度系数的条件下，利用 SVD 分解直接得到 $\hat{P}$ 的 12 个元素的最小二乘解。需要注意的是：在具体的计算过程中，非常有必要对像点和世界坐标点进行归一化处理，以提高其结果的解算精度，其原因和具体处理方法在第 3 章中有详细的介绍。

因为旋转矩阵 R 是一个单位正交矩阵，所以可对 $\hat{P}$ 的前 3 列组成的方阵 R_0 进行单位正交化处理，即 $[U,S,V]=\mathrm{svd}(R_0)$，从而 $R=UV^{\mathrm{T}}$。此外，其结果可能会相差一个正负号，还需要根据 $\det(R)=1$ 的要求来进行判断。

以上求解过程只涉及线性运算，所以其计算过程比较简单，而且其另一个优点在于它不需要估计待求参数的初始值。因为 $\hat{P}$ 有 12 个元素，但实际上它只有 6 个独立的未知参数（即相机中心的位置 X_s,Y_s,Z_s 和转角 ω,φ,κ），在 DLT 的计算过程中，将其看作由 11 个独立的未知参数（相差一个整体的尺度系数）组成。很

明显，待求的 11 个未知参数并不是独立的，而是非线性相关的，所以这会对解算结果的精度产生一定的影响。但是，可以将由该算法得到计算结果作为初始值，采用上面介绍的非线性方法，来进一步优化其计算结果。然而，该算法存在一个非常大的缺点，即世界坐标点不能分布（或接近分布）在一个平面上，否则就会出现平面退化问题，导致无法利用一幅图像实现相机位姿的求解（注意：如果世界坐标点完全分布在一个平面上，可以利用多幅图像实现相机位姿的求解，具体方法请参阅第 8 章“基于二维标定场的相机标定”的描述）。

2）Quan 和 Lan 提出的算法

该算法是采用几何方法实现的，基本思想是：对任意两个世界坐标点 M_i 和 M_j，可得到它们到相机中心 C 的欧氏距离为 $x_i = \|M_i - C\|_2$，$x_j = \|M_j - C\|_2$，如图 5.1 所示。

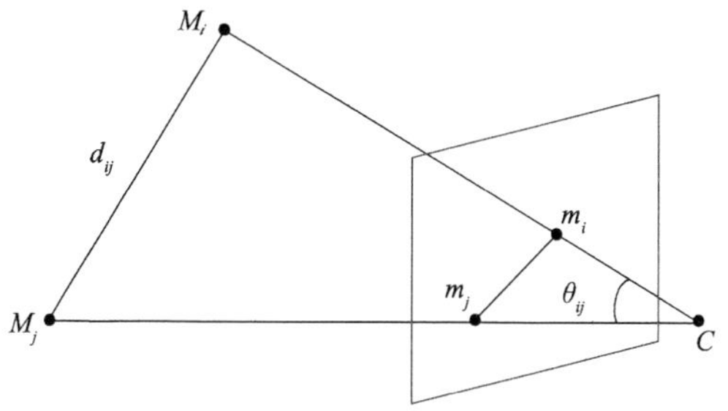

图 5.1　世界坐标点、像点和相机中心的关系示意图

由射影变换原理可知，这两个世界坐标点 M_i、M_j 与相机中心 C 所形成的夹角（$\angle M_iCM_j$）的余弦值可表示为

$$\cos\theta_{ij} = \frac{(\mu_i R^{\mathrm{T}} K^{-1} m_i)^{\mathrm{T}} (\mu_j R^{\mathrm{T}} K^{-1} m_j)}{\sqrt{(\mu_i R^{\mathrm{T}} K^{-1} m_i)^{\mathrm{T}} (\mu_i R^{\mathrm{T}} K^{-1} m_i)}\sqrt{(\mu_j R^{\mathrm{T}} K^{-1} m_j)^{\mathrm{T}} (\mu_j R^{\mathrm{T}} K^{-1} m_j)}} = \frac{m_i^{\mathrm{T}} \omega m_j}{\sqrt{m_i^{\mathrm{T}} \omega m_i}\sqrt{m_j^{\mathrm{T}} \omega m_j}}$$

其中 $\omega = K^{-\mathrm{T}} K^{-1}$。由这两个世界坐标点与相机中心 C 所形成的三角形可知，以上数值之间存在以下约束：$f_{ij}(x_i, x_j) = x_i^2 + x_j^2 - 2x_i x_j \cos\theta_{ij} - d_{ij}^2 = 0$。因此，根据 n 个世界坐标点，可以构建 $n(n-1)/2$ 个两点之间的约束。例如，当选取 3 个点时，即可构建以下约束：

$$\begin{cases} f_{12}(x_1, x_2) = x_1^2 + x_2^2 - 2x_1 x_2 \cos\theta_{12} - d_{12}^2 = 0 \\ f_{13}(x_1, x_3) = x_1^2 + x_3^2 - 2x_1 x_3 \cos\theta_{13} - d_{13}^2 = 0 \\ f_{23}(x_2, x_3) = x_2^2 + x_3^2 - 2x_2 x_3 \cos\theta_{23} - d_{23}^2 = 0 \end{cases}$$

。注：实际上还可以按照下面介绍的 Ansar 和 Daniilidis 提出的算法，直接构建关于尺度系数 μ_i 的约束，从而可以直接计算出 μ_i，而不需要先计算出 x_i 再计算出 μ_i。

为了根据以上约束实现未知数的求解，可利用 Sylvester 结式理论（目的是构建具有公共解的方程，详见第 2 章“现代摄影测量的数学基础”部分的描述），根据 f_{13} 和 f_{23} 的约束对 x_3 进行消元处理，从而构建只包含 x_1 和 x_2 的多项式 $h_{12}(x_1,x_2)$，再根据 f_{12} 和 h_{12} 的约束对 x_2 进行消元处理，可得到一个只包含 x_1 的一元八次多项式。因为以上结果中只包含 x_1^8、x_1^6、x_1^4、x_1^2 和 1，所以实际上相当于求解一个一元四次多项式，即 $g(x)=a_1x^4+a_2x^3+a_3x^2+a_4x+a_5=0$，其中 $x=x_1^2$，可通过构造一个系数矩阵，并采用求其特征值的方法实现其求解。根据 x_i 的物理意义（即它表示第 i 个世界坐标点与观测中心 C 的欧氏距离）可知 $x_i>0$，所以其中的复数解和负值解都可以被排除，而它最多可能包含 4 个正实数解。

为了得出其唯一解，需要增加一个新的点，并重新构建其约束条件。为了充分利用新增加的冗余点提供的信息，尽可能地提高结果的稳定性，具体的求解方法如下：对 n 个点来说，存在 $n(n-1)/2$ 个两点间的 f_{ij} 约束（对 4 个点来说，可以构建 6 个两点间的 f_{ij} 约束）。此外，如果将点 1 看作基准点，则可构建 $(n-1)(n-2)/2$ 个包含点 1 的关于 $g(x)$ 的约束（当 $n=4$ 时，可构建 3 个包含点 1 的 $g(x)$ 约束，即 1-2-3、1-2-4、1-3-4 的组合）：

$$\begin{cases} g_{123}(x)=a_{1,1}x^4+a_{1,2}x^3+a_{1,3}x^2+a_{1,4}x+a_{1,5}=0 \\ g_{124}(x)=a_{2,1}x^4+a_{2,2}x^3+a_{2,3}x^2+a_{2,4}x+a_{2,5}=0 \\ g_{134}(x)=a_{3,1}x^4+a_{3,2}x^3+a_{3,3}x^2+a_{3,4}x+a_{3,5}=0 \end{cases}$$

，该公式可以写为 $\underbrace{A}_{\frac{(n-1)(n-2)}{2}\times 5}\underbrace{X}_{5\times 1}=0$，其中 $X=(x^4,x^3,x^2,x,1)^{\mathrm{T}}$ [注：4 个点是确定唯一解的最低要求，还可以增加更多的点，从而构建更多的包含点 1 的 $g(x)$ 约束。此外，根据 Hu 和 Wu（2002）论文的描述，在第 4 个点恰好位于特定位置的极端情况下，可能仍然存在多解的情况，但通常采用 RANSAC 方法避免这种情况的发生]。

很明显，上式中的 X 有 5 个元素，在相差一个尺度系数的条件下，X 有 4 个独立的未知数，而它只有 3 个约束方程，所以无法直接得到各个未知数，但可以得到其解集的右零空间。因为如果选取的 4 个点是线性无关的，那么矩阵 A 的秩为 3，其核空间的维数为 2。通过对矩阵 A 进行 SVD 分解得 $[U,S,V]=\mathrm{svd}(A)$，从而可以直接求出其右零空间，而 X 的通解可表示为 $X=\lambda_1V_4+\lambda_2V_5$，其中 V_4 和 V_5 是矩阵 V 的第 4 和第 5 列向量。

对选取的 4 个点来说，为了进一步求出系数 λ_1 和 λ_2，根据 X 的各个元素之间的关系，可以构建以下 7 个约束：$X_1X_3=X_2X_2$，$X_1X_4=X_2X_3$，$X_1X_5=X_2X_4$，$X_1X_5=X_3X_3$，$X_2X_4=X_3X_3$，$X_2X_5=X_3X_4$，$X_3X_5=X_4X_4$（注：实际上还可增加一个约束，即 $X_5=1$）。对其进行整理，可以将其写为 $b_1\lambda_1^2+b_2\lambda_1\lambda_2+b_3\lambda_2^2=0$ 的形式，所以可直接求出 λ_1 和 λ_2。然后，可求出 $x=X_1/X_2=X_2/X_3=X_3/X_4=X_4/X_5$（或将各个结果的均值作为最终的输出结果），进而求出 x_1（即 $x_1=\sqrt{x}$），

再进一步求出 x_2、x_3 和 x_4。此外，当 $n \geqslant 5$ 时，可产生更多的约束（有 $(n-1)(n-2)/2$ 个），所以可直接通过线性方法求出 X。

最后，求出相机中心 C 和旋转矩阵 R。其具体的求解过程如下：因为 $x_i = \|\tilde{M}_i - C\| = \|\mu_i(R^{\mathrm{T}}K^{-1}m_i)\| = \mu_i\|K^{-1}m_i\|$，所以据此可直接求出尺度系数 μ_i（注：如果按照下面介绍的 Ansar 和 Daniilidis 提出的算法，直接构建关于尺度系数 μ_i 的约束，那么就可以直接得到 μ_i 的结果，不需要经过以上步骤的计算）；然后，根据 $\mu_i K^{-1}m_i = R(\tilde{M}_i - \tilde{C})$，即可求出 C 和 R，以上计算实际上是绝对定向问题（详见第 6 章的介绍）。

随着世界坐标点数 n 的增大，其计算量也会急剧增大（呈幂指数增长，$O(n^5)$），所以这种方法的计算效率较低。在实际应用过程中，当存在 $n \geqslant 4$ 个世界坐标点时，可以随机抽样的方法任意选取 4 个点，然后采用 RANSAC 方法进行计算，并计算每组结果的均值（或中值），作为最终的计算结果。

3）Ansar 和 Daniilidis 提出的算法

该算法也是采用几何方法实现的，其基本思想是：对任意两个世界坐标点 M_i 和 M_j，假设其尺度系数（深度）分别为 μ_i 和 μ_j，因此 $\mu_i K^{-1}m_i = \mu_i\hat{m}_i = R(\tilde{M}_i - C)$，$\mu_j K^{-1}m_j = \mu_j\hat{m}_j = R(\tilde{M}_j - C)$。因为坐标系的平移和旋转变换不会改变点与点之间的距离（保距性），所以这两点间存在以下约束：$d_{ij}^2 = \|\mu_i\hat{m}_i - \mu_j\hat{m}_j\| = (\mu_i\hat{m}_i - \mu_j\hat{m}_j)^{\mathrm{T}}(\mu_i\hat{m}_i - \mu_j\hat{m}_j)$，即 $f_{ij}(\mu_i,\mu_j) = \hat{m}_i^{\mathrm{T}}\hat{m}_i\mu_i^2 + \hat{m}_j^{\mathrm{T}}\hat{m}_j\mu_j^2 - 2\hat{m}_i^{\mathrm{T}}\hat{m}_j\mu_i\mu_j - d_{ij}^2 = 0$，其中 $\hat{m}_i$ 和 $\hat{m}_j$ 是经过规范化处理后的图像坐标。

首先，根据 n 个世界坐标点，可以构建 $[n(n-1)/2]$ 个两点之间的约束（下面以 3 个点为例来说明）：

$$\begin{cases} f_{12}(\mu_1,\mu_2) = \hat{m}_1^{\mathrm{T}}\hat{m}_1\mu_1^2 + \hat{m}_2^{\mathrm{T}}\hat{m}_2\mu_2^2 - 2\hat{m}_1^{\mathrm{T}}\hat{m}_2\mu_1\mu_2 - d_{12}^2 = 0 \\ f_{13}(\mu_1,\mu_3) = \hat{m}_1^{\mathrm{T}}\hat{m}_1\mu_1^2 + \hat{m}_3^{\mathrm{T}}\hat{m}_3\mu_3^2 - 2\hat{m}_1^{\mathrm{T}}\hat{m}_3\mu_1\mu_3 - d_{13}^2 = 0 \\ f_{23}(\mu_2,\mu_3) = \hat{m}_2^{\mathrm{T}}\hat{m}_2\mu_2^2 + \hat{m}_3^{\mathrm{T}}\hat{m}_3\mu_3^2 - 2\hat{m}_2^{\mathrm{T}}\hat{m}_3\mu_2\mu_3 - d_{23}^2 = 0 \end{cases}$$

。在以上构建的 $[n(n-1)/2]$ 个方程中，共包含了 $n(n+1)/2$ 个 $\mu_{ij}(1 \leqslant i \leqslant j \leqslant n)$（其中 $\mu_{ij} = \mu_i\mu_j$）未知数（当 $n=3$ 时，有 6 个未知数）。因此，可将以上公式写为 $Mx=0$ 的形式，其中矩阵 M 的大小为 $n(n-1)/2$ 行，$(n(n+1)/2+1)$ 列，其中 $x = (\mu_{11}, \mu_{12}, \cdots, \mu_{nn}, 1)^{\mathrm{T}}$。很明显，矩阵 M 具有稀疏结构。利用 SVD 分解可求出 M 的右零空间（其维数为 $n(n+1)/2+1-n(n-1)/2 = n+1$），从而可以进一步得出 x 的通解 $x = \lambda_1 V_1 + \cdots + \lambda_{n+1}V_{n+1}$。

其次，需要得出 x 的通解中的各个系数。因为 $\mu_{ij}\mu_{kl} = \mu_{ik}\mu_{jl} = \mu_{il}\mu_{jk}$，所以可利用重线性化方法，进一步得出各个核向量的系数 $\lambda_1, \lambda_2, \cdots, \lambda_{n+1}$。在重线性化过程中，共生成了 $[(n+1)(n+2)/2]$ 个未知数，只要构建的约束条件个数大于或等于未知数的个数，即可实现未知数的求解。在 Ansar 和 Daniilidis 的论文原文中介绍的算法只利用了 $(n+1)(n+2)(n+3)/6$ 个（注：原文中给出的约束条件个数为 $n^2(n-1)/2$，该结果应该是错误的）约束进行求解，即只利用了 $\mu_{ii}\mu_{jk}=\mu_{ik}\mu_{ik}(i<j\leqslant n+1)$ 约束，而实际的约束要更多一些。

再次，根据 x 的计算结果，以及 $\mu_{ii}=\mu_i^2$，$\mu_i>0$，可以求出所有点的尺度系数 μ_i。

最后，在得出所有点的尺度系数 μ_i 的基础上，根据绝对定向原理，即可进一步求出相机中心 C 和旋转矩阵 R。

需要注意的是：原文是采用从 n 个点中选两个点的组合的方法进行处理的，但当 n 较大时，计算过程中产生的变量会非常多，计算量变得非常大。随着世界坐标点数 n 的增大，计算量也会急剧增大（呈幂指数增长，$O(n^8)$），所以这种方法的计算效率较低，甚至比 Quan 和 Lan 提出的算法更低。因此，在实际应用过程中，最好从 4 个点中选两个点的组合，采用 RANSAC 方法计算，并计算每组结果的均值（或中值），作为最终的解算结果。

4）Li 等提出的 RPnP 算法

该算法的基本思想与 Quan 和 Lan 算法类似。首先，从 n（$n\geqslant 4$）个世界坐标点中选取像点与像点距离最长的两个点作为基准点（因为投影距离较长的点受像点误差的影响较小）；然后，在除以上两个基准点以外的$(n-2)$个世界坐标点中再选取一个点，与前面的两个基准点，共同构建$(n-2)$组 3 个点的 f_{ij} 约束，并根据 Sylvester 结式构建$(n-2)$组 $g(x)=a_1x^4+a_2x^3+a_3x^2+a_4x+a_5=0$ 的约束（注：实际上还可以按照上面介绍的 Ansar 和 Daniilidis 提出的算法，直接构建关于尺度系数 μ 的约束）。因为一元四次方程 $g(x)$ 最多有 4 个正实数解，所以通过构建代价函数 $F=\sum_{i=1}^{n-2}g_i^2(x)$（也就是各项的误差平方和，当 $n\geqslant 4$ 时，该代价函数才有意义）来实现未知数的求解。为了充分利用冗余点提供的信息，可通过求 F 的一阶导数 $F'=\sum_{i=1}^{n-2}g_i(x)g_i'(x)=0$ 求出 x 的解（最多有 7 个正实数解，因为求和的过程实际上相当于进行了平差处理，所以求解过程已经充分利用了冗余点提供的信息），在排除包含的复数解和负数解后，将各个正实数解代入代价函数 F 进行验证，以误差平方和最小的结果作为 x 的最终结果，从而可以求出 x_i 的结果，进而求出各点的尺度系数 μ_i。最后，根据绝对定向原理，即可进一步求出相机中心 C 和旋转矩阵 R。

需要注意的是：由于存在像点定位误差，以上算法选择投影距离最长的两个点作为基准点，对提高结果的计算精度起着很大的作用。但是，如果选择的两个基准点本身存在较大的误差（如像点定位误差较大或者其对应的世界坐标点定位不准确），那么计算结果仍然是不可靠的。因此，采用 RANSAC 方法计算，对提高结果的稳健性具有重要意义。

5）Zheng 等提出的 OPnP 算法

根据 $\mu_i\hat{m}_i = R\tilde{M}_i + T$，其中 R 是采用非归一化的四元数表示的，$R=\frac{1}{s}\begin{bmatrix} q_0^2+q_x^2-q_y^2-q_z^2 & 2q_xq_y-2q_0q_z & 2q_0q_y+2q_xq_z \\ 2q_0q_z+2q_xq_y & q_0^2-q_x^2+q_y^2-q_z^2 & 2q_yq_z-2q_0q_x \\ 2q_xq_z-2q_0q_y & 2q_0q_x+2q_yq_z & q_0^2-q_x^2-q_y^2+q_z^2 \end{bmatrix}$，其中 $s=q_0^2+q_x^2+q_y^2+q_z^2$。满足 $RR^{\mathrm{T}}=I$，$\det(R)=1$ 的要求。因为 s 是任意一个大于 0 的常数，所以可令 $s=\frac{1}{\frac{1}{n}\sum_{i=1}^{n}\mu_i}=\frac{1}{\bar{\mu}}$。$\mu_i\hat{m}_i = R\tilde{M}_i + T$ 的两边乘以 $1/\bar{\mu}$，可得 $\hat{\mu}_i\hat{m}_i = R\tilde{M}_i+\hat{T}$，其中 $\hat{\mu}_i=\mu_i/\bar{\mu}$，$\hat{T}=T/\bar{\mu}$。根据以上定义可知：$\sum_{i=1}^{n}\hat{\mu}_i = n$；$\hat{\mu}_i = r_{3\mathrm{R}}\tilde{M}_i+\hat{T}_3$，其中 $r_{3\mathrm{R}}$ 为 R 的第 3 行向量。对以上公式两边从点 1 到点 n 进行求和，可以得出 $\hat{T}_3 = 1-r_{3\mathrm{R}}\left(\frac{1}{n}\sum_{i=1}^{n}\tilde{M}_i\right)=1-r_{3\mathrm{R}}\bar{M}$，其中 $\bar{M}$ 为所有世界坐标点的质心。

根据以上推导可知：$\hat{\mu}_i = r_{3\mathrm{R}}\tilde{M}_i+\hat{T}_3 = r_{3\mathrm{R}}\tilde{M}_i+1-r_{3\mathrm{R}}\bar{M}=1+r_{3\mathrm{R}}(\tilde{M}_i-\bar{M})=1+r_{3\mathrm{R}}\widehat{M}_i$，其中，$\widehat{M}_i$ 为以质心 $\bar{M}$ 为原点的世界坐标。因此，根据 $(1+r_{3\mathrm{R}}\widehat{M}_i)\hat{m}_i = R\tilde{M}_i+\hat{T}$，从而优化的目标函数为 $\min\limits_{q_0,q_x,q_y,q_z,\hat{T}_1,\hat{T}_2}\left\{\sum_{i=1}^{n}\left[(1+r_{3\mathrm{R}}\widehat{M}_i)\hat{x}_i-(r_{1\mathrm{R}}\tilde{M}_i+\hat{T}_1)^2\right]+\sum_{i=1}^{n}\left[(1+r_{3\mathrm{R}}\widehat{M}_i)\hat{y}_i-(r_{2\mathrm{R}}\tilde{M}_i+\hat{T}_2)\right]^2\right\}$，其中 $r_{1\mathrm{R}}$ 和 $r_{2\mathrm{R}}$ 分别为 R 的第 1 行和第 2 行向量。

此外，$\begin{cases}\hat{T}_1=\bar{x}+r_{3\mathrm{R}}(\frac{1}{n}\sum_{i=1}^{n}\hat{x}_i\widehat{M}_i)-r_{1\mathrm{R}}\bar{M} \\ \hat{T}_2=\bar{y}+r_{3\mathrm{R}}(\frac{1}{n}\sum_{i=1}^{n}\hat{y}_i\widehat{M}_i)-r_{2\mathrm{R}}\bar{M}\end{cases}$，其中 $\bar{x}$ 和 $\bar{y}$ 为规范化后的图像坐标的质心。将其代入以上优化目标函数，可将其转化为只包含 q_0,q_x,q_y,q_z 的表达式，其形式如下：$\min\limits_{q_0,q_x,q_y,q_z} f(q_0,q_x,q_y,q_z)=\|A\alpha\|_2^2=\alpha^{\mathrm{T}}A^{\mathrm{T}}A\alpha$，其中 A 为 $2n\times 11$ 的矩阵，$\alpha=(1,q_0^2,q_0q_x,q_0q_y,q_0q_z,q_x^2,q_xq_y,q_xq_z,q_y^2,q_yq_z,q_z^2)^{\mathrm{T}}$。通过对以上结果求 q_0,q_x,q_y,q_z 的一阶偏导数（其最小值一定是偏导数为零的解），可以得到 4 个包含 q_0,q_x,q_y,q_z 的三次多项式。其具体求解可采用 Gröbner 基算法或者二重对称（two-fold symmetry）Gröbner

基算法来实现。当 $n \geqslant 6$ 时，可以直接进行求解；当 $n=4$ 或 $n=5$ 时，需要将多个解逐个代入原函数，从而得出其最终结果；当 $n=3$ 时，无法直接确定其最终结果（但可根据相机运动的连续性来确定）。在得到旋转矩阵 R 以后，根据 $\hat{T}_1=\bar{x}+r_{3R}(\frac{1}{n}\sum_{i=1}^{n}\hat{x}_i\hat{M}_i)-r_{1R}\bar{M}$，$\hat{T}_2=\bar{y}+r_{3R}(\frac{1}{n}\sum_{i=1}^{n}\hat{y}_i\hat{M}_i)-r_{2R}\bar{M}$，$\hat{T}_3=1-r_{3R}\left(\frac{1}{n}\sum_{i=1}^{n}\tilde{M}_i\right)=1-r_{3R}\bar{M}$ 可进一步求出平移向量 $\hat{T}$，而 $T=\bar{\mu}\hat{T}$，所以相机中心 $\tilde{C}=-R^{\mathrm{T}}T=-\bar{\mu}R^{\mathrm{T}}\hat{T}$。

6）Lepetit 等提出的 EPnP 算法

如果输入一组不共面的三维坐标点，在原世界坐标系中选择 4 个不共面（线性无关）的虚拟控制点，作为新世界坐标的基 B^{w}，这 4 个控制点在原世界坐标系的齐次坐标分别为 $\{C_j^{\mathrm{w}}, j=1,2,3,4\}$，$B^{\mathrm{w}}=(C_1^{\mathrm{w}},C_2^{\mathrm{w}},C_3^{\mathrm{w}},C_4^{\mathrm{w}})$。需要注意的是：如果输入 3 个非共线的点（这 3 个点必然共面），则该问题实际上变成了 P3P 问题，因为它可能存在多个解（最多有 4 个实数解）。在输入 3 个点的情况下，EPnP 算法也无法直接进行计算，因为它无法进行重线性化并得到唯一解；而如果选取 4 个或者更多的点，即使所有的点都分布在一个平面上，以上选取的 4 个虚拟控制点也是完全适用的，因为实际上对平面上的任意点来说，只需要 3 个线性无关点即可构建其基。

原世界坐标 P_i^{w}、新世界坐标的基 B^{w}，以及新世界坐标 $P_i^{\mathrm{w\_new}}=(\alpha_{i1},\alpha_{i2},\alpha_{i3},\alpha_{i4})^{\mathrm{T}}$ 的关系为 $P_i^{\mathrm{w}}=B^{\mathrm{w}}P_i^{\mathrm{w\_new}}$，或者 $P_i^{\mathrm{w\_new}}=(B^{\mathrm{w}})^{-1}P_i^{\mathrm{w}}$，而在 Lepetit 等（2009）的论文原文中，$P_i^{\mathrm{w}}=\sum_{j=1}^{4}\alpha_{ij}C_j^{\mathrm{w}}(i=1,2,\cdots,n)$，其中，$\sum_{j=1}^{4}\alpha_{ij}C_j^{\mathrm{w}}$ 为基 B^{w} 的每个行元素与 $P_i^{\mathrm{w\_new}}$ 的每个列元素乘积的和，实际上它们所表示的含义是相同的。通常，选择的世界坐标的基为 $C_1^{\mathrm{w}}=(1,0,0,1)^{\mathrm{T}}$，$C_2^{\mathrm{w}}=(0,1,0,1)^{\mathrm{T}}$，$C_3^{\mathrm{w}}=(0,0,1,1)^{\mathrm{T}}$，$C_4^{\mathrm{w}}=(0,0,0,1)^{\mathrm{T}}$。

同理，对相机坐标系也有类似的关系：$P_i^{\mathrm{c}}=B^{\mathrm{c}}P_i^{\mathrm{c\_new}}$，或者 $P_i^{\mathrm{c\_new}}=(B^{\mathrm{c}})^{-1}P_i^{\mathrm{c}}$。

此外，根据 $\mu_i m_i=K[R(\tilde{P}_i^{\mathrm{w}}-\tilde{C}^{\mathrm{w}})]=K\tilde{P}_i^{\mathrm{c}}$，即 $\mu_i\begin{bmatrix}x_i\\y_i\\1\end{bmatrix}=K\left[R\left(\begin{bmatrix}X_i^{\mathrm{w}}\\Y_i^{\mathrm{w}}\\Z_i^{\mathrm{w}}\end{bmatrix}-\begin{bmatrix}X_s^{\mathrm{w}}\\Y_s^{\mathrm{w}}\\Z_s^{\mathrm{w}}\end{bmatrix}\right)\right]=K\begin{bmatrix}X_i^{\mathrm{c}}\\Y_i^{\mathrm{c}}\\Z_i^{\mathrm{c}}\end{bmatrix}=\begin{bmatrix}f_x & s & x_p\\0 & f_y & y_p\\0 & 0 & 1\end{bmatrix}(\tilde{B}^{\mathrm{c}}\tilde{P}_i^{\mathrm{c\_new}})$，其中 $\tilde{B}^{\mathrm{c}}=\begin{bmatrix}c_{11}\,c_{12}\,c_{13}\,c_{14}\\c_{21}\,c_{22}\,c_{23}\,c_{24}\\c_{31}\,c_{32}\,c_{33}\,c_{34}\end{bmatrix}$（即由基矩阵前 3 行组

成的矩阵，因为它只有 12 个独立的元素），$P_i^{\mathrm{c\_new}}=\begin{bmatrix}\alpha_{i1}\\ \alpha_{i2}\\ \alpha_{i3}\\ \alpha_{i4}\end{bmatrix}$，$\tilde{P}_i^{\mathrm{c}}=\begin{bmatrix}X_i^{\mathrm{c}}\\ Y_i^{\mathrm{c}}\\ Z_i^{\mathrm{c}}\end{bmatrix}=$

$\tilde{B}^{\mathrm{c}}P_i^{\mathrm{c\_new}}=\begin{bmatrix}c_{11}\,c_{12}\,c_{13}\,c_{14}\\ c_{21}\,c_{22}\,c_{23}\,c_{24}\\ c_{31}\,c_{32}\,c_{33}\,c_{34}\end{bmatrix}\begin{bmatrix}\alpha_{i1}\\ \alpha_{i2}\\ \alpha_{i3}\\ \alpha_{i4}\end{bmatrix}=\begin{bmatrix}\alpha_{i1}c_{11}+\alpha_{i2}c_{12}+\alpha_{i3}c_{13}+\alpha_{i4}c_{14}\\ \alpha_{i1}c_{21}+\alpha_{i2}c_{22}+\alpha_{i3}c_{23}+\alpha_{i4}c_{24}\\ \alpha_{i1}c_{31}+\alpha_{i2}c_{32}+\alpha_{i3}c_{33}+\alpha_{i4}c_{34}\end{bmatrix}$（该结果与其齐次形式仅相差一个常数）。

因为 $\mu_i=Z_i^{\mathrm{c}}=\alpha_{i1}c_{31}+\alpha_{i2}c_{32}+\alpha_{i3}c_{33}+\alpha_{i4}c_{34}$，所以每个像点可得到 2 个约束方程：$\begin{cases}f_xX_i^{\mathrm{c}}+sY_i^{\mathrm{c}}+(x_p-x_i)Z_i^{\mathrm{c}}=0\\ 0+f_yY_i^{\mathrm{c}}+(y_p-y_i)Z_i^{\mathrm{c}}=0\end{cases}$，即

$\begin{cases}f_x(\alpha_{i1}c_{11}+\alpha_{i2}c_{12}+\alpha_{i3}c_{13}+\alpha_{i4}c_{14})+s(\alpha_{i1}c_{21}+\alpha_{i2}c_{22}+\alpha_{i3}c_{23}+\alpha_{i4}c_{24})+\\ (x_p-x_i)(\alpha_{i1}c_{31}+\alpha_{i2}c_{32}+\alpha_{i3}c_{33}+\alpha_{i4}c_{34})=0\\ 0(\alpha_{i1}c_{11}+\alpha_{i2}c_{12}+\alpha_{i3}c_{13}+\alpha_{i4}c_{14})+f_y(\alpha_{i1}c_{21}+\alpha_{i2}c_{22}+\alpha_{i3}c_{23}+\alpha_{i4}c_{24})+\\ (y_p-y_i)(\alpha_{i1}c_{31}+\alpha_{i2}c_{32}+\alpha_{i3}c_{33}+\alpha_{i4}c_{34})=0\end{cases}$，其中 $\tilde{B}^c$ 的 12 个元素为待求的未知数。以上公式可简写为 $Mx=0$，其中 $M=B\otimes A=$

$$\begin{bmatrix}f_x\alpha_{i1},f_x\alpha_{i2},f_x\alpha_{i3},f_x\alpha_{i4},s\alpha_{i1},s\alpha_{i2},s\alpha_{i3},s\alpha_{i4},(x_p-x_i)\alpha_{i1},(x_p-x_i)\alpha_{i2},(x_p-x_i)\alpha_{i3},(x_p-x_i)\alpha_{i4}\\ 0,\ \ 0,\ \ 0,\ \ 0,\ \ f_y\alpha_{i1},f_y\alpha_{i2},f_y\alpha_{i3},f_y\alpha_{i4},(y_p-y_i)\alpha_{i1},(y_p-y_i)\alpha_{i2},(y_p-y_i)\alpha_{i3},(y_p-y_i)\alpha_{i4}\end{bmatrix},$$

$A=[\alpha_{i1},\alpha_{i2},\alpha_{i3},\alpha_{i4}]$，$B=\begin{bmatrix}f_x & s & x_p-x_i\\ 0 & f_y & y_p-y_i\end{bmatrix}$，符号“$\otimes$”表示两个矩阵的直积（或张量积，或 Kronecker 积），$x=(c_{11},c_{12},c_{13},c_{14},c_{21},c_{22},c_{23},c_{24},c_{31},c_{32},c_{33},c_{34})^{\mathrm{T}}$。对以上方程的详细求解过程，请参考附注 5.1 的描述。

在欧氏变换（旋转、放缩和平移，但保持正交性不变）条件下，世界坐标 $\tilde{P}_i^{\mathrm{c}}$ 和 $\tilde{P}_i^{\mathrm{w}}$ 之间的线性关系始终保持不变。欧氏变换可通过以下两种途径实现：①坐标系的基保持不变，通过改变坐标值来实现；②坐标值保持不变，通过改变坐标系的基来实现。下面的处理是采用第 2 种方法实现的，即保持以上各公式中的世界坐标 α_{ij} 不变。因为 $P_i^{\mathrm{w\_new}}$ 的基定义的 X、Y、Z 轴的方向，与原世界坐标系中各轴的方向是一致的；而 $P_i^{\mathrm{c\_new}}$ 的基定义的 x、y、z 轴的方向，与原相机坐标系中各轴的方向是一致的，所以由此可确定二者之间的欧氏变换关系，即保持 α_{ij} 不变，而确定出相机坐标系的新基 $\tilde{B}^{\mathrm{c}}$。另外，当选取 6 个或者更多不共面的世界坐标点时，其核空间的维数为 1，所以在相差一个常数的前提下，x 的结果即为对矩阵 M 进行 SVD 分解后，最小奇异值对应的特征向量；当选取 4 个、5 个世界坐标点或者

出现点共面的情况时，其核空间可能的维数存在 1、2、3、4 这四种可能，因此需要通过重投影误差最小来判断到底哪个才是正确的解。

最后，根据绝对定向原理，可确定 P_i^{w} 原世界坐标和 P_i^{c} 原相机坐标之间的关系，从而进一步求出相机中心 C 和旋转矩阵 R。

以上是对几种常用的实现空间后方交会的算法的介绍。由此可以看出，空间后方交会问题涉及几何学和代数学等内容，最终被转化为求非线性方程或者线性方程的问题。需要注意的是：以上采用线性算法得到的外参数结果通常并不精确，为了提高解算结果的精度，建议将以上各种非线性算法得到的结果，采用光束平差算法进行进一步的优化处理。

附注 5.1：EPnP 算法中图像的新基 $\tilde{B}^{\mathrm{c}}$ 的求解方法

下面对 EPnP 算法中图像的新基 $\tilde{B}^{\mathrm{c}}$ 的求解方法进行详细的介绍。同时，也以此为例，来说明利用线性化法（linearization）和重线性化法（relinearization）算法来求解非线性方程的具体过程。

（1）线性化法。当 $n\_\mathrm{kernel}=1$ 时，最小奇异值对应的特征向量即为待求的解。

由 4 个点两两之间的距离可构建 6 个约束方程。当其核空间维数 $n\_\mathrm{kernel}=2$ 或者 $n\_\mathrm{kernel}=3$ 时，可直接利用线性化法进行求解，即直接把多元多次方的每个项看作一个独立的变量来求解。例如，当 $n\_\mathrm{kernel}=2$ 时，约束条件为 $d_w=(x_1v_1+x_2v_2)^2=(v_1^2,2v_1v_2,v_2^2)(x_1^2,\ x_1x_2,\ x_2^2)^{\mathrm{T}}$，因此可把 $x_1^2,\ x_1x_2,\ x_2^2$ 看作 3 个独立的变量，利用 3 个或者更多的约束直接求出其解，再利用这 3 个变量之间的约束，进一步求出 x_1,x_2 的解；当 $n\_\mathrm{kernel}=3$ 时，约束条件为 $d_w=(x_1v_1+x_2v_2+x_3v_3)^2=(v_1^2,2v_1v_2,2v_1v_3,v_2^2,2v_2v_3,v_3^2)(x_1^2,\ x_1x_2,\ x_1x_3,\ x_2^2,x_2x_3,x_3^2)^{\mathrm{T}}$，所以可把 $x_1^2,\ x_1x_2,x_1x_3,\ x_2^2,x_2x_3,\ x_3^2$ 看作 6 个独立的变量，利用 6 个或者更多的约束直接求出其解，再利用这 6 个变量之间的约束关系，进一步求出 x_1,x_2,x_3 的解。

（2）重线性化法。在处理形如 $y=(a_1x_1+a_2x_2+\cdots+a_nx_n)^2$ 的多项式时，可通过重线性化法进行求解。例如，在 EPnP 求解过程中，当 $n\_\mathrm{kernel}=4$ 时，其约束条件为 $d_w=(x_1v_1+x_2v_2+x_3v_3+x_4v_4)^2=(v_1^2,2v_1v_2,2v_1v_3,2v_1v_4,v_2^2,2v_2v_3,2v_2v_4,v_3^2,2v_3v_4,v_4^2)(x_1^2,x_1x_2,\ x_1x_3,x_1x_4,\ x_2^2,x_2x_3,\ x_2x_4,\ x_3^2,x_3x_4,\ x_4^2)^{\mathrm{T}}$，可将其简写为 $AX=d_w$。由于只存在 6 个约束条件，如果把 X 的 10 个元素 $x_1^2,\ x_1x_2,\ x_1x_3,\ x_1x_4,\ x_2^2,x_2x_3,\ x_2x_4,x_3^2,x_3x_4,\ x_4^2$ 都看作独立的变量，则无法直接求出其解。然而，在以上线性化法的求解过程中，并没有充分利用其约束条件，因为还可加入 10 个元素之间的约束，并通过重线性化处理来进一步求解该方程。其具体处理步骤如下。

首先，把其中的 x_1^2,x_2^2,x_3^2,x_4^2 项作为变量，其他项作为隐变量（要求选择的变量必须是互相独立的，如 $x_1^2,\ x_1x_2,\ x_1x_3,\ x_1x_4$ 也可以作为变量，但当 $x_1=0$ 时会出现无法求解的情况，所以它是不适合的），并将其转移到方程的右侧，此时公式可转化为

$A_1x_L = Bx_R$，其中 $A_1 = A(:,[2,3,4,6,7,9])$，$x_L = (x_1x_2,\ x_1x_3,\ x_1x_4, x_2x_3,\ x_2x_4,\ x_3x_4)^T$，$B = (-A(:,[1,5,\ 8,10]),\ d_w)$，$x_R = (x_1^2, x_2^2, x_3^2, x_4^2, 1)^T$，并进一步写作 $x_L = D\cdot x_R$，其中 $D = A_1^{-1}B$。以上即为第一次线性化的过程。

其次，需要确定 X 的 10 个元素之间的约束，即 $(x_ix_j)\cdot(x_mx_n) = (x_ix_m)\cdot(x_jx_n)$，或 $(x_ix_j)\cdot(x_mx_n) = (x_ix_n)\cdot(x_jx_m)$。当有 4 个未知数时，可构建 20 个互相独立的约束条件。令 $y_{ij} = x_ix_j$，这 20 个约束条件可表示为

$$
\begin{aligned}
&y_{11}\cdot y_{22} = y_{12}\cdot y_{12},\ y_{11}\cdot y_{23} = y_{12}\cdot y_{13},\ y_{11}\cdot y_{24} = y_{12}\cdot y_{14},\ y_{11}\cdot y_{33} = y_{13}\cdot y_{13},\\
&y_{11}\cdot y_{34} = y_{13}\cdot y_{14},\ y_{11}\cdot y_{44} = y_{14}\cdot y_{14},\ y_{12}\cdot y_{23} = y_{13}\cdot y_{22},\ y_{12}\cdot y_{24} = y_{14}\cdot y_{22},\\
&y_{12}\cdot y_{33} = y_{13}\cdot y_{23},\ y_{12}\cdot y_{34} = y_{13}\cdot y_{24},\ y_{12}\cdot y_{34} = y_{14}\cdot y_{23},\ y_{12}\cdot y_{44} = y_{14}\cdot y_{24},\\
&y_{13}\cdot y_{34} = y_{14}\cdot y_{33},\ y_{13}\cdot y_{44} = y_{14}\cdot y_{34},\ y_{22}\cdot y_{33} = y_{23}\cdot y_{23},\ y_{22}\cdot y_{34} = y_{23}\cdot y_{24},\\
&y_{22}\cdot y_{44} = y_{24}\cdot y_{24},\ y_{23}\cdot y_{34} = y_{24}\cdot y_{33},\ y_{23}\cdot y_{44} = y_{24}\cdot y_{34},\ y_{33}\cdot y_{44} = y_{34}\cdot y_{34}
\end{aligned}
$$

再次，根据 $x_L = D\cdot x_R$，将 x_L 中的 6 个变量用 x_R 中的 4 个变量线性表示，并代入以上 20 个约束条件，整理后公式中只包含 x_R 中的 4 个变量和 1 个常数项，其公式可写为 $(a_1y_{11} + a_2y_{22} + a_3y_{33} + a_4y_{44} + a_5)(b_1y_{11} + b_2y_{22} + b_3y_{33} + b_4y_{44} + b_5)$ 的形式，整理后共有 14 个未知数项和 1 个常数项，即 $y_{11}^2, y_{11}y_{22}, y_{11}y_{33}, y_{11}y_{44}, y_{11}, y_{22}^2, y_{22}y_{33}, y_{22}y_{44}, y_{22}, y_{33}^2, y_{33}y_{44}, y_{33}, y_{44}^2, y_{44}$。此时，将这 14 个多元多次未知项再次看作独立的变量（该过程即为重线性化的过程），可通过以上 20 个约束条件直接求解这 14 个未知项。

最后，根据以上 14 个未知项之间的约束关系，即可求出 x_1, x_2, x_3, x_4 的解。由于通过以上约束只能求出 x_1, x_2, x_3, x_4 的 4 次方的解，排除包含复数的解，其解仍然包含正负两种情况，如果限定 x_1 为正，那么共存在 8 种可能的解，需要通过重投影误差最小，来确定最终的结果。注：该步骤是本书作者对 Lepetit 等提出的 EPnP 算法改进的结果，其计算精度和稳定性得到了大幅度的提高。由于以上系数矩阵非常复杂，在具体计算时可采用第 2 章中介绍的符号运算来实现。

第 6 章　相对定向与绝对定向

由第 3 章中关于“相机和结构的三维重构”的介绍可知，利用从不同位置和角度拍摄的两幅图像上的匹配点（可采用 SIFT、SURF 等算法来实现特征点提取，再对其进行自动匹配处理而得到匹配点）进行三维重构时，其结果只取决于相机内参数和某一相对世界坐标系下的外参数（即位姿参数，包括相机中心位置和转角），而与其所在的绝对世界坐标系（如大地测量坐标系）下的结果无关。因此，对两幅图像来说，如果已知两幅图像的相机内参数（如果相机内参数是未知的，可以通过自标定来求解，但是因为基于两幅图像的自标定的约束较弱，其解算结果精度较差，所以通常在对两幅图像进行相对定向时，要求相机内参数矩阵是已知的），以及这两幅图像之间的匹配点，确定这两幅图像在某一相对世界坐标系下外参数的过程，即为相机位姿的相对定向。此外，根据已知的相机内参数，以及以上相对定向过程中确定的相机外参数，即可确定相机矩阵，从而可以利用前方交会，实现匹配点对应的世界坐标点的定位，其坐标为以上相对定向过程中定义的相对世界坐标系下的结果。

绝对定向是将在某一世界坐标系（如某个相对世界坐标系）下世界坐标点的欧氏坐标 $\tilde{M}_1$，转换为另一个世界坐标系（如大地测量坐标系，或者另一个相对世界坐标系）下的欧氏坐标 $\tilde{M}_2$ 的过程，其本质是确定不同世界坐标系之间的三维相似变换参数的过程。

对以上两部分内容的具体描述如下。

6.1　相机位姿的相对定向

在传统的摄影测量中，相对定向是利用以下方法和步骤实现的：首先，估计相机的转角和基线 B 在各个方向上分量的初始值，然后根据两个相机中心 C_1 和 C_2，与世界坐标点 M 三点共面的约束，即 $\overrightarrow{C_2M}$、$\overrightarrow{C_1C_2}$、$\overrightarrow{C_1M}$ 的混合积（行列式）为 0，采用高斯-牛顿非线性求解方法，进行迭代运算以实现对初始值的优化，从而得到较为精确的相对定向结果。对垂直摄影测量来说，其初始值的估计是比较容易的，通常还有 GNSS/IMU 等外部设备的辅助；但是，对大倾角的倾斜摄影测量来说，对基线的方向和它在各个方向上的分量的估计是非常困难的，如果没有 GNSS/IMU 等外部设备的辅助，甚至根本无法实现。因此，必须寻求更加先进的方法来实现相机矩阵的求解。

6.1.1　相机内参数已知条件下的相对定向

已知两幅图像的相机内参数矩阵分别为 K_1 和 K_2，两幅图像之间的匹配点分别为 m_1 和 m_2，为了方便计算可令所构建的相对世界坐标系与第 1 幅图像的图像坐标系一致，即第 1 幅图像的旋转矩阵为 $R_1 = I$，相机中心为 $\tilde{C}_1 = (0,0,0)^{\mathrm{T}}$（$\tilde{T}_1 = -R_1\tilde{C}_1 = (0,0,0)^{\mathrm{T}}$），来实现第 2 幅图像的旋转矩阵为 R_2 和相机中心为 $\tilde{C}_2$（$\tilde{T}_2 = -R_2\tilde{C}_2$）的求解过程。以下算法可在完全不依赖 GNSS/IMU 辅助的条件下，得到相机的相对定向参数。对其具体实现步骤描述如下。

1）构建对极约束

由第 3 章中关于对极约束的介绍可知，如果已知相机内参数矩阵，那么可直接利用本质矩阵 $(K_2^{-1}m_2)^{\mathrm{T}}E(K_1^{-1}m_1) = \hat{m}_2^{\mathrm{T}}E\hat{m}_1 = 0$ 来构建对极约束。

2）求解本质矩阵 E

利用 8 点法、7 点法、6 点法和 5 点法可以实现本质矩阵 E 的求解（详见附注 6.1 的介绍）。其中，因为 5 点法具有抗平面退化的能力，能够适应世界坐标点共面的情况（而这种情况是比较常见的），所以 5 点法在实际应用时适应性最强、效果最好。因此，建议采用 5 点法来求解本质矩阵 E。然而，5 点法求解时最多得到 10 个可能的解（包含复数解），即使去除其中没有几何意义的复数解，仍可能存在多个实数解。在场景不退化的情况下，这种由高次方程而产生的多义性，通常可以通过像点到极线的距离最小化、重投影误差最小化等约束来消除。但是，当场景出现退化（即匹配点对应的世界坐标点分布在一个平面上）时，即使采取以上方法，仍可能无法得到正确的计算结果（由下文的分析可知，此时仍然有多个可能的解）。这是因为：当世界坐标点分布在一个平面上时，对规范化处理的图像坐标 $\hat{m}_1$ 和 $\hat{m}_2$ 有 $\hat{m}_2 \simeq \hat{H}\hat{m}_1$ 或 $\hat{m}_1 \simeq \hat{H}^{-1}\hat{m}_2$。因为 $\hat{m}_2^{\mathrm{T}}E\hat{m}_1 = 0$，所以 $\hat{m}_1^{\mathrm{T}}(\hat{H}^{\mathrm{T}}E)\hat{m}_1 = 0$ 或 $\hat{m}_2^{\mathrm{T}}(E\hat{H}^{-1})\hat{m}_2 = 0$。只要 $\hat{H}^{\mathrm{T}}E$ 或 $E\hat{H}^{-1}$ 是一个反对称矩阵，那么以上公式就是恒等式。以上条件只会发生在世界坐标点分布在一个平面上的情况下，因为在该情况下 $\hat{l}_2 \simeq E\hat{m}_1 = (E\hat{H}^{-1})\hat{m}_2$，$\hat{l}_1 \simeq E^{\mathrm{T}}\hat{m}_2 = (E^{\mathrm{T}}\hat{H})\hat{m}_1 = (\hat{H}^{\mathrm{T}}E)^{\mathrm{T}}\hat{m}_1$，而 $\hat{m}_2^{\mathrm{T}}\hat{l}_2 = \hat{m}_2^{\mathrm{T}}(E\hat{H}^{-1})\hat{m}_2 = 0$ 和 $\hat{m}_1^{\mathrm{T}}\hat{l}_1 = \hat{m}_1^{\mathrm{T}}(\hat{H}^{\mathrm{T}}E)^{\mathrm{T}}\hat{m}_1 = 0$ 都是恒等式，所以 $\hat{m}_1$ 到 $\hat{l}_1$ 的距离，以及 $\hat{m}_2$ 到 $\hat{l}_2$ 的距离一定为零。理论上，像点到极线的距离为零的约束是必要不充分条件，所以无法通过像点到极线的距离最小化来消除由高次方程而产生的多义性。此外，如图 6.1 所示，图像 1 中的像点满足 $\hat{m}_1 \simeq \hat{H}_1\bar{M}$，图像 2 中的像点满足 $\hat{m}_2 \simeq \hat{H}_2\bar{M}$，所以 $\hat{m}_2 \simeq (\hat{H}_2\hat{H}_1^{-1})\hat{m}_1 = \hat{H}\hat{m}_1$。因此，只要 $\hat{H}^{\mathrm{T}}E$ 或 $E\hat{H}^{-1}$ 是一个反对称矩阵，并且由 $\hat{H}_1$ 和 $\hat{H}_2$ 得到的单应矩阵 $\hat{H}$ 满足 $\hat{H} = \hat{H}_2\hat{H}_1^{-1}$ 即可，然而 $\hat{H}_1$ 和 $\hat{H}_2$ 的结果并不是唯一的。这是因

为：以上结果在相差一个射影变换矩阵 H_p 的条件下，仍然可以满足重投影误差为零的约束，即 $\hat{m}_1 \simeq \hat{H}_1\bar{M} = (\hat{H}_1H_p^{-1})(H_p\bar{M})$，$\hat{m}_2 \simeq \hat{H}_2\bar{M} = (\hat{H}_2H_p^{-1})(H_p\bar{M})$，$\hat{m}_2 \simeq (\hat{H}_2\hat{H}_1^{-1})\hat{m}_1 = \hat{H}\hat{m}_1$，$\hat{m}_2 \simeq (\hat{H}_2H_p^{-1})(\hat{H}_1H_p^{-1})^{-1}\hat{m}_1 = \hat{H}_2\hat{H}_1^{-1}\hat{m}_1 = \hat{H}\hat{m}_1$。因此，由 $E = [\tilde{T}_2]_\times R_2$ 得到的相机外方位参数仍可满足前方交会的条件，据此得到的相对位姿不是唯一的，即重投影误差为零的约束也是必要但不充分的条件，通过重投影误差最小化也无法消除由高次方程而产生的多义性。

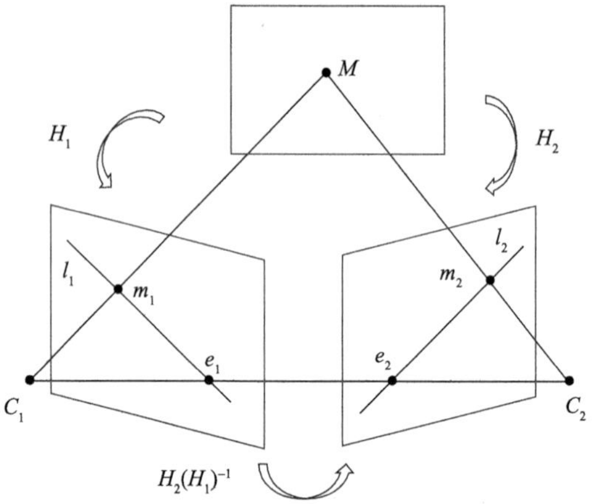

图 6.1　平面场景的射影变换关系示意图

实际上，要判断出一个场景为平面场景，还可根据 Ma 等（2004）介绍的方法来实现平面场景的两幅图像的相对定向（注：该结果中仍然包含多个可能的解）。其相对位姿可根据两幅图像之间的单应矩阵 $\hat{H}$ 直接得出，具体计算方法和步骤如下。

（1）根据规范化处理的图像坐标 $\hat{m}_1$ 和 $\hat{m}_2$，计算 $\hat{m}_2 \simeq \hat{H}_0\hat{m}_1$。

（2）对 $\hat{H}_0$ 进行归一化处理，即对 $\hat{H}_0$ 进行 SVD 分解得 $[U,S,V] = \text{svd}(\hat{H}_0)$，而 $\hat{H} = \hat{H}_0 / S(2,2)$，其中 $\hat{H} = \pm(R_2 - \tilde{T}_2 n_d^{\mathrm{T}})$（详见第 3 章 3.2.4 节中关于“两图像之间的单应关系”的介绍），并根据 $m_{2(j)}^{\mathrm{T}} H m_{1(j)} > 0 (j = 1,2,\cdots,n)$ 来确定其符号。

（3）对矩阵 $\hat{H}^{\mathrm{T}}\hat{H}$ 进行 SVD 分解得 $[V,S,V] = \text{svd}(\hat{H}^{\mathrm{T}}\hat{H})$，即 $VSV^{\mathrm{T}} = \hat{H}^{\mathrm{T}}\hat{H}$，令 $\sigma_1^2 = S(1,1)$，$\sigma_2^2 = S(2,2) = 1$，$\sigma_3^2 = S(3,3)$（奇异值按降序排列），$[v_1, v_2, v_3]$ 是 V 的 3 个列向量，并令 $u_1 = \dfrac{v_1\sqrt{1-\sigma_3^2} + v_3\sqrt{\sigma_1^2 - 1}}{\sqrt{\sigma_1^2 - \sigma_3^2}}$，$u_2 = \dfrac{v_1\sqrt{1-\sigma_3^2} - v_3\sqrt{\sigma_1^2 - 1}}{\sqrt{\sigma_1^2 - \sigma_3^2}}$，$U_1 = [v_2, u_1, v_2 \times u_1]$，$U_2 = [v_2, u_2, v_2 \times u_2]$，$W_1 = [\hat{H}v_2, \hat{H}u_1, (\hat{H}v_2) \times (\hat{H}u_1)]$，$W_2 = [\hat{H}v_2, \hat{H}u_2, (\hat{H}v_2) \times (\hat{H}u_2)]$。

（4）计算 4 组可能的候选解，$\begin{cases} R_1 = W_1 U_1^{\mathrm{T}} \\ T_1 = \dfrac{(\hat{H} - R_1)(v_2 \times u_1)}{\left\|(\hat{H} - R_1)(v_2 \times u_1)\right\|_2} \end{cases}$，$\begin{cases} R_2 = W_2 U_2^{\mathrm{T}} \\ T_2 = \dfrac{(\hat{H} - R_2)(v_2 \times u_2)}{\left\|(\hat{H} - R_2)(v_2 \times u_2)\right\|_2} \end{cases}$，$\begin{cases} R_3 = R_1 \\ T_3 = -T_1 \end{cases}$，$\begin{cases} R_4 = R_2 \\ T_4 = -T_2 \end{cases}$。

（5）利用两幅图像中的像点进行检验，使得所有像点的尺度系数为正值的结果，即为最终的结果。因为本质矩阵 E 有 5 个自由度，所以至少需要 5 对匹配点才能确定，然而，单应矩阵 H 只需要 4 对匹配点即可实现求解。理论上，结果中仍可能包含多个尺度系数为正值的结果。在这种情况下，通常可以利用 3 幅图像两两之间的关系来确定其唯一解。

注：世界坐标点是否分布在一个平面上，可根据 $\hat{m}_2 \simeq H\hat{m}_1$ 求解单应矩阵 H 进行判断，如果残差较大则说明点不可能分布在一个平面上，如果残差较小则要么点分布在一个平面上，要么图像之间为纯旋转运动（对纯旋转运动来说，它一定满足 $R_2 \simeq H$ ）。

3）由本质矩阵 E 确定相机矩阵

根据第 3 章中“由本质矩阵 E 确定相机矩阵的方法”的介绍可知，如果已知本质矩阵 $E = U\mathrm{diag}(1,1,0)V^{\mathrm{T}}$ 和第 1 个相机矩阵 $P_1 = [I,0]$，那么 R_2 有两种可能的解，即 $R_2 = UWV^{\mathrm{T}}$，或者 $R_2 = UW^{\mathrm{T}}V^{\mathrm{T}}$（要求 $\det(R_2) = 1$，如果 $\det(R_2) = -1$，则 $R_2 = -UWV^{\mathrm{T}}$，或者 $R_2 = -UW^{\mathrm{T}}V^{\mathrm{T}}$）；而 $\tilde{T}_2$ 也有两种可能的解，即 $\tilde{T}_2 = \pm u_3$。这种多个解的特性被称为手征性。

4）确定相机矩阵的唯一解

因为旋转矩阵 R_2 有 4 种可能的结果，所以需要排除其中的错误解，并得到其唯一解。采用的具体方法如下：需要根据被拍摄物体必须在相机前方的要求，即根据两幅图像的尺度系数 $\mu_1 > 0$ 且 $\mu_2 > 0$ 的要求，来排除其中的错误解。利用一对匹配点，分别将 4 个可能的解代入以上公式，即可求出尺度系数 μ_1 和 μ_2，从而可以确定最终的解算结果；为了提高计算结果的稳定性，避免选取的匹配点本身存在误匹配，可以对所有匹配点求取各自的尺度系数 μ_1 和 μ_2，然后根据 μ_1 和 μ_2 的均值进行判断。对尺度系数 μ_1 和 μ_2，可采用以下方法确定：由于 $\mu_1\hat{m}_1 = [I,0]M = \tilde{M}$，$\mu_2\hat{m}_2 = [R_2,\tilde{T}_2]M = R_2[I,R_2^{\mathrm{T}}\tilde{T}_2](\tilde{M}^{\mathrm{T}},1)^{\mathrm{T}}$，即 $\mu_2 R_2^{\mathrm{T}}\hat{m}_2 = [I,R_2^{\mathrm{T}}\tilde{T}_2]M = \tilde{M} + R_2^{\mathrm{T}}\tilde{T}_2$，将前面的公式代入后面的公式得 $\mu_1\hat{m}_1 - \mu_2 R_2^{\mathrm{T}}\hat{m}_2 = -R_2^{\mathrm{T}}\tilde{T}_2 = B$，写为矩阵的形式为 $[\hat{m}_1, -R_2^{\mathrm{T}}\hat{m}_2]\begin{bmatrix}\mu_1 \\ \mu_2\end{bmatrix} = -R_2^{\mathrm{T}}\tilde{T}_2 = B$。为了提高计算结果的稳定性，可计算出所有点的尺

度系数 μ_1 和 μ_2，然后对其求均值来判断。

5）非线性优化处理

为了提高结果的解算精度，还需要将以上解算结果作为初始值，按照光束平差的思想进行非线性优化处理（优化的目标函数为重投影误差最小化，而不是按照前面介绍的传统摄影测量中的关于两个相机中心与世界坐标点共面的约束），即在保持两个相机内参数和第 1 幅图像的外参数不变的条件下，对第 2 幅图像的相机外参数和匹配点对应的世界坐标点的世界坐标，进行光束平差处理。注：如果对精度要求不高，可以忽略此步计算。

附注 6.1：本质矩阵 E 的求解方法

因为 $E=[\tilde{T}_2]_\times R_2$，其中 T 有 3 个独立的变量（即 t_X, t_Y, t_Z），R_2 有 3 个独立的变量（即 $\omega_2, \varphi_2, \kappa_2$），所以本质矩阵 E 只包含 6 个独立的变量，但因为存在一个整体尺度的约束，所以它只有 5 个自由度。因此，从理论上讲，已知两幅图像上的 5 对匹配点即可实现本质矩阵 E 的求解。该求解过程也是非线性的，且可能存在多组解。如果只有 6 对或 7 对匹配点，其求解过程也是非线性的，其中 6 点法有唯一解，而 7 点法可能存在多组解；只有已知两幅图像上的 8 对或者更多的匹配点，才可以线性求解本质矩阵 E。下面就对这几种方法进行详细的介绍。

（1）8 点法求解本质矩阵 E。该求解过程与 8 点法求解基本矩阵 F 类似，只不过输入的数据为经过规范化处理后的结果 $\hat{m}_1$ 和 $\hat{m}_2$（即利用已知的相机内参数矩阵 K_1 和 K_2，计算出 $\hat{m}_1=K_1^{-1}m_1$，$\hat{m}_2=K_2^{-1}m_2$）。根据 $\hat{m}_2^{\mathrm{T}}E\hat{m}_1=0$，即 $[\hat{x}_2,\hat{y}_2,1]\begin{bmatrix} e_{11} & e_{12} & e_{13} \\ e_{21} & e_{22} & e_{23} \\ e_{31} & e_{32} & e_{33} \end{bmatrix}\begin{bmatrix} \hat{x}_1 \\ \hat{y}_1 \\ 1 \end{bmatrix}=0$，将其展开后可得 $\hat{x}_1\hat{x}_2e_{11}+\hat{x}_1\hat{y}_2e_{21}+\hat{x}_1e_{31}+\hat{x}_2\hat{y}_1e_{12}+\hat{y}_1\hat{y}_2e_{22}+\hat{y}_1e_{32}+\hat{x}_2e_{13}+\hat{y}_2e_{23}+e_{33}=0$。已知两幅图像上有 n（$n\geqslant 8$）对线性无关（即任意 3 点不共线）的匹配点，即可构建一组约束方程 $Ae=0$（其中 A 是一个 $n\times 9$ 的矩阵，e 为本质矩阵 E 的 9 个元素组成的列向量）。通过对矩阵 A 进行 SVD 分解，即可利用最小二乘法得到 e 的 9 个元素，从而可以得到本质矩阵 E 的唯一解。然而，利用 8 对或者更多的匹配点求解时，必须要求点不能共面，否则会导致矩阵退化，从而无法求出正确的结果。

（2）7 点法求解本质矩阵 E。该求解过程与 7 点法求解基本矩阵 F 类似，只不过输入的数据为经过规范化处理后的结果 $\hat{m}_1$ 和 $\hat{m}_2$。首先，通过构建的 $Ae=0$（A 是一个 7×9 的矩阵，e 为本质矩阵 E 的 9 个元素组成的列向量）得到一个二维右零空间，假设 v_1 和 v_2 是奇异值从大到小排列后，最后两个奇异值对应的特征向量，那么 e 的齐次坐标可以表示为 v_1 和 v_2 的线性组合，即 $e=\alpha v_1+v_2$（或者写为 $e=\alpha v_1+(1-\alpha)v_2$）。由此，可以得出一个关于本质矩阵 E 的包含未知数 α 的表达式。因为 $\det(F)=0$，且 $F=K_2^{-T}EK_1^{-1}$，所以 $\det(E)=0$。因此，可以根据 $\det(E)=0$ 的约束，得出一个关于未知数 α 的表达式（一个一元三次方程），从而可以直接求出 α 的所有解，并去除复数解，只保留实数解。同样，由于可能存在多个实解，需要利用 RANSAC 方法多次随机抽样，从而得到一组出现频率较高的结果，作为最终确定的真解。

（3）6 点法求解本质矩阵 E。根据 6 对匹配点，可以构建一组约束方程 $Ae=0$（A 是一个 6×9 的矩阵，e 为本质矩阵 E 的 9 个元素组成的列向量），据此可以得到一个三维右零空间，假设为 v_1、v_2 和 v_3，而 e 的齐次坐标可以表示为 v_1、v_2 和 v_3 的线性组合，即 $e=\alpha v_1+\beta v_2+v_3$。由于本质矩阵 E 具有另一个重要特性，即它除了有一个零奇异值（因为 E 的秩为 2，所以必然有一个零奇异值），还有两个相同的非零奇异值。该约束可以通过以下代数表达式来表示：$2EE^{\mathrm{T}}E-\mathrm{trace}(EE^{\mathrm{T}})E=0$。由此可以得出一个关于本质矩阵 E 的包含未知数 α 和 β 的表达式，即 $Mx=0$，其中 M 是一个 9×10 的矩阵，$x=(\alpha^3,\alpha^2\beta,\alpha\beta^2,\beta^3,\alpha^2,\alpha\beta,\beta^2,\alpha,\beta,1)^{\mathrm{T}}$。通过对 M 进行 SVD 分解即可利用最小二乘法得到本质矩阵 x 的结果，$\alpha=x_8/x_{10}$，$\beta=x_9/x_{10}$，将它们代入 $e=\alpha v_1+\beta v_2+v_3$ 即可得到 e 的 9 个元素，从而可以得到本质矩阵 E 的唯一解。

（4）5 点法求解本质矩阵 E。根据 5 对匹配点，可以构建一组约束方程 $Ae=0$（A 是一个 5×9 的矩阵，e 为本质矩阵 E 的 9 个元素组成的列向量），据此可以得到一个四维右零空间，假设为 v_1、v_2、v_3 和 v_4，而 e 的齐次坐标可以表示为 v_1、v_2、v_3 和 v_4 的线性组合，即 $e=\alpha v_1+\beta v_2+\gamma v_3+v_4$。由于 e 是本质矩阵 E 的 9 个元素组成的列向量，那么可将其变形还原为一个 3×3 的本质矩阵 E。然后，根据 $\det(E)=0$ 和 $2EE^{\mathrm{T}}E-\mathrm{trace}(EE^{\mathrm{T}})E=0$（其中包含 9 个约束），可以得出一个关于本质矩阵 E 的包含未知数 α、β 和 γ 的表达式，即 $Mx=0$，其中 M 是一个 10×20 的矩阵，$x=(\alpha^3,\alpha^2\beta,\alpha\beta^2,\beta^3,\alpha^2\gamma,\alpha\beta\gamma,\beta^2\gamma,\alpha\gamma^2,\beta\gamma^2,\gamma^3,\alpha^2,\alpha y,\beta^2,\alpha\gamma,\beta\gamma,\gamma^2,\alpha,\beta,\gamma,1)^{\mathrm{T}}$。该方程可以利用隐变量结式（hidden variable resultant）算法或者 Gröbner 基算法（详见附注 6.2 的介绍）来求解。5 点法求解本质矩阵 E 最大的优点是，它可以满足点共面条件下的求解。这是因为：利用 5 点法求解约束方程 $Ae=0$ 时，A 是一个 5×9 的矩阵，而本质矩阵 E 只有 5 个自由度，如果 $\mathrm{rank}(A)\geqslant 5$（只要这 5 个点线性无关即可满足该条件，即要求其中任意的 3 点不共线），可直接得出 e 的四维右零空间，而且 5 点法用到的两个约束 $\det(E)=0$ 和 $2EE^{\mathrm{T}}E-\mathrm{trace}(EE^{\mathrm{T}})E=0$，可直接求出全部 10 个可能的解，真解一定包含在其中，所以 5 点法并不受平面退化的影响（注：此时结果一定包含在 10 个候选解中，但仍可能存在多个满足尺度系数为正值的解）。

需要注意的是：在求解本质矩阵 E 时可以采用 8 点法、7 点法、6 点法和 5 点法，其中 8 点法和 6 点法可以直接得出唯一的解；而在 7 点法和 5 点法中由于需要求解一元高次方程，可能存在多个具有实际物理意义的实解，但这种由高次方程而产生的多义性，通常可以通过像点到极线的距离最小化，或重投影误差最小化等约束来消除；此外，8 点法、7 点法、6 点法都要求世界坐标点必须不分布在同一个平面上，如果分布在一个平面上（或者接近共面），则会出现平面退化的情况，导致无法求解或者结果有很大的误差；在实际的应用过程中，平面场景还是比较常见，所以其应用范围受到很大的限制。因为 5 点法具有抗平面退化的能力，能够适应世界坐标点共面的情况，所以 5 点法在实际应用时适应性最强、效果最好。此外，对以上几种方法的具体计算，可采用第 2 章中介绍的符号运算来实现。

附注 6.2：利用隐变量结式算法和 Gröbner 基算法求解多元多次方程的方法

（1）利用隐变量结式算法求解多元多次方程的方法。在求解形如 $y=(a_1x_1+a_2x_2+\cdots+a_{n-1}x_n+a_n)^k$ 的多项式时，可通过隐变量结式算法来实现。下面以 5 点法求解本质矩阵 E 为例，说明隐变量法求解多元多次方程的具体方法。

根据 $Mx=0$，其中 M 是一个 10×20 的矩阵，$x=(\alpha^3,\alpha^2\beta,\alpha\beta^2,\beta^3,\alpha^2\gamma,\alpha\beta\gamma,\beta^2\gamma,\alpha\gamma^2,\beta\gamma^2,\gamma^3,\alpha^2,\alpha y,\beta^2,\alpha\gamma,\beta\gamma,\gamma^2,\alpha,\beta,\gamma,1)^{\mathrm T}$。如果将其中的某个变量（如 γ）看作隐变量（即将其当作一个系数来处理），那么以上表达式可转换为以下形式：

$$\begin{bmatrix}P_1\\P_2\\P_3\\P_4\\P_5\\P_6\\P_7\\P_8\\P_9\\P_{10}\end{bmatrix}\begin{bmatrix}\alpha^3\\\alpha^2\beta\\\alpha\beta^2\\\beta^3\\\alpha^2\\\alpha y\\\beta^2\\\alpha\\\beta\\1\end{bmatrix}=PY=0\text{，其中 }P_i=\begin{bmatrix}m_{i,1}\\m_{i,2}\\m_{i,3}\\m_{i,4}\\m_{i,5}z+m_{i,11}\\m_{i,6}z+m_{i,12}\\m_{i,7}z+m_{i,13}\\m_{i,8}z^2+m_{i,14}z+m_{i,17}\\m_{i,9}z^2+m_{i,15}z+m_{i,18}\\m_{i,10}z^3+m_{i,16}z^2+m_{i,19}z+m_{i,20}\end{bmatrix}^{\mathrm T}$$

；$P_i(i=1,2,\cdots,10)$ 表示矩阵 P 的第 i 行；$m_{i,j}(i=1,2,\cdots,10;j=1,2,\cdots,20)$ 表示矩阵 M 第 i 行第 j 列的元素；$Y=(\alpha^3,\alpha^2\beta,\alpha\beta^2,\beta^3,\alpha^2,\alpha y,\beta^2,\alpha,\beta,1)^{\mathrm T}$。因此，可构建一个新的 10×10 矩阵 P，而在 Y 中并不包含隐变量 γ。以上等式成立的充要条件是 $\det(P)=0$，这是因为：如果 P 的行向量线性相关，则 Y 有非零解；如果 Y 有非零解，则 P 的行向量一定线性相关。由于 $\det(P)=0$ 的表达式是一个一元高次方程，其中只包含一个未知变量 γ，可通过求特征值的方法直接得出其结果（包括复数解，共有 10 个解）。然后，将 γ 的每个实解代入 P 中，再对 P 进行 SVD 分解，并对最后一个元素进行归一化处理，即可得出 Y 中各个元素的解（因为 Y 的 10 个元素是互相独立的，所以其自由度为 9，由此可知 P 的秩一定是 9，其核空间的维数为 1），从而进一步得出 α 和 β 的解。

需要注意的是：以上运行需要利用符号运算来实现。在该过程中，如果将 M 矩阵中的每个元素都看作独立的符号，那么构建的系数矩阵将是非常庞大的，普通计算机将无法承受，即使可以运算，其效率也极低。为了提高运算效率，根据约束矩阵 P 的表达式的特点，以及行列式的以下两个性质：①行列式的某行或者列乘以系数 k，等价于系数 k 乘以原行列式，即：$\begin{vmatrix} p_{11} & p_{12} & \cdots & p_{1n} \\ \vdots & \vdots & & \vdots \\ ka_{i1} & kp_{i2} & \cdots & kp_{in} \\ \vdots & \vdots & & \vdots \\ p_{n1} & p_{n2} & \cdots & p_{n3} \end{vmatrix} = k\begin{vmatrix} p_{11} & p_{12} & \cdots & p_{1n} \\ \vdots & \vdots & & \vdots \\ p_{i1} & p_{i2} & \cdots & p_{in} \\ \vdots & \vdots & & \vdots \\ p_{n1} & p_{n2} & \cdots & p_{n3} \end{vmatrix}$；②如果行列式的某行或者列由两组数相加，那么它等价于对这两组数分开后的两个行列式求和，即 $\begin{vmatrix} a_{11} & a_{12} & \cdots & a_{1n} \\ \vdots & \vdots & & \vdots \\ a_{i1}+b_{i1} & a_{i2}+b_{i2} & \cdots & a_{in}+b_{in} \\ \vdots & \vdots & & \vdots \\ a_{n1} & a_{n2} & \cdots & a_{n3} \end{vmatrix} = \begin{vmatrix} a_{11} & a_{12} & \cdots & a_{1n} \\ \vdots & \vdots & & \vdots \\ a_{i1} & a_{i2} & \cdots & a_{in} \\ \vdots & \vdots & & \vdots \\ a_{n1} & a_{n2} & \cdots & a_{n3} \end{vmatrix} + \begin{vmatrix} a_{11} & a_{12} & \cdots & a_{1n} \\ \vdots & \vdots & & \vdots \\ b_{i1} & b_{i2} & \cdots & b_{in} \\ \vdots & \vdots & & \vdots \\ a_{n1} & a_{n2} & \cdots & a_{n3} \end{vmatrix}$，可对原表达式进行化简，找出所有的阶数相同的行列式，并对其求和，即可得到 γ 的 $1,2,\cdots,10$ 阶的系数，从而只将各个单独的行列式（共有 $2\times2\times2\times3\times3\times4=288$ 个）看作独立的参数。

（2）利用 Gröbner 基算法求解多元多次方程的方法。在求解形如 $y=(a_1x_1+a_2x_2+\cdots+a_{n-1}x_n+a_n)^k$ 的多项式时，还可通过 Gröbner 基算法来实现。Gröbner 基算法求解多元多次方程的基本思想如下：首先，利用 Gröbner 基理论，求出由高次方程组中的各个方程所生成的理想 I（即简化后的目标函数）的第一消元理想 I_1 的 Gröbner 基；然后，利用广义结式理论，将 I_1 中的多项式的一个零点扩张成理想 I 的公共零点，将含有 n 个变量的代数方程组消去 $n-1$ 个变量，从而转化为单变量的表达式，即可将 n 个变量的代数方程组的求解，转化为一个一元高次方程的求解问题。

下面，通过举例来说明 Gröbner 基算法求解的基本思路和过程。

假设 $\begin{cases} f_1(x,y)=25xy-15x-20y+12=0 \\ f_2(x,y)=x^2+y^2-1=0 \end{cases}$，需要创建一个新多项式（理想），要求新创建的多项式与原方程组的结果相同（可通过原方程之间的线性变换实现），但其结构要比原方程组更简单。例如，可构建 $f_3(x,y)=(-5x-4)f_1(x,y)+(125y-75)f_2(x,y)=125y^3-75y^2-45y+27=0$（注意：构建 f_3 的系数并不是唯一的）。很明显，新构建的多项式 f_3 与原方程有相同的解，但它只包含一个未知变量 y，同时，它是一个一元三次方程，可通过求特征值的方法直接得出其所有解（通常其中的实解是要得到的结果）。然后，将得到的每个 y 的结果，代入原公式中，即可得出 x 的结果。理论上讲，对任意方程组，只要它有解，都可转化为只包含一个变量的形式，这个过程的关键步骤是构建新的多项式 f_3 及其系数（即 Gröbner 基），但这个问题非常复杂，在此不做详细的论述，具体的解决方法请参考相关的专业文献的介绍。

6.1.2　相机内参数未知条件下的相对定向

如果相机内参数是未知的，那么相机位姿的相对定向的问题实际上是相机自标定问题。因为基于两幅图像的自标定的约束较弱，其解算结果的精度较差，所以可以将相机内参数矩阵尽可能地简化，通过先估计其内参数，再估计其相对位姿的方法来实现。对具体实现的方法和过程描述如下。

假设左右图像的内参数相同且忽略镜头畸变，那么其内参矩阵可近似表示为 $K=\mathrm{diag}(f,f,1)$。根据两幅图像可以计算基本矩阵 F，而 F 有以下约束：①$\det(F)=0$；② $F=K^{-\mathrm{T}}EK^{-1}$，即 $E=K^{\mathrm{T}}FK=KFK$，将其代入 $2EE^{\mathrm{T}}E-\mathrm{trace}(EE^{\mathrm{T}})E=0$，并将结果分别左乘和右乘 K^{-1} 得 $2FQF^{\mathrm{T}}QF-\mathrm{trace}(FQF^{\mathrm{T}}Q)F=0$，其中 $Q=KK=\mathrm{diag}(f^2,f^2,1)\simeq\mathrm{diag}(1,1,w)$，而 $w=1/f^2$。根据以上约束，可利用 6 对或者更多的线性无关的匹配点来实现其求解，即基本矩阵 F 可表示为一个三维右零空间，即 $F=xF_x+yF_y+F_w$，其中 $x,y,1$ 分别为各个零空间的系数。因为 $\det(F)=0$，且 $\mathrm{rank}(F)=2$，所以 $\underbrace{M}_{10\times30}\underbrace{X}_{30\times1}=0$，其中 $X=\begin{bmatrix} w^2x^3,wx^3,x^3,w^2x^2y,wx^2y,x^2y,w^2x^2,wx^2,x^2,w^2xy^2, \\ wxy^2,xy^2,w^2xy,wxy,xy,w^2x,wx,x,w^2y^3,wy^3, \\ y^3,w^2y^2,wy^2,y^2,w^2y,wy,y,w^2,w,1 \end{bmatrix}^{\mathrm{T}}$。以上方程可采用 Gröbner 基法或隐函数法求解。例如，在利用隐函数法进行求解时，

可将其中的 w 看作隐变量，从而以上表达式可转换为以下形式：$\begin{bmatrix} P_1 \\ P_2 \\ P_3 \\ P_4 \\ P_5 \\ P_6 \\ P_7 \\ P_8 \\ P_9 \\ P_{10} \end{bmatrix}\begin{bmatrix} x^3 \\ x^2y \\ x^2 \\ xy^2 \\ xy \\ x \\ y^3 \\ y^2 \\ y \\ 1 \end{bmatrix} =$

$PX'=0$，其中 $P_i = \begin{bmatrix} m_{i,1}w^2+m_{i,2}w+m_{i,3} \\ m_{i,4}w^2+m_{i,5}w+m_{i,6} \\ m_{i,7}w^2+m_{i,8}w+m_{i,9} \\ m_{i,11}w^2+m_{i,11}w+m_{i,12} \\ m_{i,13}w^2+m_{i,14}w+m_{i,15} \\ m_{i,16}w^2+m_{i,17}w+m_{i,18} \\ m_{i,19}w^2+m_{i,20}w+m_{i,21} \\ m_{i,22}w^2+m_{i,23}w+m_{i,24} \\ m_{i,25}w^2+m_{i,26}w+m_{i,27} \\ m_{i,28}w^2+m_{i,29}w+m_{i,30} \end{bmatrix}^{\mathrm{T}}$；$P_i(i=1,2,\cdots,10)$ 表示 P 的第 i 行；$m_{i,j}(i=1,2,\cdots,10; j=1,2,\cdots,30)$ 表示矩阵 M 第 i 行第 j 列的元素。然后，根据 $\det(P)=0$，可以构建一个关于 w 的一元二十次方程，从而实现 w 的求解，进而 $f=\sqrt{1/w}$，即可得出相机内参数矩阵 K。最后，对相机位姿的相对定向的过程与前面介绍的方法是一致的。

在求解 $\det(P)=0$ 时，可根据行列式的性质对原表达式进行化简，找出所有的阶数相同的行列式，并对其求和即可得到 $z\,(1,2,\cdots,20\,)$阶的系数，从而将各个单独的行列式（共 3^{10} 个）看作独立的参数，而基本矩阵 F 最多有 20 组可能的解。可采用以下判断方法来去除其中的错误解：因为 $w=1/f^2$，所以可首先去除其中的复数解，以及 $w\leqslant 0$ 的解，利用 RANSAC 方法（要求匹配点的数量要远远大于 6 对），从多组计算结果中找出一组相对稳定的结果，作为最终的解算解。以上方法的理论依据是：因为 $\det(P)=0$ 的约束是一个高次方程，它对误差非常敏感，所以输入不同的数据，可能会得到不同的结果，而其中的真实解对误差相对不敏感，所以其结果相对比较稳定，从而出现的频率较高。然而，大量的实际测试表明，该方法对噪声非常敏感，其稳健性较差。因此，该方法并不是一种非常实用的算法。

6.2 世界坐标的绝对定向

不同世界坐标系下世界坐标的转换模型可表示为 $\begin{bmatrix} X_2 \\ Y_2 \\ Z_2 \end{bmatrix} = \lambda \begin{bmatrix} r_{11} & r_{12} & r_{13} \\ r_{21} & r_{22} & r_{23} \\ r_{31} & r_{32} & r_{33} \end{bmatrix} \begin{bmatrix} X_1 \\ Y_1 \\ Z_1 \end{bmatrix} + \begin{bmatrix} T_X \\ T_Y \\ T_Z \end{bmatrix}$，将其写为矩阵的形式为 $\tilde{M}_2 = \lambda R \tilde{M}_1 + T$（即对世界坐标点 $\tilde{M}_1$，先进行旋转和放缩，再进行平移的描述），而其逆变换为 $\tilde{M}_1 = \mu R^{\mathrm{T}} (\tilde{M}_2 - T)$，其中 $\mu = 1/\lambda$（即对世界坐标点 $\tilde{M}_2$，先进行平移，再进行旋转和放缩的描述）。以上模型中包含了 7 个未知数，即 $\lambda, \Omega, \Phi, K, T_X, T_Y, T_Z$，其中 Ω, Φ, K 为与旋转矩阵 R 有关的 3 个旋转轴上的转角分量。因为每个控制点可提供 3 个方程，所以理论上利用 3 个或者更多的不共线的控制点，即可实现求解。其具体求解过程如下。

（1）为了消除平移向量 T 的影响，需要首先对世界坐标点 $\tilde{M}_1$ 和 $\tilde{M}_2$ 进行质心化处理，即将这两个坐标系的原点分别平移到各自质心 $\bar{M}_1$ 和 $\bar{M}_2$ 的位置，其中质心为所有的控制点在 X、Y、Z 轴方向上的均值，即 $\bar{M}_1 = \frac{1}{n}\sum_{i=1}^{n}(\tilde{M}_1)_i$，$\bar{M}_2 = \frac{1}{n}\sum_{i=1}^{n}(\tilde{M}_2)_i$，其中 n 为坐标点的数量。因此，可得到它们在质心化的世界坐标系下的坐标 $\hat{M}_1$ 和 $\hat{M}_2$，其中 $\hat{M}_1 = \tilde{M}_1 - \bar{M}_1$，$\hat{M}_2 = \tilde{M}_2 - \bar{M}_2$。

（2）在各自的质心化的世界坐标系下，分别计算每个控制点到原点（质心）的距离，由此可以得出尺度系数 λ，即 $\lambda = \sum_{i=1}^{n} \left\| \hat{M}_2 \right\|_2 \Big/ \sum_{i=1}^{n} \left\| \hat{M}_1 \right\|_2$，其中 $\left\| \hat{M}_1 \right\|_2$ 和 $\left\| \hat{M}_2 \right\|_2$ 为 $\hat{M}_1$ 和 $\hat{M}_2$ 的 2 范数，即欧氏距离。

（3）求解旋转矩阵 R。因为在质心化的世界坐标系下，旋转矩阵 R 不受平移向量的影响，并且 1 个控制点可提供 3 个约束，而 R 有 3 个自由度（即 Ω, Φ, K），所以理论上只需要 1 个控制点即可实现其求解。然而，这是一个非线性求解问题，而且得到的结果可能并不唯一。旋转矩阵 R 可以通过以下几种方法来求解。

方法 1：如果将旋转矩阵 R 的 9 个元素看作未知数，即可实现其线性求解。利用 3 个或更多的线性无关的控制点提供的约束，即可实现方程的线性求解。注：需要对直接得到的结果 R_0 进行归一化处理，即 $[U, S, V] = \mathrm{svd}(R_0)$，而 $R = UV^{\mathrm{T}}$。

因为未知数之间存在着非线性的相关性，而在线性求解过程中并未充分利用该相关性，所以结果可能包含一定的误差。但是，该误差可通过最后的非线性优化来消除。

方法 2：根据 Arun 等（1987）的介绍，可利用最小二乘法实现 R 的线性解算。优化目标为 $R=\min\limits_{R}\frac{1}{2}\sum\limits_{i=1}^{n}\left\|(\hat{M}_2)_i-\lambda R(\hat{M}_1)_i\right\|^2=\min\limits_{R}\frac{1}{2}\sum\limits_{i=1}^{n}[(\hat{M}_2)_i^{\mathrm{T}}\hat{M}_2+\lambda^2(\hat{M}_1)_i^{\mathrm{T}}\ (R^{\mathrm{T}}R)$ $(\hat{M}_1)_i-2\lambda(\hat{M}_2)_i^{\mathrm{T}}R(\hat{M}_1)_i]$，其中 $\hat{M}_1$ 和 $\hat{M}_2$ 为质心化的世界坐标。因为 $R^{\mathrm{T}}R=I$，且 $\lambda>0$，所以上式中的前两项与优化目标函数无关。因此，以上优化目标等价于 $\max\limits_{R}[\sum\limits_{i=1}^{n}(\hat{M}_2)_i^{\mathrm{T}}R(\hat{M}_1)_i]=\max\limits_{R}[\mathrm{trace}(R\sum\limits_{i=1}^{n}(\hat{M}_1)_i(\hat{M}_2)_i^{\mathrm{T}})]$。令 $H=\sum\limits_{i=1}^{n}(\hat{M}_1)_i\ (\hat{M}_2)_i^{\mathrm{T}}$，通过对矩阵 H 进行 SVD 分解，得 $H=USV^{\mathrm{T}}$。如果矩阵 H 是满秩的（要求至少有 3 对线性无关的控制点），那么根据以上优化目标得到结果为 $R=\pm VU^{\mathrm{T}}$，但可以根据 $\det(R)=1$ 的约束排除其中的一个错误解，从而得到转矩阵 R 的唯一解；如果矩阵 H 的秩为 2，那么 $R=\pm[v_1,v_2,\pm v_3]U^{\mathrm{T}}$（因为第 3 个奇异值为 0，所以 $\pm v_3$ 都可以满足 $H=USV^{\mathrm{T}}$ 的条件），但可以根据 $\det(R)=1$ 的约束排除其中的两个错误解，从而得到两个候选解。

此外，Horn（1987）还提出了基于单位四元数的求解算法，详见其论文的描述。

（4）在得出尺度系数 λ 和旋转矩阵 R 后，即可根据 $T=\tilde{M}_2-\lambda R\tilde{M}_1$ 得出平移向量 T。

（5）为了提高结果的解算精度，需要采用非线性优化算法进行优化处理。其中，优化的目标函数为对 $\tilde{M}_1$ 进行旋转、放缩和平移的坐标与 $\tilde{M}_2$ 之间的误差的平方和最小。注：如果对计算结果的精度要求不高，可不进行非线性优化处理。

注意：不同世界坐标系下世界坐标的转换模型还可表示为 $\begin{bmatrix}X_2\\Y_2\\Z_2\end{bmatrix}=\lambda\begin{bmatrix}r_{11}&r_{12}&r_{13}\\r_{21}&r_{22}&r_{23}\\r_{31}&r_{32}&r_{33}\end{bmatrix}\begin{bmatrix}X_1+T_X\\Y_1+T_Y\\Z_1+T_Z\end{bmatrix}$，将其写为矩阵的形式为 $\tilde{M}_2=\lambda R(\tilde{M}_1+T)$（即对世界坐标点 $\tilde{M}_1$，先进行平移，再进行旋转和放缩的描述），而其逆变换为 $\tilde{M}_1=\mu R^{\mathrm{T}}\tilde{M}_2-T$，其中 $\mu=1/\lambda$（即对世界坐标点 $\tilde{M}_2$，先进行旋转和放缩，再进行平移的描述）。其未知参数的求解过程与以上步骤类似。例如，首先需要确定平移向量 T，具体方法如下：先对世界坐标点 $\tilde{M}_1$ 和 $\tilde{M}_2$ 进行质心化处理，从而得

到它们在质心化的世界坐标系下的坐标 $\hat{M}_1$ 和 $\hat{M}_2$。因为质心化的世界坐标系下的原点不受到旋转和放缩的影响，而且经过平移后这两个原点必然重合，所以可据此求出平移向量 T；在得出平移向量 T 之后，根据 $\tilde{M}_2=\lambda R(\tilde{M}_1+T)=\lambda R\tilde{M}_1'$，其中 $\tilde{M}_1'=\tilde{M}_1+T$，即可解出 λ 和 R。求解 λ 和 R 的过程与前面的介绍类似，只是输入的世界坐标分别为 $\tilde{M}_1'$ 和 $\tilde{M}_2$。

第 7 章　从运动恢复结构

从运动恢复结构（structure from motion，SfM）的目的是：利用相机在空间运动过程中（即观测位置或角度需要发生改变）拍摄的多幅二维图像，来获取在某一相对世界坐标系中所有图像的相机位姿，以及场景的三维稀疏重构，而在这个过程中完全不需要依赖外部设备（如 GNSS/IMU）的辅助。SfM 实质上是对多幅图像进行相对定向的过程（其结果具有统一的相对世界坐标系），即已知多幅图像坐标 m_{ij} 和相机内参数矩阵 K_i（如果 K_i 是未知的，则需要利用自标定算法来获取，详见第 9 章的介绍），求旋转矩阵 R_i、相机中心 $\tilde{C}_i$（或平移向量 $\tilde{T}_i=-R_i\tilde{C}_i$），以及匹配点对应的世界坐标点 $\tilde{M}_j$ 的过程，其中 $i=1,2,\cdots,n;j=1,2,\cdots,m$。

此外，在机器人领域中，还有一种被称为基于视觉的同步定位与制图（visual simultaneous localization and mapping，visual SLAM，或 vSLAM）的技术，它是机器人在运动过程中，完全利用其自身携带的摄像机或者照相机获取的图像，来实时确定机器人自身所在的位置和姿态，同时还可以对其所在的三维场景进行制图（即实现场景的三维稀疏重构）的技术。vSLAM 的基本原理与 SfM 的是一致的，只是它们研究的侧重点和所要实现的目标是不同的。例如，SfM 通常不要求实时定位；而 vSLAM 则要求实时定位，vSLAM 还需要对运动状态进行预测，从而达到自主导航的目的，该技术在室内定位导航、自动驾驶等领域具有重要的应用价值。

摄影测量的主要目的是实现场景的三维建模，通常不需要对相机进行实时定位，所以只需要利用 SfM 技术即可实现相机位姿的获取和场景的三维稀疏重构。下面就对实现的基本方法和步骤进行详细的介绍。

（1）提取所有图像的特征点。采用 SIFT 或 SURF 等算法提取所有图像的特征点，从而为实现图像之间的稀疏匹配提供数据支持。

（2）构建标准的相对世界坐标系统。首先，从 N 幅图像中选取两幅具有公共匹配点的图像，假设其为图像 1 和图像 2（注意：匹配点的数量不能过少，否则无法进行后面的计算；此外，选取的两幅图像不能是纯旋转运动的图像，即基线长度不能过短，否则得到的结果会存在很大的误差，其判断方法详见第 3 章中的介绍）。

其次，对以上两幅图像进行相对定向处理（假设 $R_1=I$，$\tilde{C}_1=0$，即 $\tilde{T}_1=-R_1\tilde{C}_1=0$，且至少需要两幅图像上的 5 对匹配点才可实现其求解），从而得到在某一相对世界坐标系下的旋转矩阵 R_2 和相机中心位置（$\tilde{C}_2=-R_2^{\mathrm{T}}\tilde{T}_2$），并将该结果作为标准的相对世界坐标系统。

再次，基于以上结果进行前方交会，得出每个匹配点对应的世界坐标点的坐标。

最后，记录下每个世界坐标点及其对应的图像编号和特征点信息，从而为后面的图像匹配提供数据支持。

（3）确定第 3 幅图像的位姿。第 3 幅图像的位姿的确定，可以采用基于前方交会和后方交会的方法，或者采用基于连续相对定向的方法来实现，详见附注 7.1 的描述。

（4）按照步骤（3）的方法，对剩余的其他图像与以上已确定的图像组合，对存在公共匹配点的其他图像进行处理，从而得到其他图像的相机中心位置和旋转矩阵，并补充更多的不重复的世界坐标点及其特征点信息。通过以上处理，即可得到在某个相对世界坐标系下所有图像的外参数，以及各个组合的匹配点对应的世界坐标点（基于全局匹配）。注意：如果图像之间的空间位置和姿态完全是未知的，那么需要对剩余的图像进行逐一匹配，从而判断不同图像之间是否存在公共匹配点；如果它们在空间上是连续的，或者有 GNSS/IMU 外部设备的辅助信息，那么可以只对相邻的几幅图像进行匹配（基于增量式匹配）以提高运算效率。为了提高计算效率，在实际计算时，可先将原图像重采样为尺寸较小的图像来进行预判断，如果存在公共匹配点，再采用原图像进行特征点提取和匹配处理。在 vSLAM 中，由于图像是按照时间序列排列的，可以只利用相邻的图像进行匹配，但是通常需要进行闭环检测，以减少累积的误差。

（5）因为随着图像增加，会出现误差累积现象，所以在得出所有图像的外参数和世界坐标点的坐标之后（或当图像达到一定数量之后），将其作为初始值，采用光束平差法对计算结果进行优化处理。该处理对提高结果的计算精度非常重要。

需要注意的是：如果某些图像与已确定的图像组合之间不存在公共匹配点或匹配点的数量过少（需要根据计算过程中对点数的最低要求设定一个阈值），那么就无法进行以上处理；如果图像之间为纯旋转运动关系，那么相机观测中心是已知的，此时只需要确定其旋转矩阵即可，而纯旋转运动图像之间无法进行前方交会，或当两幅图像的基线非常短时，前方交会的误差会非常大，在以上情况下就不能通过前方交会来补充世界坐标点。在以上过程中，如果匹配点出现严重的错误匹配，或者图像中存在大量的移动物体，就会导致求解错误，因此还需要采用一定的方法（如利用极线约束等）尽可能地剔除错误匹配点和移动物体对应的点。

附注 7.1：确定第 3 幅图像位姿的方法

方法 1：基于前方交会和后方交会的方法。

首先，根据已知的世界坐标点及其对应的图像编号和特征点信息，对图像 3

进行匹配处理。如果图像 3 与已知的图像之间存在公共匹配点，那么就可以将该图像的公共匹配点对应的世界坐标点作为控制点，采用后方交会的方法（由第 5 章的介绍可知，采用非线性方法至少需要 3 个不共线的世界坐标点来实现求解，但需要估计其初始值；而采用线性方法需要 4 个不共线的世界坐标点即可实现求解）得到其位姿信息，即图像 3 的旋转矩阵 R_3 和相机中心位置 $\tilde{C}_3$。

其次，根据图像 3 的位姿，对它与所有的已知图像的公共匹配点进行前方交会（注：它们必须满足前方交会的条件，否则不进行该操作），如图像 1 和图像 3 的组合、图像 2 和图像 3 的组合之间的所有匹配点分别进行前方交会，并补充原有的各个组合所确定的世界坐标点以外的点（即不对与原来的图像 1 和图像 2 的组合、图像 2 和图像 3 的组合所确定的世界坐标点存在重复的点进行更新，只更新不重复的点），同时补充新增的世界坐标点对应的特征点信息，使每个世界坐标点对应着唯一的特征点信息。注意：在以上过程中，得到的所有计算结果都很自然地统一为标准的相对世界坐标系下的结果了。

方法 2：基于连续相对定向的方法。

对图像 3 的旋转矩阵和相机中心位置的确定，还可以采用基于连续相对定向的方法来实现。对其具体描述如下：假设图像 1、图像 2 和图像 3 存在一定数量的公共匹配点，并且可以满足下面的求解要求，利用图像 1 和图像 2 的组合，进行相对定向得到图像 2 相对于图像 1 的旋转矩阵为 $R_{2\text{-}1}$，通过前方交会确定的世界坐标点为 $\tilde{M}_{2\text{-}1}$；利用图像 2 和图像 3 的组合，进行相对定向处理，得到图像 3 相对于图像 2 的旋转矩阵为 $R_{3\text{-}2}$，通过前方交会确定的世界坐标点为 $\tilde{M}_{3\text{-}2}$。因为旋转矩阵不受尺度缩放和空间平移的影响，所以以上各个旋转矩阵的关系可表示为 $R_3 = R_{3\text{-}2}R_2 = R_{3\text{-}2}R_{2\text{-}1}R_1$。因为以上匹配点为 3 幅图像的公共匹配点，图像 1 和图像 2 的组合所确定的世界坐标点 $\tilde{M}_{2\text{-}1}$，与图像 2 和图像 3 的组合所确定的世界坐标点 $\tilde{M}_{3\text{-}2}$，实际上是同一组世界坐标点，所以它们在空间上一定是重合的，只是分别采用两个不同的世界坐标系表示。因此，需要将它们统一起来，而其本质是一个绝对定向问题。因为在以上绝对定向过程中，旋转矩阵都是已知的，所以可以利用更少的点来实现。

在图像 1 和图像 2 的组合的相对世界坐标系下，原点定义在图像 1 的观测中心；在图像 2 和图像 3 的组合的相对世界坐标系下，原点定义在图像 2 的观测中心。如果将图像 1 和图像 2 的组合定义的相对世界坐标系进行平移，从而使得图像 2 的观测中心为原点，那么在平移后的世界坐标系中世界坐标点的坐标为 $\tilde{M}'_{2\text{-}1} = \tilde{M}_{2-1} - \tilde{C}_{2\text{-}1}$，其中 $\tilde{C}_{2\text{-}1} = -R_{2\text{-}1}^{\mathrm{T}}\tilde{T}_{2\text{-}1}$。这样一来，$\tilde{M}'_{2\text{-}1}$ 所在的世界坐标系与 $\tilde{M}_{3\text{-}2}$ 所在的世界坐标系，具有公共的原点（即图像 2 的相机中心），只需要对 $\tilde{M}'_{2\text{-}1}$ 进行一定的放缩和旋转（因为在 $\tilde{M}'_{2\text{-}1}$ 所在的世界坐标系中，$R_1 = I$，$R_2 = R_{2\text{-}1}R_1$；在 $\tilde{M}_{3\text{-}2}$

所在的世界坐标系中，$R_2=I$，所以其旋转矩阵为 $R_{2\text{-}1}$），就可以将二者统一起来，即 $\tilde{M}_{3\text{-}2}=\lambda_{2\text{-}1}R_{2\text{-}1}\tilde{M}'_{2\text{-}1}=\lambda_{2\text{-}1}R_{2\text{-}1}(\tilde{M}_{2\text{-}1}+R_{2\text{-}1}^{\mathrm{T}}\tilde{T}_{2\text{-}1})=\lambda_{2\text{-}1}(R_{2\text{-}1}\tilde{M}_{2\text{-}1}+\tilde{T}_{2\text{-}1})$。因为以上方程中只有尺度系数是未知数，所以理论上只需要利用 1 个由 3 幅图像的公共匹配点对应的世界坐标点，即可计算出来（为了提高计算结果的稳定性，可以对所有的世界坐标点进行计算，并求平均值作为最终结果）。同理，可对图像 1 和图像 3 的组合进行处理。在求解尺度系数时，其过程更简单，因为图像 1 和图像 2 的组合定义的相对坐标系下的原点，与图像 1 和图像 3 的组合定义的相对坐标系下的原点是相同的，所以不需要进行平移处理。因此，根据 $\tilde{M}_{3\text{-}1}=\lambda_{2\text{-}1}R_{2\text{-}1}M_{2\text{-}1}$，即可将二者统一起来。

此外，因为下面的步骤需要按照以上方法进行重复计算，所以在第 1 次计算时，需要将图像 1 和图像 2 的组合定义的相对世界坐标系，作为标准的相对世界坐标系，并将图像 2 和图像 3 的组合所确定的相对世界坐标点和相机中心的结果转换为标准的相对世界坐标系下的结果。在计算出 λ 后，根据 $\tilde{M}_{3\text{-}2}=\lambda_{2\text{-}1}(R_{2\text{-}1}\tilde{M}_{2\text{-}1}+\tilde{T}_{2\text{-}1})$，得出其逆变换为 $\tilde{M}_{2\text{-}1}=R_{2\text{-}1}^{\mathrm{T}}[(1/\lambda_{2\text{-}1})\tilde{M}_{3\text{-}2}-\tilde{T}_{2\text{-}1}]$。因为在相对坐标系下的图像 3 的相机中心为 $\tilde{C}_3=-R_{3\text{-}2}^{\mathrm{T}}\tilde{T}_{3\text{-}2}$，所以 $\tilde{C}_3=-R_{3\text{-}2}^{\mathrm{T}}\tilde{T}_{3\text{-}2}=\lambda_{2\text{-}1}(R_{2\text{-}1}\tilde{C}_{\mathrm{std}3}+\tilde{T}_{2\text{-}1})$，即 $\tilde{C}_{\mathrm{std}3}=-R_{2\text{-}1}^{\mathrm{T}}[(1/\lambda_{2\text{-}1})R_{3\text{-}2}^{\mathrm{T}}\tilde{T}_{3\text{-}2}+\tilde{T}_{2\text{-}1}]$，其中 $\tilde{C}_{\mathrm{std}3}$ 分别为图像 3 的相机中心在标准的相对世界坐标系下的计算结果。最后，利用标准的相对世界坐标系下的计算结果，进行前方交会处理，从而可以补充更多的世界坐标点。

在其后的运算中，需要将各自定义的相对世界坐标系下的计算结果，统一转换为标准的相对世界坐标系下的结果。例如，对图像 2、图像 3 和图像 4 的组合，可以采用前面介绍的方法得到它们在相对世界坐标系（即图像 2 和图像 3 的组合定义的相对世界坐标系）下的计算结果，所以还需要将其转换为标准相对世界坐标系下的结果。具体方法如下：对图像 2 和图像 3 的组合的计算结果来说，在图像 1、图像 2 和图像 3 的组合中的计算结果（已转换为标准相对世界坐标系下的结果了），与图像 2、图像 3 和图像 4 的组合中的计算结果，可通过绝对定向来实现二者之间的转换。因此，即可得到其他图像的匹配点对应的世界坐标点和相机中心，在标准的相对世界坐标系下的计算结果。

以上过程还可以利用以下方法实现：对图像 2、图像 3 和图像 4 的组合来说，有 $\tilde{M}_{4\text{-}3}=\lambda_{3\text{-}2}(R_{3\text{-}2}\tilde{M}_{3\text{-}2}+\tilde{T}_{3\text{-}2})$，其中 $\tilde{M}_{3\text{-}2}=\lambda_{2\text{-}1}(R_{2\text{-}1}\tilde{M}_{2\text{-}1}+\tilde{T}_{2\text{-}1})$。将后面的公式代入前面的，以此类推，即可直接构建 $\tilde{M}_{4\text{-}3}$ 与 $\tilde{M}_{2\text{-}1}$ 之间的转换关系，通过递归运算，即可实现由相对世界坐标系到标准相对世界坐标系的转换。这种计算方法的缺点是，随着图像序列的增加，其计算量会越来越大。对以上两种方法进行比较可以看出：方法 2 需要的匹配点数比方法 1 的多，而且方法 2 比方法 1 的计算过程更为复杂，因为其中涉及大量的坐标系之间的转换。因此，推荐使用方法 1 进行计算。

第 8 章　基于已知参照物的相机标定

基于已知参照物的相机标定，是借助场景中控制点的坐标 M 及其在图像上的像点坐标 m，或者场景中的平行直线、直线间的夹角（如正交）、图像上的消失点、消失线等已知信息，采用一定的算法来获得相机内参数矩阵 K、镜头畸变参数和外参数（即相机中心 C 和旋转矩阵 R）的过程。与在第 5 章中介绍的空间后方交会的差别在于：在基于已知参照物的相机标定过程中，相机内参数矩阵 K 和镜头畸变参数都是未知的，而在空间后方交会的过程中，相机内参数矩阵 K 和镜头畸变参数都是已知的。根据场景中已知标定物的不同，可分为相机三维标定和二维平面标定。下面对几种常用的基于已知参照物的标定算法进行详细介绍。

8.1　基于三维标定场的相机标定

基于三维标定场的相机标定只需要利用一幅图像即可实现，如图 8.1 所示。其中，三维标定场中控制点的世界坐标可通过全站仪等设备实际测量得到；其对应的像点坐标可直接从图像上得到。基于三维标定场的相机标定过程中需要解决的关键问题包括：①估计相机内参数和外参数的初始值；②在确定的相机内参数和外参数初始值的基础上，进行非线性优化（即利用光束平差的思想，使已知的控制点在该图像上的投影误差最小化），以得到相机内参数、镜头畸变参数、外参数的优化结果。对以上过程的具体描述如下。

图 8.1　三维标定场

1. 利用 DLT 算法估计相机内参数和外参数的初始值

在忽略相机镜头畸变的情况下，根据 $\mu m = K[R,\tilde{T}]M = PM$ ，其中 $\mu = p_{3\mathrm{R}}M$ ，$p_{3\mathrm{R}}$ 为 P 的第 3 行向量。令 $H = KR$ ， $t = K\tilde{T}$ ，所以 $P = [H,t]$。将上式展开可得

$$\mu\begin{bmatrix} x \\ y \\ 1 \end{bmatrix} = \begin{bmatrix} p_{11} & p_{12} & p_{13} & p_{14} \\ p_{21} & p_{22} & p_{23} & p_{24} \\ p_{31} & p_{32} & p_{33} & p_{34} \end{bmatrix}\begin{bmatrix} X \\ Y \\ Z \\ 1 \end{bmatrix}$$

其中 $\mu = p_{31}X + p_{32}Y + p_{33}Z + p_{34} > 0$ ，所以

$$\begin{cases} x(p_{31}X + p_{32}Y + p_{33}Z + p_{34}) = p_{11}X + p_{12}Y + p_{13}Z + p_{14} \\ y(p_{31}X + p_{32}Y + p_{33}Z + p_{34}) = p_{21}X + p_{22}Y + p_{23}Z + p_{24} \end{cases}$$

即

$$\begin{cases} Xp_{11} + Yp_{12} + Zp_{13} + p_{14} + 0 + 0 + 0 + 0 - xXp_{31} - xYp_{32} - xZp_{33} - xp_{34} = 0 \\ 0 + 0 + 0 + 0 + Xp_{21} + Yp_{22} + Zp_{23} + p_{24} - yXp_{31} - yYp_{32} - yZp_{33} - yp_{34} = 0 \end{cases}$$

以上公式即为 DLT 算法的数学表达式。因此，只要利用 6 个或者更多的世界坐标点（必须要求它们不共面），即可在相差一个尺度系数的条件下，利用 SVD 分解直接得到 P 的各个元素的最小二乘解 $P_0 = [H_0,t_0]$。由于在以上过程中由 SVD 分解得到的 P_0 是 $\|P_0\| = 1$ 的解，它与相机矩阵 P 相差一个非零尺度系数 λ ，即 $P = [H,t] = \lambda P_0 = \lambda[H_0,t_0]$ 。注：在具体的计算过程中，非常有必要对像点和世界坐标点进行归一化处理，以提高其结果的解算精度，其原因和具体处理方法在第 3 章中有详细的介绍。

根据 P_0 的解算结果，求解相机内参数和外参数的方法如下。

1）方法 1

（1）求解尺度系数 λ 。令 $A = HH^{\mathrm{T}} = (KR)(KR)^{\mathrm{T}} = KK^{\mathrm{T}} = (\lambda H_0)(\lambda H_0)^{\mathrm{T}} = \lambda^2 H_0 H_0^{\mathrm{T}} = \lambda^2 A_0$（由第 3 章的介绍可知，矩阵 A 即为相机矩阵 P 作用下的绝对二次曲线投影的对偶 ω^* ）。因为 $A = \omega^* = KK^{\mathrm{T}} = \begin{bmatrix} f_x^2 + s^2 + x_p^2 & x_p y_p + sf_y & x_p \\ x_p y_p + sf_y & f_y^2 + y_p^2 & y_p \\ x_p & y_p & 1 \end{bmatrix}$，其中 $A(3,3) = 1$ ，所以 $\lambda = \pm\sqrt{1/A_0(3,3)}$ 。因为 λ 存在两个值，所以需要进一步确定其符号。

系数 λ 的符号判断方法：因为 $\det(H) = \det(KR) = \det(K)\det(R) = \det(\lambda H_0) =$

$\lambda^3\det(H_0)$，其中 $\det(R)=1$，所以 $\det(K)=f_x f_y=\lambda^3\det(H_0)>0$，由此可判断 λ 的符号，并得出 $\lambda=\text{sign}(\det(H_0))\sqrt{1/A_0(3,3)}$。

（2）求解相机内参数矩阵 K。方案 1：$A=\lambda^2 A_0$，在已知矩阵 A 的条件下，可采用以下方法求解相机内参数矩阵 K。$x_p=A(1,3)$，$y_p=A(2,3)$，$f_y=\sqrt{A(2,2)-{y_p}^2}$，$x_p y_p+sf_y=A(1,2)$，即 $s=(A(1,2)-x_p y_p)/f_y$，${f_x}^2+{x_p}^2+s^2=A(1,1)$，即 $f_x=\sqrt{A(1,1)-{x_p}^2-s^2}$，而 $K=\begin{bmatrix} f_x & s & x_p \\ 0 & f_y & y_p \\ 0 & 0 & 1 \end{bmatrix}$。

方案 2：对矩阵 A_0 进行 Cholesky 分解可得出相机内参数矩阵 $K_0=\text{chol}(A_0)$。因为 $K(3,3)=1$，所以通过对 $K_0(3,3)$ 进行归一化处理，即可得到相机内参数矩阵 K。

（3）求解相机外参数。由于 $H=\lambda H_0$，根据以上计算结果，可进一步得出 $R=K^{-1}H$，$\tilde{T}=K^{-1}t$，$\tilde{C}=-R^{\mathrm{T}}\tilde{T}$。

2）方法 2

（1）对 H_0 的逆矩阵 H_0^{-1} 进行 QR 分解将其分解为一个正交矩阵 R_0 和一个上三角矩阵 K_0 的乘积 $[R_0,K_0]=\text{qr}(H_0^{-1})$，即 $H_0^{-1}=R_0K_0$，所以 $H_0=K_0^{-1}R_0^{\mathrm{T}}=K_1R_1$，其中 $K_1=K_0^{-1}$，$R_1=R_0^{\mathrm{T}}$。

（2）由于 $K(3,3)=1$，对 $K_1(3,3)$ 进行归一化处理，从而得 $K=K_1/K_1(3,3)$。

（3）对得到的 R_1 进行单位正交化处理（即需要满足 $R_1R_1^{\mathrm{T}}=I$。单位正交化的实现方法如下：先对 R_1 进行 SVD 分解，$[U,S,V]=\text{svd}(R_1)$，然后令 $R=UV^{\mathrm{T}}$），因为得到的 R 可能相差一个符号，所以还需要按照 $\det(R)=1$ 的条件验证 R。如果 $\det(R)=-1$，那么 $R=-R$。因此，通过以上步骤即可得到旋转矩阵 R 的最终结果。

（4）$\det(K)=\lambda^3\det(H_0)$，可以据此求出系数 λ。$H=\lambda H_0$，可进一步得出 $R=K^{-1}H$，$\tilde{T}=K^{-1}t$，$\tilde{C}=-R^{\mathrm{T}}\tilde{T}$。

2. 根据确定的相机内参数和外参数初始值，进行非线性优化

如果考虑相机镜头畸变，那么
$$\mu\begin{bmatrix} x \\ y \\ 1 \end{bmatrix}=\mu\begin{bmatrix} x_0-x_{\text{dist}} \\ y_0-y_{\text{dist}} \\ 1 \end{bmatrix}=\begin{bmatrix} p_{11} & p_{12} & p_{13} & p_{14} \\ p_{21} & p_{22} & p_{23} & p_{24} \\ p_{31} & p_{32} & p_{33} & p_{34} \end{bmatrix}\begin{bmatrix} X \\ Y \\ Z \\ 1 \end{bmatrix},$$
其中，x 和 y 为去除镜头畸变后的图像坐标；x_0 和 y_0 为实际测量的包含镜头畸变的图像坐标；x_{dist} 和 y_{dist} 分别为在 x 轴和 y 轴方向上的畸变量，
$$\begin{cases} x_{\text{dist}}=(x_0-x_p)(k_1r^2+k_2r^4+k_3r^6)+p_1[r^2+2(x_0-x_p)^2]+2p_2(x_0-x_p)(y_0-y_p) \\ y_{\text{dist}}=(y_0-y_p)(k_1r^2+k_2r^4+k_3r^6)+2p_1(x_0-x_p)(y_0-y_p)+p_2[r^2+2(y_0-y_p)^2] \end{cases}$$
；k_1，

k_2, k_3 为径向畸变参数（当镜头畸变较小时，通常可只采用 k_1, k_2 来表示，而令 $k_3=0$；当镜头畸变较大时，可以采用 k_1, k_2, k_3 来表示径向畸变）；p_1, p_2 为偏心畸变参数；$r=\sqrt{(x_0-x_p)^2+(y_0-y_p)^2}$（即像点到像主点的欧氏距离）。

因为 $\mu = p_{31}X + p_{32}Y + p_{33}Z + p_{34}$，所以 $(p_{31}X + p_{32}Y + p_{33}Z + p_{34})(x_0 - x_{\text{dist}}) = p_{11}X + p_{12}Y + p_{13}Z + p_{14}$，$(p_{31}X + p_{32}Y + p_{33}Z + p_{34})(y_0 - y_{dist}) = p_{21}X + p_{22}Y + p_{23}Z + p_{24}$。很明显，以上公式是非线性的，所以需要采用非线性优化方法实现其求解。优化的目标是使已知的世界坐标点（控制点）在该图像上的投影误差最小化，而其本质是光束平差问题（详见第 10 章的介绍）。对以上非线性方程的求解过程如下。

方法 1：对相机的 5 个内参数（f_x, f_y, x_p, y_p, s）、6 个外参数（$X_s, Y_s, Z_s, \omega, \varphi, \kappa$）和 5 个镜头畸变参数（$k_1, k_2, k_3, p_1, p_2$）进行非线性优化。

（1）在忽略相机镜头畸变的条件下，按照 DLT 算法得到相机矩阵 P 的 12 个元素，然后得出 5 个相机内参数（f_x, f_y, x_p, y_p, s）、6 个外参数（$X_s, Y_s, Z_s, \omega, \varphi, \kappa$）的初始值，并将畸变参数（$k_1, k_2, k_3, p_1, p_2$）的初始值都设为 0。

（2）根据 $f(p+\delta_p) \approx f(p) + J\delta_p$，其中 J 为待优化的各个未知参数（即 5 个内参数（f_x, f_y, x_p, y_p, s）、6 个外参数（$X_s, Y_s, Z_s, \omega, \varphi, \kappa$）和 5 个镜头畸变参数（$k_1, k_2, k_3, p_1, p_2$）的雅可比矩阵，

$$\underset{2\times16}{J} = \begin{bmatrix} \underbrace{\frac{\partial x_0}{\partial f_x}, \cdots, \frac{\partial x_0}{\partial s}}, \underbrace{\frac{\partial x_0}{\partial X_s}, \cdots, \frac{\partial x_0}{\partial \kappa}}, \underbrace{\frac{\partial x_0}{\partial k_1}, \cdots, \frac{\partial x_0}{\partial p_2}} \\ \underbrace{\frac{\partial y_0}{\partial f_x}, \cdots, \frac{\partial y_0}{\partial s}}_{5列}, \underbrace{\frac{\partial y_0}{\partial X_s}, \cdots, \frac{\partial y_0}{\partial \kappa}}_{6列}, \underbrace{\frac{\partial y_0}{\partial k_1}, \cdots, \frac{\partial y_0}{\partial p_2}}_{5列} \end{bmatrix},$$

$\delta_p = (J^{\mathrm{T}}J)^{-1}(J^{\mathrm{T}}\varepsilon)$（注：由于雅可比矩阵 J 的公式非常复杂，在具体计算时可采用第 2 章中介绍的符号运算来实现）。

（3）执行迭代计算，从而得到优化的 5 个内参数（f_x, f_y, x_p, y_p, s）、6 个外参数（$X_s, Y_s, Z_s, \omega, \varphi, \kappa$）和 5 个镜头畸变参数（$k_1, k_2, k_3, p_1, p_2$）。

方法 2：对 P 的 11 个独立的元素和 5 个镜头畸变参数（k_1, k_2, k_3, p_1, p_2）进行非线性优化。

（1）在忽略相机镜头畸变的条件下，按照 DLT 算法得到相机矩阵 P 的 12 个元素，并将其作为非线性优化的初始值（因为相机矩阵 P 可以相差一个非零的尺度系数，所以它只有 11 个独立的元素，而这 11 个独立的元素正好与相机的 5 个内参数和 6 个外参数对应。在一些算法中将 p_{34} 进行归一化处理，但如果 $p_{34}=0$ 或者接近于 0，会出现严重的问题，所以建议将 12 个元素绝对值的最大值进行归一化处理），并将畸变参数（k_1, k_2, k_3, p_1, p_2）的初始值都设为 0。

（2）根据 $f(p+\delta_p) \approx f(p) + J\delta_p$，其中 J 为待优化的各个未知参数[即相机矩

阵 P 的 11 个独立的元素和 5 个镜头畸变参数(k_1,k_2,k_3,p_1,p_2)]的雅可比矩阵(注：由于雅可比矩阵 J 的公式非常复杂，在具体计算时可采用第 2 章中介绍的符号运算来实现)，这里首先计算 $\underbrace{J_0}_{2\times17}=\left[\begin{array}{c}\underbrace{\frac{\partial x_0}{\partial p_{11}},\frac{\partial x_0}{\partial p_{12}},\cdots,\frac{\partial x_0}{\partial p_{34}}}_{}, \underbrace{\frac{\partial x_0}{\partial k_1},\cdots,\frac{\partial x_0}{\partial p_2}}_{} \\ \underbrace{\frac{\partial y_0}{\partial p_{11}},\frac{\partial y_0}{\partial p_{12}},\cdots,\frac{\partial y_0}{\partial p_{34}}}_{12列},\underbrace{\frac{\partial y_0}{\partial k_1},\cdots,\frac{\partial y_0}{\partial p_2}}_{5列}\end{array}\right]$（注：需要根据上面对相机矩阵 P 的 12 个元素中绝对值最大值的判断，先将 P 绝对值最大值对应的 $\underbrace{J_0}_{2\times17}$ 中的列去除而得到 $\underbrace{J}_{2\times16}$ ，并将 P 的绝对值最大值进行归一化处理，而它不需要更新），所以 $\delta_p=(J^{\mathrm{T}}J)^{-1}(J^{\mathrm{T}}\varepsilon)$。

（3）执行迭代计算，从而得到优化的相机矩阵 P 和镜头畸变参数 (k_1,k_2,k_3,p_1,p_2)。

（4）根据以上非线性优化的相机矩阵 P 的结果，即可得出相机内参数和外参数的计算结果，其求解方法与忽略镜头畸变部分中描述的相同。

需要注意的是：在按照以上两种方法进行非线性优化时，为了提高计算结果的精度，在优化前需要对图像坐标和世界坐标进行归一化处理；最后，再对计算结果进行逆归一化处理，从而将其还原为在原坐标系下的结果。此外，以上相机标定方法，只能适应三维标定场，如果该标定场退化为二维平面，则根据以上方法将无法实现相机标定处理。这是因为：如果世界坐标点（控制点）分布在一个平面上，不妨将其所在的平面定义为 X-Y 平面，令 $Z=0$，根据 $\mu\begin{bmatrix}x\\y\\1\end{bmatrix}=\begin{bmatrix}p_{11}&p_{12}&p_{13}&p_{14}\\p_{21}&p_{22}&p_{23}&p_{24}\\p_{31}&p_{32}&p_{33}&p_{34}\end{bmatrix}\begin{bmatrix}X\\Y\\0\\1\end{bmatrix}=\begin{bmatrix}p_{11}&p_{12}&p_{14}\\p_{21}&p_{22}&p_{24}\\p_{31}&p_{32}&p_{34}\end{bmatrix}\begin{bmatrix}X\\Y\\1\end{bmatrix}$，而平面退化的矩阵 P 最多只有 8 个独立的元素（虽然有 9 个元素，但相差 1 个整体的尺度系数），所以据此无法计算出 5 个相机内参数（ f_x,f_y,x_p,y_p,s ）、6 个外参数（ $X_s,Y_s,Z_s,\omega,\varphi,\kappa$ ）。但是，如果保持相机内参数不变，可以通过多幅图像联合起来实现相机的标定（详见 8.2 节中“基于二维标定场的相机标定”的介绍）。

8.2　基于二维标定场的相机标定

基于二维标定场的相机标定，需要在保持相机内参数不变的条件下，通过多幅图像联合起来实现相机的标定。通常，需要选用一个黑白相间的方格图案作为标定场[图 8.2（a）]，或者选用一个等间距实心圆阵列的图案作为标定场[图 8.2（b）]。其中，方格角点或者等间距实心圆阵列的圆心的世界坐标，可以直接通过标定场确定，而其对应的像点坐标，可直接从图像上得到。在该过程中需要解决的关键问题包括：①需要采用一定的方法估计相机内参数和外参数的初始值；②在确定相机内参数和外参数初始值的基础上，进行非线性优化（即利用光束平差的思想，使已知的控制点在多幅图像上的投影误差最小化），以得到相机内参数、镜头畸变参数、外参数的优化结果；而在非线性优化的过程中，需要采用 Levenberg-Marquardt 算法来实现其求解。

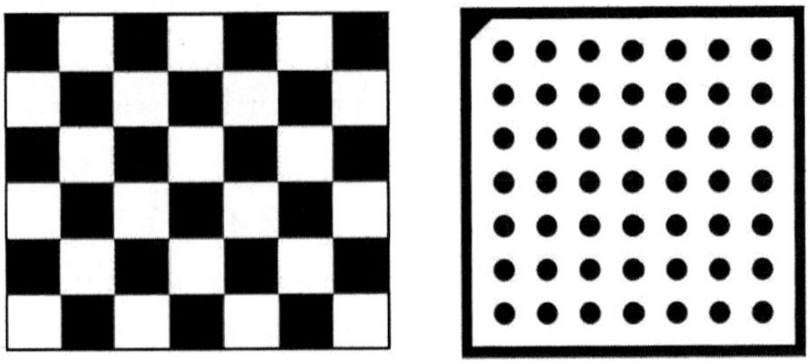

（a）　　　　　　　　　　（b）

图 8.2　二维平面标定场

1）相机内参数和外参数初始值的估计

方法 1：张正友提出的算法。

根据上面的推导，在忽略相机镜头畸变的情况下，如果世界坐标点（控制点）分布在一个平面上，可将其所在的平面定义为 X-Y 平面，而令 $Z=0$，所以有 $\mu m = K[r_1, r_2, \tilde{T}]\bar{M} = H\bar{M}$，即 $\mu\begin{bmatrix} x \\ y \\ 1 \end{bmatrix} = \begin{bmatrix} h_{11} & h_{12} & h_{13} \\ h_{21} & h_{22} & h_{23} \\ h_{31} & h_{32} & h_{33} \end{bmatrix}\begin{bmatrix} X \\ Y \\ 1 \end{bmatrix}$，其中 $\mu = Xh_{31} + Yh_{32} + h_{33} > 0$。在单应矩阵 H 作用下的变换，称为平面投影变换（或称为二维 DLT 变换）。将上式展开可得 $\begin{cases} Xh_{11} + Yh_{12} + h_{13} + 0 + 0 + 0 - xXh_{31} - xYh_{32} - xh_{33} = 0 \\ 0 + 0 + 0 + Xh_4 + Yh_5 + h_6 - yXh_{31} - yYh_{32} - yh_{33} = 0 \end{cases}$，所以只要利用 4 个或者更多的世界坐标点（要求世界坐标点的投影不共线），即可在相差一个尺度系数 λ 的条件下，利用 SVD 分解直接得到单应矩阵 H_0 的 9 个元素的最小二乘解，即 $H = \lambda H_0$，而 $h_1 = Kr_1 = \lambda h_{0(1)}$，$h_2 = Kr_2 = \lambda h_{0(2)}$，$h_3 = K\tilde{T} = \lambda h_{0(3)}$，所以 $r_1 = \lambda K^{-1} h_{0(1)}$，$r_2 = \lambda K^{-1} h_{0(2)}$，$\tilde{T} = \lambda K^{-1} h_{0(3)}$。因为 r_1 和 r_2 是单位正交矩阵 R 的前两列，所以 $r_1^{\mathrm{T}} r_2 = 0$，$r_1^{\mathrm{T}} r_1 = r_2^{\mathrm{T}} r_2 = 1$，即 $(\lambda K^{-1} h_{0(1)})^{\mathrm{T}} (\lambda K^{-1} h_{0(2)}) \simeq h_{0(1)}^{\mathrm{T}} (K^{-\mathrm{T}} K^{-1}) h_{0(2)} = 0$，$h_{0(1)}^{\mathrm{T}} (K^{-\mathrm{T}} K^{-1}) h_{0(1)} - h_{0(2)}^{\mathrm{T}} (K^{-\mathrm{T}} K^{-1}) h_{0(2)} = 0$，其几何意义为平面上虚圆点的像点位

于绝对二次曲线上（以上约束可以通过令其实数部分和虚数部分为 0 推导出来）。令 $B=\omega=K^{-\mathrm{T}}K^{-1}=(KK^{\mathrm{T}})^{-1}=A^{-1}$（根据第 3 章的介绍可知，矩阵 A 和 B 分别为相机矩阵 P 作用下的绝对二次曲面的投影 ω^* 和绝对二次曲线的投影 ω ）。

$$B=\frac{1}{f_x^2 f_y^2}\begin{bmatrix} f_y^2 & -sf_y & f_y(sy_p-f_yx_p) \\ -sf_y & f_x^2+s^2 & f_ysx_p-f_x^2y_p-s^2y_p \\ f_y(sy_p-f_yx_p) & f_ysx_p-f_x^2y_p-s^2y_p & f_x^2f_y^2+f_x^2y_p^2+(f_yx_p-sy_p)^2 \end{bmatrix}\simeq$$

$$\begin{bmatrix} f_y^2 & -sf_y & f_y(sy_p-f_yx_p) \\ -sf_y & f_x^2+s^2 & f_ysx_p-f_x^2y_p-s^2y_p \\ f_y(sy_p-f_yx_p) & f_ysx_p-f_x^2y_p-s^2y_p & f_x^2f_y^2+f_x^2y_p^2+(f_yx_p-sy_p)^2 \end{bmatrix}$$；如果 $s=0$，那么 $B\simeq\begin{bmatrix} f_y^2 & 0 & -f_y^2x_p \\ 0 & f_x^2 & -f_x^2y_p \\ -f_y^2x_p & -f_x^2y_p & f_x^2f_y^2+f_x^2y_p^2+f_y^2x_p^2 \end{bmatrix}$；如果 $s=0$，且 $f_x=f_y=f$，那么 $B\simeq\begin{bmatrix} 1 & 0 & -x_p \\ 0 & 1 & -y_p \\ -x_p & -y_p & f^2+y_p^2+x_p^2 \end{bmatrix}$；如果 $s=0$，$f_x=f_y=f$，且 $x_p=0$ 和 $y_p=0$（将坐标原点定义在图像中心，且像主点位于图像中心），那么 $B\simeq\begin{bmatrix} 1 & 0 & 0 \\ 0 & 1 & 0 \\ 0 & 0 & f^2 \end{bmatrix}=\begin{bmatrix} 1 & 0 & 0 \\ 0 & 1 & 0 \\ 0 & 0 & w \end{bmatrix}$，其中 $w=f^2$。

因此，如果相机内参数始终保持不变（注：如果相机内参数发生了变化，如相机镜头进行了调焦，则无法进行解算），可以通过多幅图像联合起来求出矩阵 B。如果包含斜交变形参数 s，则至少需要 3 幅图像才能求解矩阵 B（因为在相差一个非零尺度系数的条件下，矩阵 B 包含 5 个待求的未知数）；如果 $s=0$，则至少需要 2 幅图像即可求解矩阵 B（因为在相差一个非零尺度系数的条件下，矩阵 B 包含 4 个待求的未知数）；如果 $s=0$，且 $f_x=f_y=f$，则至少需要 2 幅图像才可求解矩阵 B（因为有 3 个待求的未知数）；如果 $s=0$，$f_x=f_y=f$，且 $x_p=0$ 和 $y_p=0$，则只需要 1 幅图像即可求解矩阵 B（因为有 1 个待求的未知数）。在得出矩阵 B（即绝对二次曲线的投影 ω ）之后，即可得到矩阵 A，因为 $A=B^{-1}$，进而可采用 8.1 节中介绍的方法求出相机内参数矩阵 K。

在得出相机内参数矩阵 K 之后，即可进一步得出每幅图像对应的相机外参数结果。具体求解方法如下：因为 $H=K[r_1,r_2,\tilde{T}]=\lambda H_0$，所以 $[r_1,r_2,\tilde{T}]=\lambda K^{-1}H_0$，其

中 H_0 为直接得到的单应矩阵结果。根据 $\|r_1\|_2 = 1$ 和 $\|r_2\|_2 = 1$，可得出该图像对应的系数 λ（注：有正负两个解），从而得出 r_1、r_2 和 $\tilde{T}$。然后，根据 r_1 和 r_2 可得 $r_3 = \text{cross}(r_1, r_2) = \text{cross}(-r_1, -r_2)$，所以 $P = K[R, \tilde{T}] = K[r_1, r_2, r_3, \tilde{T}]$ 或者 $P = K[R, \tilde{T}] = K[-r_1, -r_2, r_3, -\tilde{T}]$。因为以上两个结果 R 的行列式都是 1，所以无法利用 $\det(R) = 1$ 来排除其中的错误解，但可以利用被拍摄物体必须在相机前方（即 $\mu = p_{3R} M = h_{3R} \bar{M} > 0$，其中 p_{3R} 和 h_{3R} 分别为矩阵 P 和 H 的第 3 行向量）的要求，来得到 R 的最终结果。最后，根据 $\tilde{C} = -R^{\mathrm{T}} \tilde{T}$ 即可得到相机中心的位置。

需要注意的是：利用以上算法进行相机标定时，相机的像平面不能与二维标定场平行，否则无法求解。这是因为：当 $\omega = 0$ 且 $\varphi = 0$ 时，$R = \begin{bmatrix} \cos\kappa & \sin\kappa & 0 \\ -\sin\kappa & \cos\kappa & 0 \\ 0 & 0 & 1 \end{bmatrix}$，而 $H = K[r_1, r_2, \tilde{T}]$。在这种情况下，利用 $h_1^{\mathrm{T}}(K^{-\mathrm{T}}K^{-1})h_2 = 0$ 和 $h_1^{\mathrm{T}}(K^{-\mathrm{T}}K^{-1})h_1 - h_2^{\mathrm{T}}(K^{-\mathrm{T}}K^{-1})h_2 = 0$ 构建的约束都是恒等式，所以其系数矩阵是不满秩的，无法进行求逆运算。实际上，当相机的像平面与二维标定场接近于平行时，系数矩阵为一个病态矩阵（其条件数非常大），其解算结果对误差非常敏感，得到的结果是非常不稳定的。

方法 2：一种可直接得出内参数解析解的算法。

对相机内参数和外参数初始值的估计，还可采用以下方法来实现，对其具体描述如下。

通常，对绝大部分相机来说，以下假设是合理的，即 $s = 0$，$f_x = f_y = f$。在以上假设条件下，相机内参数矩阵为 $K = \begin{bmatrix} f & 0 & x_p \\ 0 & f & y_p \\ 0 & 0 & 1 \end{bmatrix}$。因为 $\mu m = K[r_1, r_2, \tilde{T}]\bar{M} = H\bar{M}$，所以 $\begin{bmatrix} f & 0 & x_p \\ 0 & f & y_p \\ 0 & 0 & 1 \end{bmatrix} \begin{bmatrix} r_{11} & r_{12} \\ r_{21} & r_{22} \\ r_{31} & r_{32} \end{bmatrix} = \begin{bmatrix} r_{11}f + r_{31}x_p & r_{12}f + r_{32}x_p \\ r_{21}f + r_{31}y_p & r_{22}f + r_{32}y_p \\ r_{31} & r_{32} \end{bmatrix} = \begin{bmatrix} h_1 & h_2 \\ h_4 & h_5 \\ h_7 & h_8 \end{bmatrix}$。根据前面的描述，可在相差一个尺度系数 λ 的条件下，利用 SVD 分解求出单应矩阵 H，并由此得出 $r_{11} = \lambda(h_1 - x_p h_7)/f$，$r_{21} = \lambda(h_4 - y_p h_7)/f$，$r_{31} = \lambda h_7$，$r_{12} = \lambda(h_2 - x_p h_8)/f$，$r_{22} = \lambda(h_5 - y_p h_8)/f$，$r_{32} = \lambda h_8$（此处将非零尺度系数 λ 显式地表示出来）。

因为 $r_1^{\mathrm{T}} r_2 = 0$，其中 r_1 和 r_2 为旋转矩阵 R 的前两列向量，即 $\dfrac{(h_1 - x_p h_7)(h_2 - x_p h_8)}{f^2} + \dfrac{(h_4 - y_p h_7)(h_5 - y_p h_8)}{f^2} + h_7 h_8 = 0$，所以 $f^2 = -\dfrac{(h_1 - x_p h_7)(h_2 - x_p h_8) + (h_4 - y_p h_7)(h_5 - y_p h_8)}{h_7 h_8}$

（注：因为 f^2 一定是一个大于零的数，所以 $\dfrac{(h_1 - x_p h_7)(h_2 - x_p h_8) + (h_4 - y_p h_7)(h_5 - y_p h_8)}{h_7 h_8}$

一定是一个负数）；此外，因为 $r_1^{\mathrm{T}}r_1=r_2^{\mathrm{T}}r_2=1$，所以 $r_1^{\mathrm{T}}r_1-r_2^{\mathrm{T}}r_2=0$，即 $f^2=\dfrac{(h_1-x_ph_7)^2+(h_4-y_ph_7)^2-(h_2-x_ph_8)^2-(h_5-y_ph_8)^2}{h_8^2-h_7^2}$。

根据以上结果可得 $-\dfrac{(h_1-x_ph_7)(h_2-x_ph_8)+(h_4-y_ph_7)(h_5-y_ph_8)}{h_7h_8}=\dfrac{(h_1-x_ph_7)^2+(h_4-y_ph_7)^2-(h_2-x_ph_8)^2-(h_5-y_ph_8)^2}{h_8^2-h_7^2}$，经通分并整理可得 $(h_1h_7^2h_8+h_1h_8^3-h_2h_7^3-h_2h_7h_8^2)x_p+(h_4h_7^2h_8+h_4h_8^3-h_5h_7^3-h_5h_7h_8^2)y_p=h_2^2h_7h_8+h_4^2h_7h_8-h_4h_5h_7^2+h_1^2h_7h_8-h_1h_2h_7^2+h_1h_2h_8^2-h_4h_5h_8^2-h_5^2h_7h_8$。

（1）基于单幅二维标定场图像的相机标定。如果像主点的位置 x_p 和 y_p 是已知的，如像主点通常位于图像中心附近，不妨假设它就在图像中心，那么根据以上公式可直接得出相机内参数矩阵 K。在求出 K 后，即可根据“张正友提出的算法”中的描述，进一步求出该图像的旋转矩阵 R 和相机中心 C。

（2）基于两幅或者更多的二维标定场图像的相机标定。首先，利用两幅或者更多的二维标定场图像，分别计算出各自的单应矩阵 H；然后，根据 $(h_1h_7^2h_8+h_1h_8^3-h_2h_7^3-h_2h_7h_8^2)x_p+(h_4h_7^2h_8+h_4h_8^3-h_5h_7^3-h_5h_7h_8^2)y_p=h_1^2h_7h_8-h_1h_2h_7^2+h_1h_2h_8^2-h_2^2h_7h_8+h_4^2h_7h_8-h_4h_5h_7^2+h_4h_5h_8^2-h_5^2h_7h_8$ 的约束，在相机内参数保持不变的前提下，可以构建两幅或者更多图像的关于 x_p 和 y_p 的约束，从而可以直接计算出像主点的位置 x_p 和 y_p。此外，根据

$$\begin{cases} f=\sqrt{\dfrac{(h_1-h_7x_p)^2-(h_2-h_8x_p)^2+(h_4-h_7y_p)^2-(h_5-h_8y_p)^2}{h_8{}^2-h_7{}^2}}, & \text{当}\ \dfrac{\max(|h_7|,|h_8|)}{\min(|h_7|,|h_8|)}>5 \\ f=\sqrt{-\dfrac{(h_1-h_7x_p)(h_2-h_8x_p)+(h_4-h_7y_p)(h_5-h_8y_p)}{h_7h_8}}, & \text{其他} \end{cases}$$

，可以得出相机内参数矩阵 K。在求出 K 后，即可根据“张正友提出的算法”中的描述，进一步求出各幅图像的旋转矩阵 R 和相机中心 C。

需要注意的是：利用以上算法进行相机标定时，相机的像平面也不能与二维标定场平行，否则无法求解，这是因为：

$$\begin{cases} f^2=\dfrac{(h_1-h_7x_p)^2-(h_2-h_8x_p)^2+(h_4-h_7y_p)^2-(h_5-h_8y_p)^2}{h_8{}^2-h_7{}^2} & (8.1) \\ f^2=-\dfrac{(h_1-h_7x_p)(h_2-h_8x_p)+(h_4-h_7y_p)(h_5-h_8y_p)}{h_7h_8} & (8.2) \end{cases}$$

尽管利用公式（8.1）和公式（8.2）都可实现 f 的求解，然而这两个公式都存在无解的情况。其中，公式（8.1）要求 $h_7^2 \neq h_8^2$，而 $h_7 = \lambda^{-1} r_{31} = \lambda^{-1} \sin\varphi$，$h_8 = \lambda^{-1} r_{32} = -\lambda^{-1} \sin\omega\cos\varphi$，即 $r_{31}^2 \neq r_{32}^2$，或者 $(\sin\omega)^2 \neq (\tan\varphi)^2$；公式（8.2）要求 $h_7 \neq 0$ 且 $h_8 \neq 0$，即只要二者有一个为 0 则无法求解。以上两个公式无解的定义域如图 8.3 所示。但是，可将这两个公式联合起来对 f 求解。因为单应矩阵 H 可以乘以任意一个非零系数，所以如果通过设定一定的阈值来判断 h_7 和 h_8 是否接近 0 是不可行的，但可通过 $\max(|h_7|, |h_8|)/\min(|h_7|, |h_8|) > 5$，来判断 h_7 和 h_8 是否存在较大差异。如果差异较大，则可利用公式（8.1）来求解；否则，可利用公式（8.2）进行求解。但是，如果 h_7 和 h_8 同时为 0，即当 $\omega = 0$ 且 $\varphi = 0$（即像平面与标定场平行），则利用这两个公式都无法求解，因为当 $\omega = 0$ 且 $\varphi = 0$ 时，$R_w^c = \begin{bmatrix} \cos\kappa & \sin\kappa & 0 \\ -\sin\kappa & \cos\kappa & 0 \\ 0 & 0 & 1 \end{bmatrix}$，在这种情况下 $H = \begin{bmatrix} f\cos\kappa & f\sin\kappa & t_1 f + t_3 x_p \\ -f\sin\kappa & f\cos\kappa & t_2 f + t_3 y_p \\ 0 & 0 & t_3 \end{bmatrix}$。此时 $h_1 = h_5$，$h_2 = -h_4$，H 相当于只有 5 个独立变量，却要求出 f、x_p、y_p、X_s、Y_s、Z_s、κ 共 7 个未知数，所以无法求解。因此，在拍摄图像时必须避免这种情况。

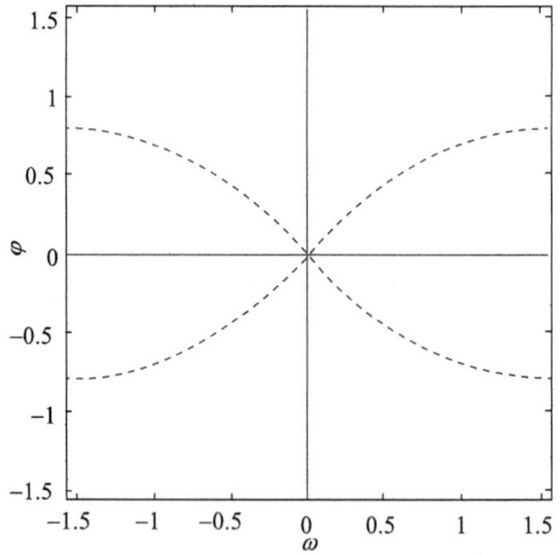

图 8.3　利用二维单应矩阵求 f 无解定义域

$\omega \in (-\pi/2, \pi/2)$，$\varphi \in (-\pi/2, \pi/2)$ 虚线为公式（8.1）无解的定义域，实线为公式（8.2）无解的定义域

2）根据确定的相机内参数和外参数初始值，进行非线性优化

如果考虑相机镜头畸变，那么 $\mu \begin{bmatrix} x \\ y \\ 1 \end{bmatrix} = \mu \begin{bmatrix} x_0 - x_{\text{dist}} \\ y_0 - y_{\text{dist}} \\ 1 \end{bmatrix} = \begin{bmatrix} h_{11} & h_{12} & h_{13} \\ h_{21} & h_{22} & h_{23} \\ h_{31} & h_{32} & h_{33} \end{bmatrix} \begin{bmatrix} X \\ Y \\ 1 \end{bmatrix}$，其中

$\mu = h_{31}X + h_{32}Y + h_{33}$，$(h_{31}X + h_{32}Y + h_{33})(x_0 - x_{\text{dist}}) = h_{11}X + h_{12}Y + h_{13}$，$(h_{31}X + h_{32}Y + h_{33})(y_0 - y_{\text{dist}}) = h_{21}X + h_{22}Y + h_{23}$。然后，在忽略相机镜头畸变的条件下，得到各个待优化参数的初始值，并将畸变参数（k_1, k_2, k_3, p_1, p_2）的初始值都设为 0，并按照 8.1 节中介绍的方法 1 的思想进行非线性优化，即可得到优化后的结果，其本质是光束平差问题（详见第 10 章的介绍）。

8.3　基于虚圆点的相机标定

因为 $\mu m = K[R, \tilde{T}]M$，而三维空间中虚圆点的世界坐标为 $M_{I,J} = (1, \pm i, 0, 0)^{\mathrm{T}}$（是一对无穷远点），所以 $\mu m_{i,j} = K[R, \tilde{T}]M_{I,J} = K[R, \tilde{T}](1, \pm i, 0, 0)^{\mathrm{T}} = KR(1, \pm i, 0)^{\mathrm{T}} = KR\tilde{M}_{I,J}$。在以上公式中，只与旋转矩阵 R 有关，而与平移向量 $\tilde{T}$ 无关。根据上式可得 $\tilde{M}_{I,J} = (1, \pm i, 0)^{\mathrm{T}} = \mu(KR)^{-1}m_{i,j}$，$\tilde{M}_{I,J}^{\mathrm{T}}\tilde{M}_{I,J} \simeq [(KR)^{-1}m_{i,j}]^{\mathrm{T}}[(KR)^{-1}m_{i,j}] = m_{i,j}^{\mathrm{T}}(K^{-\mathrm{T}}K^{-1})m_{i,j} = 0$，所以虚圆点的像点 $m_{i,j}$ 一定位于绝对二次曲线 $\omega = K^{-\mathrm{T}}K^{-1}$ 上。因此，只要得到某一投影下虚圆点的像点，即可构建两个关于绝对二次曲线 ω 的约束。因为虚圆点的像点位于绝对二次曲线 ω 上，需满足 $m_i^{\mathrm{T}}\omega m_i = 0$ 或 $m_j^{\mathrm{T}}\omega m_j = 0$ 实部和虚部都为 0，其中 m_i 和 m_j 为虚圆点的像点（二者是共轭的），所以由一幅图像只能构建两个独立的约束。

因为 ω 是一个对称矩阵，所以 ω 有 6 个独立的元素。假设它们都是未知的，在相差一个整体尺度系数的条件下，ω 有 5 个自由度，所以可以对一个标定场（如一个正方形）从不同位置拍摄的 3 幅或更多的图像，或者从一幅图像中得到场景中的 3 个或更多平面（如场景中包含 3 个或更多的正方形，要求这些平面是不平行的，但也不必相互正交）上的虚圆点的像点，即可采用线性方法解算出 ω。如果限定相机矩阵的未知数个数，那么需要的图像数会更少些。例如，令 $s = 0$，那么 $\omega \simeq \begin{bmatrix} f_y^2 & 0 & -f_y^2 x_p \\ 0 & f_x^2 & -f_x^2 y_p \\ -f_y^2 x_p & -f_x^2 y_p & f_x^2 f_y^2 + f_x^2 y_p^2 + f_y^2 x_p^2 \end{bmatrix} = \begin{bmatrix} \omega_1 & 0 & \omega_3 \\ 0 & \omega_2 & \omega_4 \\ \omega_3 & \omega_4 & \omega_5 \end{bmatrix}$，可以将这 5 个元素看作独立的未知数，在相差一个整体尺度系数的条件下，ω 有 4 个自由度，所以只需要 2 幅图像即可求解；令 $f_x = f_y = f$，$s = 0$，那么 $\omega \simeq \begin{bmatrix} 1 & 0 & -x_p \\ 0 & 1 & -y_p \\ -x_p & -y_p & f^2 + y_p^2 + x_p^2 \end{bmatrix} = \begin{bmatrix} 1 & 0 & \omega_1 \\ 0 & 1 & \omega_2 \\ \omega_1 & \omega_2 & \omega_3 \end{bmatrix}$，所以仍需要 2 幅图像来实现求解；令 $f_x = f_y = f$，$s = 0$，

$x_p = y_p = 0$，$\omega \simeq \begin{bmatrix} 1 & 0 & 0 \\ 0 & 1 & 0 \\ 0 & 0 & f^2 \end{bmatrix}$，所以只需要 1 幅图像即可求解。在计算出 ω 后，即可得出相机矩阵 K。在得出相机矩阵 K 后，根据 $\mu^{-1} m_{i,j} = KR\tilde{M}_{I,J}$，即 $\mu K^{-1} m_{i,j} = \mu \hat{m}_{i,j} = R\tilde{M}_{I,J}$，因为 $\tilde{M}_{I,J}$ 的第 3 个元素为 0，所以只能得出 R 的前两列 r_1 和 r_2（需要进行单位正交化处理），而根据 r_1 和 r_2 可得 $r_3 = \text{cross}(r_1, r_2) = \text{cross}(-r_1, -r_2)$。因此，旋转矩阵 R 有两种可能的解，即 $R = [r_1, r_2, r_3]$ 或者 $R = [-r_1, -r_2, r_3]$，需要根据尺度系数 $\mu = R_{3R}\bar{M} > 0$ 来确定最终的旋转矩阵 R，其中 R_{3R} 为旋转矩阵 R 的第 3 行向量，$\bar{M}$ 为平面上的任意一点。但是，这种方法却无法确定相机中心 C，因为虚圆点为无穷远点，在该公式中的平移向量 $\tilde{T}$ 被消除了。

在以上过程中，需要解决的关键问题是确定虚圆点的像点，具体方法如下。

（1）利用圆与过圆心的两条或者更多直线来确定。根据前面的介绍可知：任意一条过圆心 O 的直线，与圆的交点为 A、B 两点，与无穷远直线交于无穷远点 C，则点 A、B 和点 O、C 为调和共轭，即 $R(A,B;O,C) = -1$，而且在射影变换下交比始终保持不变。由虚圆点的定义可知：某一投影下的两个共轭的虚圆点的像点即为该投影下的无穷远直线与圆的像（椭圆）的交点（在投影后仍为共轭点）。因此，只要得出无穷远直线和圆的像（椭圆）的方程，将二者联立即可得出虚圆点的像点坐标。

无穷远直线和圆的像的确定方法如下。①无穷远直线的确定方法：已知圆心的坐标，以及过圆心的直线与圆的交点的坐标，即可根据调和共轭的约束，求出其无穷远点的像点。如果有两条或更多的直线与圆的交点，即可确定出该投影下的无穷远直线（注：在利用平面上的圆作为标定场时，只要相机的像平面不与标定场平行，即观测方向不垂直于标定场，所有的无穷远点的像点都是有穷的）。②圆的像的确定方法：由于圆的像是一个椭圆，通过 5 个点即可确定下来。

根据以上描述，需要已知各直线与圆的交点、圆心的坐标（圆心的坐标可以通过两条过圆心的直线的交点来确定），以及圆的像（椭圆）的方程（利用 5 个或者更多的点确定）。

（2）利用一个圆及其圆心的像来确定。由于圆的像是一个椭圆，它通过 5 个点即可确定下来。而且，因为在射影变换下交比始终保持不变，所以任何过圆心的像 O 的直线与圆的像（椭圆）的交点 A、B，与圆心的像 O 和无穷远点的像点 C 为调和共轭，即 $R(A,B;O,C) = -1$。因此，可以据此求出无穷远点的像点 C 的坐标。可以从过圆心的像 O 的直线束中，选取两条或者更多的直线，并求出每条线上的无穷远点的像点，从而可以确定无穷远线的方程。最后，将无穷远直线和圆的像（椭圆）的方程联立即可得出虚圆点的像点坐标。

（3）利用两个相交的圆及其像来确定。两个相交的圆有两个实交点与两个虚交点，因为平面上任何圆都相交于虚圆点，所以这两个虚交点即为虚圆点。两个圆的像（两个椭圆）除了两个实交点外，还有两个虚交点，即为虚圆点的像点。

（4）利用圆和通过圆心的两组垂直直线来确定。根据拉格尔定理的推论可知，两条直线垂直的充分必要条件是这两直线上的消失点与两个虚圆点调和共轭，因此可利用消失点和虚圆点之间调和共轭，构建虚圆点的像点的一组约束（有两个约束条件）。因为圆点的像点有 4 个未知数，所以还需要与另一组垂直直线联立，来求取虚圆点的像点坐标。

（5）利用正方形的 4 个角点来确定。根据正方形的 4 个角点，可以直接求出射影变换矩阵 H 。实际上，只要已知任意的 4 个或者更多的线性无关点的坐标，就可以求出射影变换矩阵 H ，而不必是正方形的 4 个角点，只是正方形的世界坐标比较容易确定而已。因此，虚圆点的像点可以根据 $m_{i,j} = H\tilde{M}_{I,J}$ 得出，这种方法最简单、最方便，非常实用。

8.4　基于消失点和消失线的相机标定

8.4.1　基于消失点的相机标定

假设有两条空间直线 L_1 和 L_2，其方向分别为 d_1 和 d_2，而 L_1 和 L_2 的消失点为 v_1 和 v_2，则 $v_1 = H_\infty d_1$， $v_2 = H_\infty d_2$，即 $d_1 = H_\infty^{-1} v_1$， $d_2 = H_\infty^{-1} v_2$。L_1 和 L_2 的夹角余弦为 $\cos\theta = \dfrac{d_1^{\mathrm T} d_2}{\sqrt{d_1^{\mathrm T} d_1}\sqrt{d_2^{\mathrm T} d_2}} = \dfrac{(H_\infty^{-1} v_1)^{\mathrm T}(H_\infty^{-1} v_2)}{\sqrt{(H_\infty^{-1} v_1)^{\mathrm T}(H_\infty^{-1} v_1)}\sqrt{(H_\infty^{-1} v_2)^{\mathrm T}(H_\infty^{-1} v_2)}} = \dfrac{v_1^{\mathrm T}\omega v_2}{\sqrt{v_1^{\mathrm T}\omega v_1}\sqrt{v_2^{\mathrm T}\omega v_2}}$，其中 $\omega = K^{-\mathrm T}K^{-1}$，即为绝对二次曲线的投影。因此，如果已知两条空间直线在欧氏空间的夹角（最常见的情况是两条直线相互垂直，此时 $\cos\theta = 0$，即要求以上公式中的分子部分为零），并且得出各自的消失点，即可构建关于 ω 的约束。

在得出空间直线在图像上的消失点后（消失点的确定方法详见第 3 章中的描述），其求解相机内参数矩阵 K 和外参数（可求出旋转矩阵 R，但无法求出相机中心 C，因为消失点是无穷远点，在该公式中的平移向量 $\tilde{T}$ 被消除了）的过程与基于虚圆点的相机标定的方法相同，只是将虚圆点的像点 $m_{i,j}$ 替换为消失点 v_1 和 v_2。

8.4.2　基于消失线的相机标定

因为平面 π 上的无穷远直线 $l_\infty = (0,0,1)^{\mathrm T}$ 在像平面上的投影即为该平面上的消失线（消失线的确定方法详见第 3 章中的描述），如果已知射影变换矩阵 H，可以直接对 l_∞ 进行射影变换得到消失线。假设空间中的两条直线 L_1 和 L_2，其方向分别为 d_1 和 d_2，直线 L_1 和 L_2 的消失点为 v_1 和 v_2，则在相机矩阵 P 的作用下，其消

失线为 $l_v = v_1 \times v_2 = H_\infty d_1 \times H_\infty d_2 \simeq H_\infty^{-\mathrm{T}}(d_1 \times d_2) = H_\infty^{-\mathrm{T}} n = K^{-\mathrm{T}} R n$，其中 n 为 d_1 和 d_2 所确定的平面的法方向。如果平面 π_1 和 π_2 的法方向分别为 n_1 和 n_2，则其夹角余弦 $\cos\theta = \frac{n_1^{\mathrm{T}} n_2}{\sqrt{n_1^{\mathrm{T}} n_1}\sqrt{n_2^{\mathrm{T}} n_2}} = \frac{l_1^{\mathrm{T}} \omega^* l_2}{\sqrt{l_1^{\mathrm{T}} \omega^* l_1}\sqrt{l_2^{\mathrm{T}} \omega^* l_2}}$，其中 $\omega^* = KK^{\mathrm{T}}$，即为绝对二次曲线的投影的对偶。因此，在已知两个平面之间的夹角和消失线的情况下，也可以利用上式来确定相机矩阵 K。

因为 ω 和 ω^* 都是对称矩阵，所以它们都有 5 个自由度。如果有 5 对或者更多的正交消失点或者正交消失线，即可直接求出 ω 和 ω^*，并可以进一步求解相机内参数矩阵 K 和外参数（可求出旋转矩阵 R，但无法求出相机中心 C，因为消失线是无穷远直线，在该公式中的平移向量 $\tilde{T}$ 被消除了），从而实现相机标定。如果限定相机矩阵的未知数个数，那么需要的正交消失点或者正交消失线的数量会更少些。

注意：在有些参考书中，将基于虚圆点的相机标定，以及基于消失点和消失线的相机标定看作相机自标定，作者认为这是不合适的，因为相机自标定完全不需要借助场景中的任何已知参照物，仅依靠多个视图之间的约束即可实现。

第 9 章　相机自标定

相机自标定是 20 世纪 90 年代提出的一种新的相机标定算法。经过了几十年的发展，已经较为成熟，并在计算机视觉中得到了广泛的应用。相机自标定是在不借助场景中任何已知参照物的条件下，对相机内参数的某些限定，通过相机的某种运动，利用场景中的物体在多幅图像中形成的匹配点，直接得出相机内参数和某一相对坐标系统下的外参数的过程。在图像数量、图像拍摄角度和位置，以及匹配点的数量足够多的条件下，其标定精度甚至可以与基于三维或二维标定场得到的结果相当。

相机自标定算法最大的优点是：它不需要利用真实场景的约束，只需要利用多个视图之间的约束即可实现，所以这种方法非常灵活方便。因此，在场景三维建模时，不需要事先对相机进行标定以获取相机内参数，也不需要依赖外部设备来获取相机外参数（位置和转角），只需要相机拍摄的一组图像即可获取相机的内参数和外参数，即可采用相机自标定算法来获取相机的内参数，然后采用 SfM 算法来获取相机的外参数。

在相机自标定的过程中，只有不同图像之间匹配点的图像坐标 m 是已知的，而相机内参数 K（包含镜头畸变参数，未知但需要做某些限定）和外参数（即相机中心 C 和旋转矩阵 R），以及匹配点对应的世界坐标 M 都是未知的。通过相机自标定，即可以得出相机内参数和外参数。当相机存在平移运动时，甚至还可以得到匹配点对应的世界坐标点在相对坐标系下的坐标；如果相机的运动为纯旋转运动，则无法得到世界坐标点的坐标，但可以得到世界坐标点与相机中心所确定的射线方向。注意：通常要求场景不能出现退化，即场景中的世界坐标点不能分布在一个平面或者一条直线上；如果出现退化，则需要采用适用于退化情形的算法来实现相机自标定。

下面就对相机自标定的基本理论，以及常用的几种相机自标定算法进行详细介绍。

9.1　相机自标定的基本理论

根据第 3 章的介绍可知，在相似重构条件下，在相机矩阵 P 的作用下，绝对二次曲线和绝对对偶二次曲面保持不变，绝对二次曲线的投影（$\omega = K^{-\mathrm{T}}K^{-1}$）和绝对对偶二次曲面的投影（$\omega^* = KK^{\mathrm{T}}$）只与相机内参数有关，而与其外参数（相机中心位置和转角）无关。因此，如果能够通过某种方法得出 ω 或 ω^*，即可实现相机自标定。

相机自标定的一般过程：首先，需要构建一个射影重构（具体方法见第 3 章中的介绍），然后利用某种方法，从图像上确定使绝对二次曲线保持不变的射影变换矩阵 H，将射影重构转换为相似重构，即可实现相机自标定。在确定射影变换矩阵 H 时，可以采用由射影重构直接变换为相似重构的方法来确定；也可以采用分层确定的方法，即先将射影重构转换为仿射重构（需要确定无穷远平面），然后再将仿射重构转换为相似重构（确定绝对二次曲线）。

对一个射影重构 $\{P_i, M\}$ $(i=1,2,\cdots,n)$，如果存在一个 4×4 的射影变换矩阵 H（注：H 是作用于相机矩阵 P_i 的），使得 $\{P_i', M'\}=\{P_iH, H^{-1}M\}$，即 $P_i'=P_iH$，其中 P_i' 是一个相似重构下的相机矩阵，而 $M=HM'$，其中 M' 是一个相似重构下的世界坐标点，那么就可以实现相机自标定。下面分析射影变换矩阵 H 的基本结构。

在射影重构条件下，假设第 1 幅图像（或者选定某一幅图像作为标准图像）的相机内参数矩阵 $K_{\mathrm{p1}}=I$，令世界坐标系与第 1 幅图像坐标系重合，第 1 幅图像的旋转矩阵 $R_{\mathrm{p1}}=I$，相机中心 $\tilde{C}_{\mathrm{p1}}=(0,0,0)^{\mathrm{T}}$，即 $\tilde{T}_{\mathrm{p1}}=-R_{\mathrm{p1}}\tilde{C}_{\mathrm{p1}}=(0,0,0)^{\mathrm{T}}$，那么其相机矩阵为 $P_1=[I,0]$。

在相似重构条件下，每幅图像对应的相机矩阵为 $P_i=K_i[R_i,\tilde{T}_i]$，而对第 1 幅图像来说，$P_1'=K_1[I,0]=[K_1,0]$，其中 K_1 为第 1 幅图像标定的相机内参数矩阵。令 $H=\begin{bmatrix} A & t \\ v^{\mathrm{T}} & k \end{bmatrix}$，根据 $P_1'\simeq P_1H$，$[K_1,0]\simeq[I,0]\begin{bmatrix} A & t \\ v^{\mathrm{T}} & k \end{bmatrix}$，可以推导出 $A\simeq K_1$，$t=0$，v 为任意一个三维向量，k 为任意不等于零的常数。因为 H 是一个非奇异齐次矩阵，所以不妨令 $k=1$。因此，该 4×4 的射影变换矩阵 H 一定具有以下形式：$H\simeq\begin{bmatrix} K_1 & 0 \\ v^{\mathrm{T}} & 1 \end{bmatrix}$。因为射影变换矩阵 H 可将射影重构转换为相似重构，所以它一定可以确定无穷远平面（注：作用于平面的射影变换矩阵是作用于点的射影变换矩阵 H 的对偶，即 $H^{-\mathrm{T}}$），即 $\pi_\infty=H^{-\mathrm{T}}(0,0,0,1)^{\mathrm{T}}=\begin{bmatrix} K_1^{-\mathrm{T}} & -K_1^{-\mathrm{T}}v \\ 0 & 1 \end{bmatrix}(0,0,0,1)^{\mathrm{T}}=\begin{bmatrix} -K_1^{-\mathrm{T}}v \\ 1 \end{bmatrix}$。令 $\pi_\infty=(p^{\mathrm{T}},1)^{\mathrm{T}}$，其中 $p=-K_1^{-\mathrm{T}}v$，即 $v=-K_1^{\mathrm{T}}p$。因此，$H\simeq\begin{bmatrix} K_1 & 0 \\ -p^{\mathrm{T}}K_1 & 1 \end{bmatrix}$，其中 K_1 是一个上三角矩阵，它表示第 1 个相机的内参数矩阵；p 为一个三维列向量，它表示无穷远平面法向量的非齐次形式。

如果射影重构的相机矩阵为 $P_i=[A_i,a_i]$ $(i=2,3,\cdots,n)$，其中 A_i 和 a_i 是第 i 幅图像相对于第 1 幅图像（即标准图像）的结果，它们可由第 3 章中的“关于基本矩

阵 F 的任意分解问题”介绍的方法来实现，那么 $P_iH=[A_i,a_i]\begin{bmatrix}K_1 & 0\\ -p^{\mathrm{T}}K_1 & 1\end{bmatrix}=$ $[(A_i-a_ip^{\mathrm{T}})K_1,a_i]\simeq P_i'=K_i[R_i,\tilde{T}_i]$，所以 $K_iR_i\simeq H_{i\infty}K_1$，其中 $H_{i\infty}=(A_i-a_ip^{\mathrm{T}})$，即 $R_i\simeq K_i^{-1}H_{i\infty}K_1$。因为 $R_iR_i^{\mathrm{T}}=I$，所以 $K_i^{-1}H_{i\infty}K_1[K_i^{-1}H_{i\infty}K_1]^{\mathrm{T}}=K_i^{-1}H_{i\infty}K_1K_1^{\mathrm{T}}H_{i\infty}^{\mathrm{T}}K_i^{-\mathrm{T}}\simeq$ I。从而可以得出 $K_iK_i^{\mathrm{T}}\simeq H_{i\infty}K_1K_1^{\mathrm{T}}H_{i\infty}^{\mathrm{T}}$，或 $(K_iK_i^{\mathrm{T}})^{-1}\simeq H_{i\infty}^{-\mathrm{T}}(K_1K_1^{\mathrm{T}})^{-1}H_{i\infty}^{-1}$，即 $\omega_i^*\simeq$ $H_{i\infty}\omega_1^*H_{i\infty}^{\mathrm{T}}$，或 $\omega_i\simeq H_{i\infty}^{-\mathrm{T}}\omega_1H_{i\infty}^{-1}$。或者将以上公式写为 $\omega_1^*\simeq H_{i\infty}^{-1}\omega_i^*H_{i\infty}^{-\mathrm{T}}$，$\omega_1\simeq$ $H_{i\infty}^{\mathrm{T}}\omega_iH_{i\infty}$。对 ω 和 ω^* 的表达式详见附注 9.1 的描述。

以上公式即为相机自标定的最基本的约束条件。注：以上约束为第 $2,3,\cdots,n$ 幅图像与第 1 幅图像构建的约束，而图像 $2,3,\cdots,n$ 之间的约束可以通过它们与第 1 幅图像的约束推导出来，所以它们与前面的约束具有相关性。例如，第 2 幅图像与第 3 幅图像的约束，可以通过第 2 幅图像与第 1 幅图像的约束，和第 3 幅图像与第 1 幅图像的约束推导出来。因为 $\omega_i\simeq H_{i\infty}^{-\mathrm{T}}\omega_1H_{i\infty}^{-1}$，所以 $\omega_1\simeq H_{i\infty}^{\mathrm{T}}\omega_iH_{i\infty}$。因此，第 2 幅图像与第 3 幅图像的约束可表示为 $H_{2\infty}^{\mathrm{T}}\omega_2H_{2\infty}\simeq H_{3\infty}^{\mathrm{T}}\omega_3H_{3\infty}$，即 $\omega_3\simeq(H_{2\infty}H_{3\infty}^{-1})^{\mathrm{T}}$ $\omega_2(H_{2\infty}H_{3\infty}^{-1})$。

（1）因为 $K_iK_i^{\mathrm{T}}$ 和 $(K_iK_i^{\mathrm{T}})^{-1}$ 都是 3×3 的齐次对称矩阵，所以利用一组图像可以构成 5 个独立的约束。如果相机内参数 K_i 的 5 个独立变量都是未知且变化的，除了第 1 幅图像外，其他图像与第 1 幅图像所构建的约束都是独立的，那么要求 $5(n-1)\geqslant 5n+3$，很显然这是不可能实现的。因此，如果相机内参数 K_i 不作任何限定，是无法实现相机自标定的。

（2）如果所有图像的相机内参数保持不变（在图像拍摄时对镜头不作任何调整），即 $K_i=K_1=K$，$KK^{\mathrm{T}}\simeq H_{i\infty}KK^{\mathrm{T}}H_{i\infty}^{\mathrm{T}}$，或 $(KK^{\mathrm{T}})^{-1}\simeq H_{i\infty}^{-\mathrm{T}}(KK^{\mathrm{T}})^{-1}H_{i\infty}^{-1}$，那么只需要确定 8 个参数即可（即 p 的 3 个自由度和 K 的 5 个自由度），所以只要 $5(n-1)\geqslant 8$（即 $n\geqslant 3$）即可实现 ω^* 或 ω 的求解，从而实现相机自标定。

（3）如果只限定不同图像的相机内参数矩阵 K_i 中的非正交变形参数 $s_i=0$，即要求 $5(n-1)\geqslant 4n+3$（即 $n\geqslant 8$）。从理论上来说，只要构建足够多的独立约束（要求约束线性无关且不退化），即可实现相机自标定（注：尽管理论上是可以实现的，但由于基于以上条件的约束较弱，其计算结果的精度较低，而且稳健性较差）。如果相机内参数 K_i 中有更多的约束，那么需要的图像数量会更少，如 $f_{x(i)}=f_{y(i)}=f_i$、$x_{p(i)}=0$、$y_{p(i)}=0$，那么 $5(n-1)\geqslant n+3$（即 $n\geqslant 2$），从理论上来说，利用两幅图像的匹配点即可实现其主距 f_i 的计算。

需要注意的是：因为图像之间提供的约束可能并不完全是独立的，所以其约束能力可能较弱，在实际求解时需要尽可能多地利用已知信息，而且这样做还可以减少所需要的图像数量。例如，令非正交变形参数 $s_i=0$，而通常这个假设是非常可靠的；对大部分相机来说，$f_{x(i)}=f_{y(i)}=f_i$ 也是合理的；此外，如果采用定焦镜头进行拍摄，相机内参数始终保持不变的假设也是合理的（通常该约束是较稳健的）；但是，$x_{p(i)}=0$、$y_{p(i)}=0$ 的假设通常是不可靠的，因为像主点通常靠近相机中心，但它并不完全与相机中心重合，而如果图像进行了裁剪处理（即只截取原图像中的一部分），那么其偏差可能会非常大，但如果图像没有进行裁剪处理，可以利用该假设来估计其他参数。

在求解射影变换矩阵 H 的过程中，可将 H 的 8 个参数的变化的平方和最小化作为优化目标，采用非线性优化方法得出 H，但该过程需要首先确定相机内参数 K 和 p 的各个元素的初始值。其中，相机内参数 K 的 5 个独立元素的初始值的估计，是相对比较容易的，因为对大多数相机来说，非正交变形参数接近于 0，其主点接近于相机中心，而主距的估计是最关键的。如果图像本身带有 Exif 信息，则可以用它记录的焦距信息，按照凸透镜的成像原理来估计主距（即像距，并假设 $f_{x(i)}=f_{y(i)}=f_i$），因此相机内参数 $K_i=\begin{bmatrix} f_i & 0 & 0 \\ 0 & f_i & 0 \\ 0 & 0 & 1 \end{bmatrix}$（需将图像坐标系的原点定义在图像中心）；如果没有 Exif 信息，则可以通过设定相机镜头宽边的视场角 θ_i（可在合理的范围内试着取值）来估计主距 f_i 的大小，这是因为估计主距，实际上相当于估计相机镜头的视场角。假设某幅图像的宽边为 w_i，那么主距为 $f_i=w_i/(2\tan(\theta_i/2))$（通常以像素或者 mm 作为度量单位）。然而，要想直接估计 p 的初始值却是比较困难的，但在估计出相机内参数 K_i 后，即可得到 ω_i^*（$\omega_i^*=K_iK_i^{\mathrm{T}}=\begin{bmatrix} f_i^2 & 0 & 0 \\ 0 & f_i^2 & 0 \\ 0 & 0 & 1 \end{bmatrix}$），利用公式 $\omega_i^*\simeq H_{i\infty}\omega_1^*H_{i\infty}^{\mathrm{T}}$ 的约束来估计 p 的初始值。注意：以上等式的两边相差一个非零的尺度因子，但可通过对公式两边进行归一化处理，来消除尺度因子的影响。在内参数保持不变的条件下，只要使归一化后的结果满足 $\det(H_{i\infty})=1$，即可消除尺度因子的影响。根据 $H_{i\infty}=s^{-1}(A_i-a_ip^{\mathrm{T}})$，且 $\det(H_{i\infty})=1$，可得 $s=\sqrt[3]{\det(A_i-a_ip^{\mathrm{T}})}$。

在具体应用过程中，如果相机的内参数保持不变，即 $K_i=K_1=K$，可采用以下方法来实现相机自标定。例如，Hartley（1994）给出了一种基于 QR 分解的求解方法。其具体求解过程如下：根据 $K_iR_i\simeq H_{i\infty}K$，可以将估计的 K 和 p 代入公式的右侧，通过对其进行 QR 分解求解 K_i 和 R_i，因为 $K_i(3,3)=1$，所以可以直接对其乘以一个非零的系数 λ 进行归一化处理；然后，再根据 $K_i=K_1=K$ 的约束，利用 $\min\left\|\lambda K_iK^{-1}-I\right\|_2^2$ 作为约束条件，采用 Levenberg-Marquardt 非线性最小二乘

法进行迭代运算，最终得到优化的内参数矩阵 K 和 p，从而得到射影变换矩阵 H，并得出所有图像的相机外参数。

需要注意的是：实际测试表明，只有在 K 和 p 的初始值较好的情况下，以上约束才能收敛并得到较好的计算结果；如果估计的 K 和 p 的初始值偏差较大，那么以上约束将很难收敛，从而无法得到想要的结果。此外，该算法对噪声较为敏感。实际上，还可以根据 $K_iK_i^{\mathrm{T}} \simeq H_{i\infty}KK^{\mathrm{T}}H_{i\infty}^{\mathrm{T}}$，将估计的 K 和 p 初始值代入公式的右侧，通过 Cholesky 分解得到 K_i，然后再利用 $\min\left\|\lambda K_i K^{-1} - I\right\|_2^2$ 的约束，对初始值进行非线性优化，从而得到最终结果，但这种方法同样要求初始值要接近真值，否则无法收敛，而且该算法对噪声较为敏感。

附注 9.1：ω 和 ω^* 的表达式

（1）对一般情况：

$$\omega = \frac{1}{f_x^2 f_y^2}\begin{bmatrix} f_y^2 & -sf_y & f_y(sy_p - f_y x_p) \\ -sf_y & f_x^2 + s^2 & f_y s x_p - f_x^2 y_p - s^2 y_p \\ f_y(sy_p - f_y x_p) & f_y s x_p - f_x^2 y_p - s^2 y_p & f_x^2 f_y^2 + f_x^2 y_p^2 + (f_y x_p - s y_p)^2 \end{bmatrix} \simeq \begin{bmatrix} f_y^2 & -sf_y & f_y(sy_p - f_y x_p) \\ -sf_y & f_x^2 + s^2 & f_y s x_p - f_x^2 y_p - s^2 y_p \\ f_y(sy_p - f_y x_p) & f_y s x_p - f_x^2 y_p - s^2 y_p & f_x^2 f_y^2 + f_x^2 y_p^2 + (f_y x_p - s y_p)^2 \end{bmatrix}$$

，$$\omega^* = \begin{bmatrix} f_x^2 + s^2 + x_p^2 & sf_y + x_p y_p & x_p \\ sf_y + x_p y_p & f_y^2 + y_p^2 & y_p \\ x_p & y_p & 1 \end{bmatrix}$$。

（2）如果 $s=0$，那么

$$\omega = \frac{1}{f_x^2 f_y^2}\begin{bmatrix} f_y^2 & 0 & -f_y^2 x_p \\ 0 & f_x^2 & -f_x^2 y_p \\ -f_y^2 x_p & -f_x^2 y_p & f_x^2 f_y^2 + f_x^2 y_p^2 + f_y^2 x_p^2 \end{bmatrix} \simeq \begin{bmatrix} f_y^2 & 0 & -f_y^2 x_p \\ 0 & f_x^2 & -f_x^2 y_p \\ -f_y^2 x_p & -f_x^2 y_p & f_x^2 f_y^2 + f_x^2 y_p^2 + f_y^2 x_p^2 \end{bmatrix}$$

，而 $$\omega^* = \begin{bmatrix} f_x^2 + x_p^2 & x_p y_p & x_p \\ x_p y_p & f_y^2 + y_p^2 & y_p \\ x_p & y_p & 1 \end{bmatrix}$$。

（3）如果 $s=0$，$f_x = f_y = f$，那么

$$\omega \simeq \begin{bmatrix} 1 & 0 & -x_p \\ 0 & 1 & -y_p \\ -x_p & -y_p & f^2 + y_p^2 + x_p^2 \end{bmatrix}$$

，$$\omega^* = \begin{bmatrix} f^2 + x_p^2 & x_p y_p & x_p \\ x_p y_p & f^2 + y_p^2 & y_p \\ x_p & y_p & 1 \end{bmatrix}$$。

9.2　基于绝对对偶二次曲面的相机自标定

Triggs（1997）提出了基于绝对对偶二次曲面的相机自标定算法。其具体理论和方法如下。

在上述估计 p 的初始值的过程中，可以借助绝对对偶二次曲面 Q_∞^* 来实现求解。因为 $\omega_i^* = K_i K_i^{\mathrm{T}} \simeq P_i Q_\infty^* P_i^{\mathrm{T}} = [A_i, a_i]\begin{bmatrix} \omega_1^* & -\omega_1^* p \\ -p^{\mathrm{T}}\omega_1^* & p^{\mathrm{T}}\omega_1^* p \end{bmatrix}[A_i, a_i]^{\mathrm{T}} = (A_i - a_i p^{\mathrm{T}})\omega_1^*(A_i - a_i p^{\mathrm{T}})^{\mathrm{T}}$，所以 $Q_\infty^* \simeq \begin{bmatrix} \omega_1^* & -\omega_1^* p \\ -p^{\mathrm{T}}\omega_1^* & p^{\mathrm{T}}\omega_1^* p \end{bmatrix} = \begin{bmatrix} K_1 K_1^{\mathrm{T}} & -K_1 K_1^{\mathrm{T}} p \\ -p^{\mathrm{T}} K_1 K_1^{\mathrm{T}} & p^{\mathrm{T}} K_1 K_1^{\mathrm{T}} p \end{bmatrix} = \begin{bmatrix} K_1 & 0 \\ -p^{\mathrm{T}} K_1 & 1 \end{bmatrix} \mathrm{diag}(1,1,1,0)\begin{bmatrix} K_1 & 0 \\ -p^{\mathrm{T}} K_1 & 1 \end{bmatrix}^{\mathrm{T}}$，$Q_\infty^* \simeq H\tilde{I}H^{\mathrm{T}}$，其中 $\tilde{I} = \mathrm{diag}(1,1,1,0)$。因此，以上基于绝对对偶二次曲面的约束，与 9.1 节中介绍的约束是完全等价的。

Q_∞^* 是一个 4×4 的对称矩阵，所以它有 10 个元素；此外，$\det(Q_\infty^*) = 0$，所以在相差一个整体尺度系数的条件下，Q_∞^* 只有 8 个自由度（即 p 的 3 个自由度和 K 的 5 个自由度）。如果对 K_1 进行某些限定，Q_∞^* 的未知数的个数会更少些。Q_∞^* 的几何解释为：Q_∞^* 是相似重构条件下的不动二次曲面，而 ω_i^* 为 Q_∞^* 在各个视图中的投影。因此，在已知 ω_i^*（即 $\omega_i^* = K_i K_i^{\mathrm{T}}$）的近似值后，即可根据 $\omega_i^* \simeq P_i Q_\infty^* P_i^{\mathrm{T}}$ 来估计 Q_∞^*，而 $Q_\infty^* \simeq \begin{bmatrix} \omega_1^* & -\omega_1^* p \\ -p^{\mathrm{T}}\omega_1^* & p^{\mathrm{T}}\omega_1^* p \end{bmatrix}$，从而可以得出 p 的初始值。

例如，Heyden 和 Aström（1996）即采用该方法实现相机自标定（尽管作者给出了该公式，但并没有解释其几何意义）。具体过程如下：在得到 K_i 和 p 的初始值后，即可利用代价函数 $\min\sum_{i=2}^{n}\left\| K_i K_i^{\mathrm{T}} - P_i Q_\infty^* P_i^{\mathrm{T}} \right\|_{\mathrm{F}}^2$ 进行迭代最小二乘实现初始值的非线性优化，其中 $\|M\|_{\mathrm{F}}$ 为矩阵 M 的 Frobenius 范数。为了消除尺度因子的影响，必须先对 $K_i K_i^{\mathrm{T}}$ 和 $P_i Q_\infty^* P_i^{\mathrm{T}}$ 进行归一化处理，使其 Frobenius 范数为 1。因为以上代价函数只有代数意义，而没有特别的几何意义，所以在得到结果后，建议进一步进行光束平差处理，在该过程中还可对镜头畸变参数进行优化。

需要注意的是：因为 $\omega_i^* = K_i K_i^{\mathrm{T}} \simeq P_i Q_\infty^* P_i^{\mathrm{T}}$，所以 ω_i^* 一定是正定的，而 Q_∞^* 一定是半正定（或者半负定的，因为可能相差一个符号）。如果数据中包含噪声，或者对 K_i 的估计偏差过大，可能不满足以上条件，则可能会导致不收敛，或者得到错误的结果。

9.3　基于 Kruppa 方程的相机自标定

Faugeras 等（1992）最先提出了基于 Kruppa 方程的相机自标定算法，也是第一个相机自标定方法。后来，Hartley（1997）给出了基于基本矩阵 F 的另一个推导。Kruppa 方程描述的是二次曲线的对极切线对应的代数表示。根据第 3 章的介绍，空间二次曲线的投影仍为一条二次曲线。假设三维空间中某一平面上的一条二次曲线为 C_w，它在第 1 幅图像和第 2 幅图像上的投影分别为 C_1 和 C_2，而 C_1^* 和 C_2^* 是它们的对偶，那么，在第 1 幅图像中两条对极切线 l_1 和 l_2 可以组成一个退化的二次曲线 $C_t=[e_1]_\times C_1^*[e_1]_\times$（即对极切线 l_1 和 l_2 上的点 m_1，满足 $m_1^{\mathrm{T}}C_t m_1=0$）；同理，在第 2 幅图像中两条对极切线 l_1' 和 l_2' 可以组成一个退化的二次曲线 $C_t'=[e_2]_\times C_2^*[e_2]_\times$（即对极切线 l_1 和 l_2 上的点 m_2，满足 $m_2^{\mathrm{T}}C_t'm_2=0$）。对极切线在由任意空间平面 π 确定的非奇异单应矩阵 H 下是相互对应的，因为 C_t 是一个点坐标系中的二次曲线，其变换为 $C_t'=H^{-\mathrm{T}}C_tH^{-1}$，即 $[e_2]_\times C_2^*[e_2]_\times=H^{-\mathrm{T}}[e_1]_\times C_1^*[e_1]_\times H^{-1}=FC_1^*F^{\mathrm{T}}$。因此，无穷远平面上的绝对二次曲线为 $C_1^*=\omega_1^*$ 和 $C_2^*=\omega_2^*$（$H=H_\infty$），即 $[e_2]_\times\omega_2^*[e_2]_\times=F\omega_1^*F^{\mathrm{T}}$。如果在两个视图中内参数保持不变，即 $\omega_1^*=\omega_2^*=\omega^*$，那么 $[e_2]_\times\omega^*[e_2]_\times=F\omega^*F^{\mathrm{T}}$。如果消除尺度因子，即可得出一个关于 ω^* 各个元素（其中 ω^* 是一个 3×3 的对称矩阵）的线性方程，以上过程只涉及 ω^*，而不涉及 π_∞。假设有 N 幅图像，那么可以构建 $[N(N-1)/2]$ 个两两组合，所以基于 Kruppa 方程构建的约束为 $[e_{ij}]_\times\omega_j^*[e_{ij}]_\times\simeq F_{ij}\omega_i^*F_{ij}^{\mathrm{T}}\ (1\leqslant i<j\leqslant n)$。

根据 $\omega_i^*=K_iK_i^{\mathrm{T}}\simeq P_iQ_\infty^*P_i^{\mathrm{T}}$，由两视图得到的绝对对偶二次曲面的约束，这与 Kruppa 方程的约束是等价的。可令 $P_1=[I,0]$，$P_2=[A_2,e_2]$，其中 $A_2=[e_2]_\times F$（矩阵 A_2 的秩为 2，它是一个经过相机中心的退化的平面单应矩阵），从而得出以上结论。

虽然通过以上约束可以实现相机标定，但是却非常不方便。Hartley 和 Zisserman（2003）给出了 Kruppa 方程的另一个更加简洁的形式。Kruppa 方程等价于 $\begin{bmatrix} u_2^{\mathrm{T}}\omega_2^*u_2 \\ -u_1^{\mathrm{T}}\omega_2^*u_2 \\ u_1^{\mathrm{T}}\omega_2^*u_1 \end{bmatrix}\times\begin{bmatrix} \sigma_1^2v_1^{\mathrm{T}}\omega_1^*v_1 \\ \sigma_1\sigma_2v_1^{\mathrm{T}}\omega_1^*v_2 \\ \sigma_2^2v_2^{\mathrm{T}}\omega_2^*v_2 \end{bmatrix}=0$，其中，$u_i$、$v_i$ 和 σ_i 为基本矩阵 F 的 SVD 分解的列向量和奇异值。以上约束提供了关于 ω^* 各个元素的 3 个方程，但只有两个是独立的。其证明过程如下。

$F=USV^{\mathrm{T}}=U\mathrm{diag}(\sigma_1,\sigma_2,0)V^{\mathrm{T}}$，其零向量 $Fv_3=0$，$F^{\mathrm{T}}u_3=0$，所以 $e_1=v_3$，$e_2=u_3$。将其代入 $[e_2]_\times\omega^*[e_2]_\times=F\omega^*F^{\mathrm{T}}$，可得 $[u_3]_\times\omega_2^*[u_3]_\times=USV^{\mathrm{T}}\omega_1^*VSU^{\mathrm{T}}$，即 $U^{\mathrm{T}}[u_3]_\times\omega_2^*[u_3]_\times U=SV^{\mathrm{T}}\omega_1^*VS$。因为 U 为单位正交矩阵，所以等式的左侧

$U^{\mathrm{T}}[u_3]_\times \omega_2^*[u_3]_\times U=[u_2,-u_1,0]^{\mathrm{T}}\omega_2^*[u_2,-u_1,0]=\begin{bmatrix} u_2^{\mathrm{T}}\omega_2^*u_2 & -u_2^{\mathrm{T}}\omega_2^*u_1 & 0 \\ -u_1^{\mathrm{T}}\omega_2^*u_2 & u_1^{\mathrm{T}}\omega_2^*u_1 & 0 \\ 0 & 0 & 0 \end{bmatrix}$，而等式的右侧 $SV^{\mathrm{T}}\omega_1^*VS=\begin{bmatrix} \sigma_1 & & \\ & \sigma_2 & \\ & & 0 \end{bmatrix} V^{\mathrm{T}}\omega_1^*V \begin{bmatrix} \sigma_1 & & \\ & \sigma_2 & \\ & & 0 \end{bmatrix}=\begin{bmatrix} \sigma_1^2 v_1^{\mathrm{T}}\omega_1^*v_1 & \sigma_1\sigma_2 v_2^{\mathrm{T}}\omega_1^*v_1 & 0 \\ \sigma_1\sigma_2 v_1^{\mathrm{T}}\omega_1^*v_2 & \sigma_2^2 v_2^{\mathrm{T}}\omega_2^*v_2 & 0 \\ 0 & 0 & 0 \end{bmatrix}$。因此，公式的两边在相差一个尺度因子的条件下相等，即 $\begin{bmatrix} u_2^{\mathrm{T}}\omega_2^*u_2 \\ -u_1^{\mathrm{T}}\omega_2^*u_2 \\ u_1^{\mathrm{T}}\omega_2^*u_1 \end{bmatrix} \times \begin{bmatrix} \sigma_1^2 v_1^{\mathrm{T}}\omega_1^*v_1 \\ \sigma_1\sigma_2 v_1^{\mathrm{T}}\omega_1^*v_2 \\ \sigma_2^2 v_2^{\mathrm{T}}\omega_2^*v_2 \end{bmatrix}=0$。每个组合可以提供两个独立的约束，在内参数保持不变的条件下，假设内参数矩阵中包含的 5 个独立参数都是未知的，那么只要 3 幅图像（要求它们线性无关）即可实现求解；而如果对 K_1 进行某些限定，所需要的图像会更少些。例如，当两个相机的非正交变形参数 $s_i=0$，$x_{p(i)}=0$，$y_{p(i)}=0$，$f_{x(i)}=f_{y(i)}=f_i$（不同图像的主距未知且不相同）时，$\omega_i^*=\mathrm{diag}(f_i^2,f_i^2,1)\ (i=1,2)$，根据以上两个约束，即可直接求出两个未知的主距。

此外，如果令 $K_1=\begin{bmatrix} f_1 & 0 & x_{p1} \\ 0 & f_1 & y_{p1} \\ 0 & 0 & 1 \end{bmatrix}$，$K_2=\begin{bmatrix} f_2 & 0 & x_{p2} \\ 0 & f_2 & y_{p2} \\ 0 & 0 & 1 \end{bmatrix}$，其中 x_{p1}、y_{p1} 和 x_{p2}、y_{p2} 是已知的（如像主点位于图像中心），那么根据 Bougnoux（1998）的推导，以上公式可简化为 $f_1^2=-\dfrac{p_2^{\mathrm{T}}[e_2]_\times \tilde{I}Fp_1p_1^{\mathrm{T}}F^{\mathrm{T}}p_2}{p_2^{\mathrm{T}}[e_2]_\times \tilde{I}F\tilde{I}F^{\mathrm{T}}p_2}$，$f_2^2=-\dfrac{p_1^{\mathrm{T}}[e_1]_\times \tilde{I}F^{\mathrm{T}}p_2p_2^{\mathrm{T}}Fp_1}{p_1^{\mathrm{T}}[e_1]_\times \tilde{I}F^{\mathrm{T}}\tilde{I}Fp_1}$，其中 $\tilde{I}=\mathrm{diag}(1,1,0)$，$p_1=(x_{p1},y_{p1},1)^{\mathrm{T}}$，$p_2=(x_{p2},y_{p2},1)^{\mathrm{T}}$。其具体推导过程如下：$\omega_1^*=K_1K_1^{\mathrm{T}}=f_1^2\tilde{I}+p_1p_1^{\mathrm{T}}$，$\omega_2^*=K_2K_2^{\mathrm{T}}=f_2^2\tilde{I}+p_2p_2^{\mathrm{T}}$，将其代入 Kruppa 方程得 $F(f_1^2\tilde{I}+p_1p_1^{\mathrm{T}})F^{\mathrm{T}}=f_1^2F\tilde{I}F^{\mathrm{T}}+Fp_1p_1^{\mathrm{T}}F^{\mathrm{T}}\simeq f_1^2[e_2]_\times\tilde{I}[e_2]_\times+[e_2]_\times p_2p_2^{\mathrm{T}}[e_2]_\times$，以上公式的两边同时左乘 $p_2^{\mathrm{T}}[e_2]_\times\tilde{I}$，右乘 p_2 可得：$f_1^2p_2^{\mathrm{T}}[e_2]_\times\tilde{I}F\tilde{I}F^{\mathrm{T}}p_2+p_2^{\mathrm{T}}[e_2]_\times\tilde{I}Fp_1p_1^{\mathrm{T}}F^{\mathrm{T}}p_2\simeq f_1^2p_2^{\mathrm{T}}([e_2]_\times\tilde{I}[e_2]_\times\tilde{I}[e_2]_\times)p_2+p_2^{\mathrm{T}}[e_2]_\times\tilde{I}[e_2]_\times p_2(p_2^{\mathrm{T}}[e_2]_\times p_2)=0$，所以 $f_1^2=-\dfrac{p_2^{\mathrm{T}}[e_2]_\times\tilde{I}Fp_1p_1^{\mathrm{T}}F^{\mathrm{T}}p_2}{p_2^{\mathrm{T}}[e_2]_\times\tilde{I}F\tilde{I}F^{\mathrm{T}}p_2}$。同理，可以推导出 $f_2^2=-\dfrac{p_1^{\mathrm{T}}[e_1]_\times\tilde{I}F^{\mathrm{T}}p_2p_2^{\mathrm{T}}Fp_1}{p_1^{\mathrm{T}}[e_1]_\times\tilde{I}F^{\mathrm{T}}\tilde{I}Fp_1}$。注：以上公式带有“−”，而 f_1^2 和 f_2^2 大于零，说明其后面的部分应该为负数。

需要注意的是：如果两个视图之间没有旋转（即纯平移），那么就无法基于 $[e_2]_\times\omega^*[e_2]_\times=F\omega^*F^{\mathrm{T}}$ 构建关于 ω^* 的约束，因为此时 $F=[e_2]_\times$，以上公式是一个恒等式。这就是基于 Kruppa 方程的相机自标定的多义性。

Kruppa 方程约束与绝对对偶二次曲面约束的不同之处如下。Kruppa 方程约束是关于一对视图的 ω_i^* 的约束，它是由三维空间中的对偶二次曲面的投影产生的。在两视图的条件下，Kruppa 方程可以从绝对对偶二次曲面的约束推导出来。对于 3 幅或者更多的视图，Kruppa 方程无法保证无穷远平面在所有的图像对所确定的射影空间的一致性，或者等价于无法保证绝对对偶二次曲面是由跨多视图的公共无穷远平面支持的，但是绝对对偶二次曲面的约束却有该要求。因此，Kruppa 方程的约束比绝对对偶二次曲面或者下面介绍的模约束更弱，其解算的结果稳定性较差。此外，因为 Kruppa 方程还存在多义性，所以在实际应用过程中该方法受到了很大的限制。

9.4　分层相机自标定

确定射影变换矩阵 H 时，可以采用分层处理的方法，即首先确定无穷远平面 π_∞（等价于确定一个仿射重构），然后再求解相机内参数矩阵 K（即由仿射重构变换为相似重构）。由前面的介绍可知，$H \simeq \begin{bmatrix} K_1 & 0 \\ -p^{\mathrm{T}}K_1 & 1 \end{bmatrix} = \begin{bmatrix} I & 0 \\ -p^{\mathrm{T}} & 1 \end{bmatrix}\begin{bmatrix} K_1 & 0 \\ 0^{\mathrm{T}} & 1 \end{bmatrix} = H_{\mathrm{P}}H_{\mathrm{A}}$，其中 $H_{\mathrm{P}} = \begin{bmatrix} I & 0 \\ -p^{\mathrm{T}} & 1 \end{bmatrix}$，$H_{\mathrm{A}} = \begin{bmatrix} K_1 & 0 \\ 0^{\mathrm{T}} & 1 \end{bmatrix}$。根据 $H_{i\infty} = s^{-1}(A_i - a_i p^{\mathrm{T}})$，其中 $s = \sqrt[3]{\det(A_i - a_i p^{\mathrm{T}})}$。如果能通过某种方法（如即将介绍的模约束法等）求出 p，那么根据 $\omega_i^* = H_{i\infty}\omega_1^* H_{i\infty}^{\mathrm{T}}$ 或 $\omega_i = H_{i\infty}^{-\mathrm{T}}\omega_1 H_{i\infty}^{-1}$（即 $\omega_1^* = H_{i\infty}^{-1}\omega_i^* H_{i\infty}^{-\mathrm{T}}$ 或 $\omega_1 = H_{i\infty}^{\mathrm{T}}\omega_i H_{i\infty}$）可求出相机内参数矩阵 K。

例如，Pollefeys 等（1996, 1999）提出的基于模约束的相机自标定算法，就是采用分层的方法实现的。具体方法描述如下：在射影坐标系下，如果无穷远平面 $\pi_\infty = (p^{\mathrm{T}},1)^{\mathrm{T}}$，第 1 幅图像的相机矩阵为 $P_1 = [I,0]$；对其他图像，其射影重构的相机矩阵为 $P_i = [A_i, a_i]\ (i = 2,3,\cdots,n)$，其中 A_i 和 a_i 是第 i 幅图像相对于第 1 幅图像（即标准图像）的结果。$K_i R_i \simeq H_{i\infty}K_1$，其中 $H_{i\infty} = (A_i - a_i p^{\mathrm{T}})$（注：该结果未进行归一化处理）。如果所有图像的相机内参数保持不变，即 $K_i = K_1 = K$，那么 $H_{i\infty} = sKR_iK^{-1}$，其中 s 为尺度系数。因为 $H_{i\infty}$ 与旋转矩阵 sR_i 相似，所以其特征值一定为 $\{s, se^{i\theta}, se^{-i\theta}\}$，即 $H_{i\infty}$ 的特征值有相同的模。这就是无穷远平面坐标 p 的模相等约束，或者无穷远单应矩阵的模相等约束，简称模约束。模约束可用 p 的四次多项式来表示。$\det[\lambda I - (A_i - a_i p^{\mathrm{T}})] = (\lambda - \lambda_1)(\lambda - \lambda_2)(\lambda - \lambda_3) = \lambda^3 - f_1\lambda^2 + f_2\lambda - f_3 = 0$，其中 $\lambda_1, \lambda_2, \lambda_3$ 为 $A_i - a_i p^{\mathrm{T}}$ 的 3 个特征值，$f_1 = \lambda_1 + \lambda_2 + \lambda_3 = s(1 + 2\cos\theta)$，$f_2 = \lambda_1\lambda_2 + \lambda_1\lambda_3 + \lambda_2\lambda_3 = s^2(1 + 2\cos\theta)$，$f_3 = \lambda_1\lambda_2\lambda_3 = s^3$，由此可得 $f_1^3 f_3 = f_2^3$。由 Cayley-Hamilton 定理知，任何一个 3×3 的方阵 A，其特征方程可写为 $\lambda^3 - (\lambda_1 + \lambda_2 + \lambda_3)\lambda^2 +$

$(\lambda_1\lambda_2+\lambda_1\lambda_3+\lambda_2\lambda_3)\lambda-\lambda_1\lambda_2\lambda_3=0$ ，即 $\lambda^3-\mathrm{trace}(A)\lambda^2+\frac{1}{2}[\mathrm{trace}(A)^2-\mathrm{trace}(A^2)]\lambda-\det(A)=0$ ，所以 $f_1(p)=\mathrm{trace}(H_{i\infty})$ ， $f_2(p)=\frac{1}{2}[\mathrm{trace}(H_{i\infty})^2-\mathrm{trace}(H_{i\infty}^2)]$ ， $f_3(p)=\det(H_{i\infty})$ 。因为模约束对每对视图组合都是一个关于 p 的四次多项式，所以至少需要 3 对以上的视图组合才能确定 p ，因为它是 3 个变量的四次多项式的交点，所以最多可能有 4^3（即 64）个可能的解[注：根据 Schaffalitzky（2000）的证明实际上只有 21 个可能的解]，因此模约束还需要与场景结合起来（如两幅视图中的一组对应的消失线），来确定其唯一解。如果确定了 p ，即可根据 $H_{i\infty}=s^{-1}(A_i-a_ip^{\mathrm{T}})$ ，其中 $s=\sqrt[3]{\det(A_i-a_ip^{\mathrm{T}})}$ ，得出 $H_{i\infty}$ ，从而可以进一步实现由仿射重构到相似重构的变换。以上过程只涉及 p（即无穷远平面 π_∞ ），而没有涉及 ω^* 。

此外，Wu 等（2009, 2013）提出了基于 Cayley 变换的相机自标定算法。具体描述如下：如果所有图像的相机内参数保持不变，即 $K_i=K_1=K$ ，那么 $H_{i\infty}\simeq KR_iK^{-1}$ 。令 A 是一个 $n\times n$ 的方阵，且 $\det(I+A)\neq 0$ ，则 Cayley 变换为 $\varphi(A)=(I-A)(I+A)^{-1}=(I+A)^{-1}(I-A)$ 。例如，旋转矩阵 R_i 的 Cayley 变换为 $\varphi(R_i)=[w_i]_\times=(I-R_i)(I+R_i)^{-1}$ ；而无穷远单应矩阵的 Cayley 变换为 $\varphi(H_{i\infty})=(I-H_{i\infty})(I+H_{i\infty})^{-1}=(I-KR_iK^{-1})(I+KR_iK^{-1})^{-1}=K(I-R_i)(I+R_i)^{-1}K^{-1}=K[w_i]_\times K^{-1}$ 。

根据 $H_{i\infty}=s^{-1}(A_i-a_ip^{\mathrm{T}})$ ，其中 $s=\sqrt[3]{\det(A_i-a_ip^{\mathrm{T}})}$ ，那么 $H_{i\infty}$ 的 Cayley 变换为 $C_{i\infty}=\varphi(H_{i\infty})=[I-s^{-1}(A_i-a_ip^{\mathrm{T}})][I+s^{-1}(A_i-a_ip^{\mathrm{T}})]^{-1}=[sI-(A_i-a_ip^{\mathrm{T}})][sI+(A_i-a_ip^{\mathrm{T}})]^{-1}$ 。视图对 $\{i,j\}$ 之间的 ICT 可表示为 $\tilde{C}_{ij\infty}\simeq\mu_{ij}(\sigma_jA_{ji}-a_{ji}p_j^{\mathrm{T}})-\mu_{ji}(\sigma_iA_{ij}-a_{ij}p_i^{\mathrm{T}})$ ，其中 $A_{ij}=A_jA_i^{-1}$ ， $a_{ij}=a_j-A_{ij}a_i$ ， $p_i=A_i^{-\mathrm{T}}p$ ， $\sigma_i=1-p_i^{\mathrm{T}}a_i$ ， $\mu_{ij}=\mathrm{trace}(\sigma_iA_{ij}-a_{ij}p_i)$ 。对两视图来说，关于无穷远平面法向量有两个约束：①因为 Cayley 变换相似于反对称矩阵，所以其迹为零，即 ZEC（zero-eigenvalue constraint）： $\sigma_j\det(A_i)^2\ \mu_{ij}^3-\sigma_i\det(A_j)^2\mu_{ji}^3=0$ ；②因为 Cayley 变换相似于反对称矩阵，所以其特征值一定有一个为 0，另外两个为纯虚数，即 CEC（conjugate eigenvalue constraint）： $(\tilde{C}_{ij\infty})_{11}+(\tilde{C}_{ij\infty})_{22}+(\tilde{C}_{ij\infty})_{33}>0$ ，其中 $(\tilde{C}_{ij\infty})_{kk}$ 表示 $\tilde{C}_{ij\infty}$ 的第 k 行第 k 列的代数余子式。对三视图来说，关于无穷远平面法向量有两个约束：① $\mu_{ij}\mu_{jk}\mu_{ki}-\mu_{ik}\mu_{kj}\mu_{ji}=0$ ；②如果相机内参数保持不变，那么可以得到 3-VRC（3-view row constraints）: $\det([\tilde{C}_{ij\infty}^{(s)\mathrm{T}};p0\tilde{C}_{ik\infty}^{(s)\mathrm{T}};\tilde{C}_{jk\infty}^{(s)\mathrm{T}}])=0$ ，以及 3-VCC(3-view column constraints): $\det([\tilde{C}_{ij\infty(s)};\tilde{C}_{ik\infty(s)};\ \tilde{C}_{jk\infty(s)}])=0$ ，其中 $s=1,2,3$ ，上标为 s 行，下标为 s 列。因此，基于 Cayley 变换的自标定算法的基本步骤为：①利用 ZEC、CEC、3-VRC 和 3-VCC 的约束，计算无穷远平面法向量 p ；②根据 $\tilde{C}_{ij\infty}\omega^*+\omega^*\tilde{C}_{ij\infty}=0$ ， $1\leqslant i<j<N$ ，计

算相机内参数矩阵 K；③构造变换矩阵 H 从而实现相似重建。

无穷远单应的多义性：假设旋转矩阵 R 只有一个旋转轴，由旋转矩阵的性质可知，R 的一个特征值为 1，其对应的特征向量为 d_r，而 d_r 的几何意义为其旋转轴的方向。根据 $H_{i\infty}=KR_iK^{-1}$（其中 $H_{i\infty}$ 为归一化处理后的结果），矩阵 $H_{i\infty}$ 也有一个特征值为 1 的特征向量 v_r，其中 $v_r=Kd_r$，v_r 的几何意义为旋转轴方向上的消失点。对 DIAC 来说，假设 ω_{true}^* 为真实的 ω^*，如果 ω_{true}^* 满足 $\omega_{\text{true}}^*=H_{i\infty}\omega_{\text{true}}^*H_{i\infty}^{\mathrm{T}}$，且 $H_{i\infty}=KR_iK^{-1}$，那么对偶二次曲线的单参数簇满足 $\omega^*(\mu)=\omega_{\text{true}}^*+\mu v_r v_r^{\mathrm{T}}$，其中 μ 为该簇的参数。同理，对 IAC 来说，也存在一个单参数簇。尽管无穷远单应矩阵 $H_{i\infty}$ 看起来好像有 5 个自由度，提供了 6 个约束，但是其中只有 4 个独立的约束。

多义性的消除：单参数簇的多义性可以通过多种方法来消除。例如，可以利用绕与 d_r 不同方向的轴旋转的另一幅图像来消除；还可以通过对相机内参数设定一定的约束，如令 $s=0$，但是这种方法在相机绕 x 轴或 y 轴旋转时是没有用的；此外，在求解 ω^* 时，可以根据 $Ax=0$ 的计算结果，得出其通解 $\omega^*(\lambda)=\lambda\omega_1^*+(1-\lambda)\omega_2^*$，其中 ω_1^* 和 ω_2^* 由矩阵 A 的右零空间的最后两列变形而来（注：矩阵 A 的秩通常为 4），然后再确定未知数 λ。

典型的几种多义性：为了简化计算而令 $s=0$，那么 $K=\begin{bmatrix} f_x & 0 & x_p \\ 0 & f_y & y_p \\ 0 & 0 & 1 \end{bmatrix}$，$\omega^*=\begin{bmatrix} f_x^2+x_p^2 & x_py_p & x_p \\ x_py_p & f_y^2+y_p^2 & y_p \\ x_p & y_p & 1 \end{bmatrix}$。因为 $\omega^*(\mu)=\omega_{\text{true}}^*+\mu v_r v_r^{\mathrm{T}}$，所以可以得出以下结论。

（1）如果相机绕 x 轴旋转：即 $d_r=(1,0,0)^{\mathrm{T}}$，$v_r=Kd_r=\begin{bmatrix} f_x & 0 & x_p \\ 0 & f_y & y_p \\ 0 & 0 & 1 \end{bmatrix}\begin{bmatrix}1\\0\\0\end{bmatrix}=\begin{bmatrix}f_x\\0\\0\end{bmatrix}$，

那么 $\omega^*(\mu)=\begin{bmatrix} f_x^2+x_p^2 & x_py_p & x_p \\ x_py_p & f_y^2+y_p^2 & y_p \\ x_p & y_p & 1 \end{bmatrix}+\mu v_r v_r^{\mathrm{T}}=\begin{bmatrix} f_x^2(1+\mu)+x_p^2 & x_py_p & x_p \\ x_py_p & f_y^2+y_p^2 & y_p \\ x_p & y_p & 1 \end{bmatrix}$。因为上式中 ω_{11}^* 包含变量 μ，而 x_p、y_p 和 f_y 始终是不变的，所以 f_x 是不确定的。

（2）如果相机绕 y 轴旋转：即 $d_r=(0,1,0)^{\mathrm{T}}$，$v_r=Kd_r=\begin{bmatrix} f_x & 0 & x_p \\ 0 & f_y & y_p \\ 0 & 0 & 1 \end{bmatrix}\begin{bmatrix}0\\1\\0\end{bmatrix}=\begin{bmatrix}0\\f_y\\0\end{bmatrix}$，

那么 $\omega^*(\mu)=\begin{bmatrix} f_x^2+x_p^2 & x_py_p & x_p \\ x_py_p & f_y^2+y_p^2 & y_p \\ x_p & y_p & 1 \end{bmatrix}+\mu v_r v_r^{\mathrm{T}}=\begin{bmatrix} f_x^2+x_p^2 & x_py_p & x_p \\ x_py_p & f_y^2(1+\mu)+y_p^2 & y_p \\ x_p & y_p & 1 \end{bmatrix}$。因为上式中 ω_{22}^* 包含变量 μ，而 x_p、y_p 和 f_x 始终是不变的，所以 f_y 是不确定的。

（3）如果相机绕 z 轴旋转：即 $d_r=(0,0,1)^{\mathrm{T}}$，$v_r=Kd_r=\begin{bmatrix} f_x & 0 & x_p \\ 0 & f_y & y_p \\ 0 & 0 & 1 \end{bmatrix}\begin{bmatrix} 0 \\ 0 \\ 1 \end{bmatrix}=\begin{bmatrix} x_p \\ y_p \\ 1 \end{bmatrix}$，

那么 $\omega^*(\mu)=\begin{bmatrix} f_x^2+x_p^2 & x_py_p & x_p \\ x_py_p & f_y^2+y_p^2 & y_p \\ x_p & y_p & 1 \end{bmatrix}+\mu v_r v_r^{\mathrm{T}}=\begin{bmatrix} f_x^2+x_p^2(1+\mu) & x_py_p(1+\mu) & x_p(1+\mu) \\ x_py_p(1+\mu) & f_y^2+y_p^2(1+\mu) & y_p(1+\mu) \\ x_p(1+\mu) & y_p(1+\mu) & (1+\mu) \end{bmatrix}\simeq$
$\begin{bmatrix} \lambda f_x^2+x_p^2 & x_py_p & x_p \\ x_py_p & \lambda f_y^2+y_p^2 & y_p \\ x_p & y_p & 1 \end{bmatrix}$，其中 $\lambda=(1+\mu)^{-1}$。因为上式中 ω_{11}^* 和 ω_{22}^* 包含变量 λ，而 x_p 和 y_p 始终是不变的，所以 f_x 和 f_y 是不确定，但其比率 f_x/f_y 是确定的。

9.5　特殊情形的自标定

9.5.1　基于纯旋转运动的相机自标定

由第 3 章的介绍可知，当两个相机中心 C_1 和 C_2 重合时即为纯旋转运动。因为像点是由相机中心和世界坐标点所确定的射线与像平面的交点，所以可将像点看作该射线方向上的无穷点在图像上的投影。对纯旋转运动来说，可以直接构建两幅图像之间的单应关系 $m_2=Hm_1$，其中 $H=K_2R_2K_1^{-1}$。此外，根据第 2 章的介绍可知，因为绝对二次曲线位于无穷远平面上，所以在点变换 $m_2=Hm_1$ 的作用下，绝对二次曲线满足 $\omega_2=H^{-\mathrm{T}}\omega_1H^{-1}$，而其对偶二次曲线满足 $\omega_2^*=H\omega_1^*H^{\mathrm{T}}$，其中 $\omega=K^{-\mathrm{T}}K^{-1}$，$\omega^*=KK^{\mathrm{T}}$，而 K 为相机的内参数矩阵。因此，如果已知点变换条件下的射影变换矩阵 H，那么 $\omega_1=\omega_2$ 或者 $\omega_1^*=\omega_2^*$ 之间的关系是线性的，而通过足够多的约束，即可求解绝对二次曲线投影矩阵或者其对偶的结果，从而可以进一步得出相机内参数的结果。

当相机内参数保持不变时，即 $K_1=K_2=K$，$\omega_1=\omega_2=\omega$，$\omega_1^*=\omega_2^*=\omega^*$，那么 $\omega=H^{-\mathrm{T}}\omega H^{-1}$ 或者 $\omega^*=H\omega^*H^{\mathrm{T}}$。因为点变换单应矩阵 H 与利用最小二乘求解得到的 H_0 可以相差一个系数 λ，即 $H=\lambda H_0$，满足 $\det(H)=\det(KR_2K^{-1})=1=\det(\lambda H_0)=\lambda^3\det(H_0)$，所以待求的常数 $\lambda=\sqrt[3]{1/\det(H_0)}$，即 $H=\sqrt[3]{1/\det(H_0)}H_0$。

因为 ω 和 ω^* 都是对称矩阵，所以可根据其中 6 个元素确定 6 个方程（因为相差一个整体的尺度系数，所以它们只有 5 个独立的未知数），将其写为齐次的形式为 $Ax=0$，其中 A 为一个 6×6 的矩阵，x 为由 ω 或 ω^* 的 6 个元素组成的一个 6 维列向量。然而，因为利用以上约束条件得出的矩阵 A 的秩最多为 4，所以在没有更多约束的条件下，无法通过一组图像（即由两幅图像得到的匹配点）直接求解出 x 的结果，但是可以通过 3 幅或者更多的图像，使其进行两两组合（如利用 3 幅图像可组成 1-2 和 1-3 组合或者 2-3 组合，而 2-3 组合与前面两个组合一定是线性相关的）而得到多组约束，即可求解出 x，从而可以得出 ω 和 ω^* 的结果，并进一步得出相机的内参矩阵 K，而 $R_2 = K^{-1}HK$（注：以上过程是生成柱面、球面全景图的基础）。

如果相机内参数保持不变，且限定相机内参数，如令 $s=0$，即在以上条件的基础上又增加了一个约束，因为矩阵 A 的秩最多为 4，而在以上条件下只需要确定 4 个独立的未知数，所以利用两幅图像得到一组匹配点，即可直接求解出 x，并进一步得出相机的内参矩阵 K，而 $R_2 = K^{-1}HK$；如果令 $s=0$，且 $f_x = f_y = f$ 时，只需要确定 3 个独立的未知数，所以也可利用两幅图像得到的一组匹配点，即可以直接求解出 x，并进一步得出相机的内参矩阵 K，而 $R_2 = K^{-1}HK$。注：在以上计算过程中，根据 ω 的表达式可直接进行线性求解，而利用 ω^* 的表达式则无法进行线性求解。

需要注意的是：基于纯旋转运动的相机自标定可得出不同图像之间的相对旋转矩阵 R，而相机中心 C 即为假设的原点，但却无法确定世界坐标点 M 的位置。

9.5.2　基于平面场景的相机自标定

基于平面场景的相机自标定，即匹配点对应的场景中的世界坐标点分布在一个平面上的相机自标定。基于平面场景的相机自标定与前面介绍的基于二维标定场的相机标定是不同的。这是因为：基于平面场景的相机自标定只要求世界坐标点分布在一个平面上，其位置仍然是未知的，即匹配点对应的场景中的世界坐标点，在平面上的空间分布可以是没有规律的；而基于二维标定场的相机标定，则要求世界坐标点的坐标是已知的。在实际应用时，平面场景还是很常见的，各种人造的地物（如广场、农田），或者当地表起伏相对于飞机的高度来说非常小时，可以将地表看作是平面场。

对基于平面的相机自标定来说，先进行射影重构，然后再将其变换为相似重构的方法是不可行的，因为没有深度变化就无法确定相机矩阵。但是，可以通过确定平面上的虚圆点的方法来实现相机自标定。其具体求解方法与第 8 章中介绍的“基于虚圆点的相机标定”中的“利用正方形的 4 个角点来确定”类似，只是

射影变换矩阵 H 是根据不同视图中的匹配点来确定的。其具体计算过程如下。

根据 $\tilde{M}_{I,J}^{\mathrm{T}}\tilde{M}_{I,J} \simeq [(KR)^{-1}m_{k(i,j)}]^{\mathrm{T}}[(KR)^{-1}m_{k(i,j)}] = m_{k(i,j)}^{\mathrm{T}}(K^{-\mathrm{T}}K^{-1})m_{k(i,j)} = 0$，其中 $\tilde{M}_{I,J} = (1, \pm\, i, 0)^{\mathrm{T}}$，$m_{k(i,j)}$ 为第 k 幅图像上虚圆点的像点，$k = 1, 2, \cdots, n$（n 为图像数），以及 $m_{k(i,j)} \simeq H_k\tilde{M}_{I,J}$（即 $\tilde{M}_{I,J} \simeq H_k^{-1}m_{k(i,j)}$），可以得出不同组合之间的约束关系，如图像 1 和图像 2 之间的约束为 $H_1^{-1}m_{1(i,j)} \simeq H_2^{-1}m_{2(i,j)}$，即 $m_{2(i,j)} \simeq (H_2H_1^{-1})m_{1(i,j)} = H_{1-2}m_{1(i,j)}$，其中 $H_{1\text{-}2}$ 为图像 1 转换为图像 2 的单应矩阵。根据 $m_{2(i,j)}^{\mathrm{T}}(K^{-\mathrm{T}}K^{-1})m_{2(i,j)} = 0$，可以得出 $(H_{1\text{-}2}m_{1(i,j)})^{\mathrm{T}}(K^{-\mathrm{T}}K^{-1})\,(H_{1\text{-}2}m_{1(i,j)}) = 0$；同理，可以得出其他图像与第 1 幅图像的约束。

需要注意的是：尽管 n 幅图像可以组成 $[n(n-1)/2]$ 个组合，但是它们只有 $n-1$ 个独立的约束，即相当于第 2 幅到第 n 幅图像与第 1 幅图像的组合；此外，因为 $m_{1(i,j)}$ 自身可以构建一个约束，即 $m_{1(i,j)}^{\mathrm{T}}(K^{-\mathrm{T}}K^{-1})m_{1(i,j)} = 0$，相当于令 $H_1 = I$，所以总共可以构建 n 个独立的约束。

在以上约束中，只有第 1 幅图像中的虚圆点的像点 $m_{1(i,j)}$ 和相机内参数矩阵 K 是未知的。此外，因为虚圆点的像点是共轭的，所以只需要根据其中的一个，如 $m_{1(i)}$ 或 $m_{1(j)}$ 构建约束即可，而且只需要 4 个参数即可描述 $m_{1(i)}$ 或 $m_{1(j)}$，即可将其第 3 个元素归一化处理，令 $m_{1(i)} = (a + bi, c + di, 1)^{\mathrm{T}}$，其中 a, b, c, d 即为这 4 个未知的参数。因为每个组合可以构建两个约束（即结果的实数部分和虚数部分都为 0），所以只要 $2n \geqslant p + 4$，其中 p 为所有图像的相机内参数矩阵 K 的未知数的个数（对每幅图像来说，其未知内参数的个数最大为 5，当对内参数进行某些限定时，其未知数的个数会更少些；对所有图像来说，把每幅图像中的未知数的个数加起来就是 p），即可实现以上未知数的求解，而该过程是一个非线性求解问题，具体求解过程请参考 Triggs（1998）的文献的介绍。

第 10 章　光 束 平 差

在第 4 章“空间前方交会”部分已提到过光束平差（bundle adjustment）的概念。对光束平差的基本思想描述如下：假设有一组世界坐标点在不同的视图中进行投影成像（图 10.1），在没有相机镜头畸变的条件下（如果存在镜头畸变，则需要事先将其去除），通过多个视图的前方交会得到世界坐标点的坐标，那么该世界坐标点的重投影像点，应该与实际投影的像点重合。然而，在基于图像的实际测量过程中，测量误差（如像点的定位误差、解算的相机矩阵的误差）是不可避免的，这就会导致二者并不完全重合。

注：一些中文参考资料将英文中的“bundle adjustment”直译为“捆集调整”、“集束调整”或者“捆绑调整”，而翻译成“光束平差”才是最贴切的，因为“bundle”的意思是世界坐标点投影到像平面上形成的“光束”（bundle of light，即连接世界坐标点和相机中心的直线），而“adjustment”是测量学中的术语“平差”的意思。

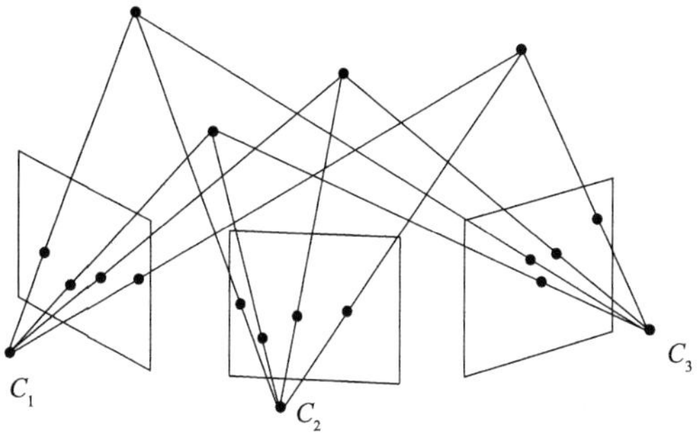

图 10.1　世界坐标点在多视图中的投影示意图

光束平差的目的是：使所有的世界坐标点在多幅图像上的重投影像点与实际投影的像点之间的误差平方和最小（即重投影误差最小化），以实现对相机矩阵（包括相机内参数和外参数）和世界坐标点坐标的优化处理。采用数学语言可表示为以下形式：$\min\sum_{i=1}^{n}\sum_{j=1}^{m}d(m_{ij}-\hat{m}_{ij})^2=\min\sum_{i=1}^{n}\sum_{j=1}^{m}\left\|m_{ij}-\hat{m}_{ij}\right\|_2^2$，其中，$i$（$i=1,2,\cdots,n$）为世界坐标点的编号；$j$（$j=1,2,\cdots,m$）为图像的编号；$m_{ij}$ 为世界坐标点 M_i 在图像 j 上投影的像点，它满足 $\mu_{ij}m_{ij}=K_j(R_j,\tilde{T}_j)M_i=P_jM_i$；$\hat{m}_{ij}$ 为通过前方交会计算的世界坐标点 M_i 在图像 j 上的重投影像点。由此可见，优化的参数可以是相机

矩阵 P_j（包括相机内参数矩阵 K_j，外参数矩阵 R_j 和 $\tilde{T}_j$），也可以是前方交会计算的世界坐标点 M_i。根据以上光束平差的计算公式，可以采用最大似然法来实现其求解，即假设重投影像点的误差服从正态分布，从而可以得到最大似然意义下的优化结果。

光束平差是摄影测量领域中非常经典的基于图像的测量平差算法，后来被引入计算机视觉和机器人等领域中。光束平差在摄影测量过程中得到了广泛的应用，几乎涉及了摄影测量的全过程。光束平差可以对所有的参数进行优化处理，也可以在已知某些参数的条件下，对另一些参数进行优化处理。例如，①如果相机矩阵是已知的，那么该问题即为在第 4 章关于“空间前方交会”的思路 4 的非线性求解的内容；②如果相机内参数已知，世界坐标点也是已知的（即世界坐标点为控制点），而求解相机外参数，那么该问题即为第 5 章关于“空间后方交会”的非线性求解的内容，以及第 6 章关于“相机位姿的相对定向”和第 7 章关于“从运动恢复结构”中的非线性求解的内容；③如果相机矩阵未知（即相机内外参数都是未知的）而世界坐标点是已知的，那么该问题即为第 8 章关于“基于已知参照物的相机标定”的非线性求解的内容；④如果所有参数（即相机内外参数和世界坐标点）都是未知的，那么该问题即为第 9 章关于“相机自标定”最后步骤中的非线性优化的内容。

从理论上，光束平差的过程是很容易理解的，但在具体计算时它却是一个比较复杂的问题。这是因为：首先，光束平差是一个非线性优化问题，其初始值的估计通常就是一个比较复杂的问题，但是通过前面各个章节的介绍可知，初始值的估计可以采取各种方法实现；此外，可通过对非线性的目标函数进行线性化处理，即利用泰勒展开式的常数项和一阶偏导数项（可得到雅可比矩阵 J）做近似处理，然后进行迭代运算以实现对各个参数初始值的优化（通常需要采用 Levenberg-Marquardt 算法进行优化），但在求解矩阵 $J^{\mathrm{T}}J$ 时，如果直接利用得出的密集雅可比矩阵 J 进行运算，其运算量会非常大，因为密集雅可比矩阵 J 的大小会随图像数量和所有图像中的总像点数的增加而呈指数增加，当图像数较多且总像点数较多时，矩阵 $J^{\mathrm{T}}J$ 是十分庞大的，这对计算机内存和 CPU 的要求会非常高。因此，必须采用一定的数据处理方法，即基于稀疏矩阵的光束平差（sparse bundle adjustment，SBA）来实现以上运算。

10.1　无约束条件的光束平差

由前面的介绍可知，优化的目标为 $\min\sum_{i=1}^{n}\sum_{j=1}^{m}d(m_{ij}-\hat{m}_{ij})^2=\min\sum_{i=1}^{n}\sum_{j=1}^{m}\|m_{ij}-$

$\hat{m}_{ij}\|_2^2$，其中，i 为世界坐标点的编号，$i=1,2,\cdots,n$；j 为图像的编号，$j=1,2,\cdots,m$；m_{ij} 为世界坐标点 M_i 在图像 j 上投影的像点，它满足 $\mu_{ij}m_{ij}=K_j(R_j,\tilde{T}_j)M_i=P_jM_i$；$\hat{m}_{ij}$ 为通过前方交会计算的世界坐标点 M_i 在图像 j 上的重投影像点。其具体实现过程如下。

（1）对一般的非线性方程，利用泰勒展开式的常数项和一阶偏导数项，对其进行线性化处理得 $f(p_0+\delta_p)=f(p_0)+J\delta_p$，其中 p_0 为待优化的参数的初始值，J 为雅可比矩阵，δ_p 为每次迭代运算对初始值进行修正的增量。根据 $f(p_0+\delta_p)=f(p_0)+J\delta_p$，可以得出 $J\delta_p=\varepsilon$，其中 $\varepsilon=f(p_0+\delta_p)-f(p_0)$。如果采用高斯-牛顿法进行优化，那么 $(J^{\mathrm{T}}J)\delta_p=J^{\mathrm{T}}\varepsilon$；如果采用 Levenberg-Marquardt 算法进行优化，那么 $[J^{\mathrm{T}}J+\lambda\mathrm{diag}(J^{\mathrm{T}}J)]\delta_p=J^{\mathrm{T}}\varepsilon$，其中 $\lambda>0$（通常令 λ 的初始值为 0.001）。

（2）下面以 4 个世界坐标点（即 $n=4$），在 3 个视图（即 $m=3$）中的投影为例，来说明光束平差过程中的雅可比矩阵 J 的基本结构：

$$\underset{(2mn)\times(n_am+3n)}{J}=\frac{\partial X}{\partial p}=\begin{bmatrix} A_{11} & 0 & 0 & B_{11} & 0 & 0 & 0 \\ A_{21} & 0 & 0 & 0 & B_{21} & 0 & 0 \\ A_{31} & 0 & 0 & 0 & 0 & B_{31} & 0 \\ A_{41} & 0 & 0 & 0 & 0 & 0 & B_{41} \\ 0 & A_{12} & 0 & B_{12} & 0 & 0 & 0 \\ 0 & A_{22} & 0 & 0 & B_{22} & 0 & 0 \\ 0 & A_{32} & 0 & 0 & 0 & B_{32} & 0 \\ 0 & A_{42} & 0 & 0 & 0 & 0 & B_{42} \\ 0 & 0 & A_{13} & B_{13} & 0 & 0 & 0 \\ 0 & 0 & A_{23} & 0 & B_{23} & 0 & 0 \\ 0 & 0 & A_{33} & 0 & 0 & B_{33} & 0 \\ 0 & 0 & A_{43} & 0 & 0 & 0 & B_{43} \end{bmatrix}$$

，其中 $\underset{2\times n_a}{A_{ij}}$ 为世界坐标点 M_i 在图像 j 上的相机矩阵参数（包括相机内外参数）的偏导数，$\underset{2\times 3}{B_{ij}}$ 为世界坐标点 M_i 在图像 j 上的世界坐标点的偏导数，n_a 为相机的内外参数的总数，n_a 是由 5 个相机内参数和 5 个镜头畸变参数（如果某些参数是已知的，则其数量会更少些，如令 $s=0$，或 $f_x=f_y=f$，或镜头畸变参数 $k_3=0$ 等），以及 6 个外参数组成的。注：在上式中，J 的基本结构是按照每个世界坐标点在各幅图像的顺序表示的，实际上它还可以按照每幅图像中包含的所有世界坐标点的顺序来表示。

J^{T} 的基本结构可表示为

$$\underset{(n_am+3n)\times(2mn)}{J^{\mathrm{T}}}=(\frac{\partial X}{\partial p})^{\mathrm{T}}=\begin{bmatrix} A_{11}^{\mathrm{T}} & A_{21}^{\mathrm{T}} & A_{31}^{\mathrm{T}} & A_{41}^{\mathrm{T}} & 0 & 0 & 0 & 0 & 0 & 0 & 0 & 0 \\ 0 & 0 & 0 & 0 & A_{12}^{\mathrm{T}} & A_{22}^{\mathrm{T}} & A_{32}^{\mathrm{T}} & A_{42}^{\mathrm{T}} & 0 & 0 & 0 & 0 \\ 0 & 0 & 0 & 0 & 0 & 0 & 0 & 0 & A_{13}^{\mathrm{T}} & A_{23}^{\mathrm{T}} & A_{33}^{\mathrm{T}} & A_{43}^{\mathrm{T}} \\ B_{11}^{\mathrm{T}} & 0 & 0 & 0 & B_{12}^{\mathrm{T}} & 0 & 0 & 0 & B_{13}^{\mathrm{T}} & 0 & 0 & 0 \\ 0 & B_{21}^{\mathrm{T}} & 0 & 0 & 0 & B_{22}^{\mathrm{T}} & 0 & 0 & 0 & B_{23}^{\mathrm{T}} & 0 & 0 \\ 0 & 0 & B_{31}^{\mathrm{T}} & 0 & 0 & 0 & B_{32}^{\mathrm{T}} & 0 & 0 & 0 & B_{33}^{\mathrm{T}} & 0 \\ 0 & 0 & 0 & B_{41}^{\mathrm{T}} & 0 & 0 & 0 & B_{42}^{\mathrm{T}} & 0 & 0 & 0 & B_{43}^{\mathrm{T}} \end{bmatrix}。$$

很明显，雅可比矩阵 J 及其转置矩阵 J^{T} 都具有稀疏结构。

（3） $$\underset{(n_am+3n)\times(n_am+3n)}{J^{\mathrm{T}}J}=\begin{bmatrix} U_1 & 0 & 0 & W_{11} & W_{21} & W_{31} & W_{41} \\ 0 & U_2 & 0 & W_{12} & W_{22} & W_{32} & W_{42} \\ 0 & 0 & U_3 & W_{13} & W_{23} & W_{33} & W_{43} \\ W_{11}^{\mathrm{T}} & W_{12}^{\mathrm{T}} & W_{13}^{\mathrm{T}} & V_1 & 0 & 0 & 0 \\ W_{21}^{\mathrm{T}} & W_{22}^{\mathrm{T}} & W_{23}^{\mathrm{T}} & 0 & V_2 & 0 & 0 \\ W_{31}^{\mathrm{T}} & W_{32}^{\mathrm{T}} & W_{33}^{\mathrm{T}} & 0 & 0 & V_3 & 0 \\ W_{41}^{\mathrm{T}} & W_{42}^{\mathrm{T}} & W_{43}^{\mathrm{T}} & 0 & 0 & 0 & V_4 \end{bmatrix}$$，其中 $\underset{n_a\times n_a}{U_j}=\sum_{i=1}^{n}\underset{n_a\times 2}{A_{ij}^{\mathrm{T}}}\underset{2\times n_a}{A_{ij}}$，

$\underset{3\times 3}{V_i}=\sum_{j=1}^{m}\underset{3\times 2}{B_{ij}^{\mathrm{T}}}\underset{2\times 3}{B_{ij}}$，$\underset{n_a\times 3}{W_{ij}}=\underset{n_a\times 2}{A_{ij}^{\mathrm{T}}}\underset{2\times 3}{B_{ij}}$（如果世界坐标点 M_i 在图像 j 上没有像点，即该点在该图像上是不可视的，那么需要令 $W_{ij}=0$）。很明显，$J^{\mathrm{T}}J$ 也具有稀疏结构。而 $\underset{(n_am+3n)\times 1}{J^{\mathrm{T}}\varepsilon}=$

$$\begin{bmatrix} \sum_{i=1}^{n}\left(A_{i1}^{\mathrm{T}}\varepsilon_{i1}\right)^{\mathrm{T}},\sum_{i=1}^{n}\left(A_{i2}^{\mathrm{T}}\varepsilon_{i2}\right)^{\mathrm{T}},\sum_{i=1}^{n}\left(A_{i3}^{\mathrm{T}}\varepsilon_{i3}\right)^{\mathrm{T}},\cdots,\sum_{i=1}^{n}\left(A_{im}^{\mathrm{T}}\varepsilon_{im}\right)^{\mathrm{T}}, \\ \sum_{i=1}^{m}\left(B_{1j}^{\mathrm{T}}\varepsilon_{1j}\right)^{\mathrm{T}},\sum_{i=1}^{m}\left(B_{2j}^{\mathrm{T}}\varepsilon_{2j}\right)^{\mathrm{T}},\sum_{i=1}^{m}\left(B_{3j}^{\mathrm{T}}\varepsilon_{3j}\right)^{\mathrm{T}},\sum_{i=1}^{m}\left(B_{4j}^{\mathrm{T}}\varepsilon_{4j}\right)^{\mathrm{T}},\cdots,\sum_{i=1}^{m}\left(B_{nj}^{\mathrm{T}}\varepsilon_{nj}\right)^{\mathrm{T}} \end{bmatrix}^{\mathrm{T}}=[\varepsilon_{a_1}^{\mathrm{T}},\varepsilon_{a_2}^{\mathrm{T}},\varepsilon_{a_3}^{\mathrm{T}},\cdots,$$

$\varepsilon_{a_m}^{\mathrm{T}},\varepsilon_{b_1}^{\mathrm{T}},\varepsilon_{b_2}^{\mathrm{T}},\ \varepsilon_{b_3}^{\mathrm{T}},\varepsilon_{b_4}^{\mathrm{T}},\cdots,\varepsilon_{b_n}^{\mathrm{T}}]^{\mathrm{T}}$，其中 $\underset{n_a\times 1}{\varepsilon_{a_j}}=\sum_{i=1}^{n}\underset{n_a\times 2}{A_{ij}^{\mathrm{T}}}\underset{2\times 1}{\varepsilon_{ij}}$，$\underset{3\times 1}{\varepsilon_{b_i}}=\sum_{i=1}^{m}\underset{3\times 2}{B_{ij}^{\mathrm{T}}}\underset{2\times 1}{\varepsilon_{ij}}$，$\forall i,j,\varepsilon_{ij}=m_{ij}-\hat{m}_{ij}$，

$\underset{2mn\times 1}{\varepsilon}=X-\hat{X}$，$X=\ (m_{11}^{\mathrm{T}},\cdots,m_{n1}^{\mathrm{T}},m_{12}^{\mathrm{T}},\cdots,m_{n2}^{\mathrm{T}},\cdots,m_{1m}^{\mathrm{T}},\cdots,m_{nm}^{\mathrm{T}})^{\mathrm{T}}$，即实际测量的各个视图中的像点坐标，$\hat{X}=\ (\hat{m}_{11}^{\mathrm{T}},\cdots,\hat{m}_{n1}^{\mathrm{T}},\hat{m}_{12}^{\mathrm{T}},\cdots,\hat{m}_{n2}^{\mathrm{T}},\cdots,\hat{m}_{1m}^{\mathrm{T}},\cdots,\hat{m}_{nm}^{\mathrm{T}})^{\mathrm{T}}$，即计算的世界坐标点在各个视图中重投影的像点坐标。

（4）在求解矩阵 $J^{\mathrm{T}}J$ 时，完全没有必要进行直接计算和存储，因为该矩阵是一个稀疏矩阵，可通过一定的转换，利用稀疏矩阵运算进行求解，从而极大地节约计算机内存和计算时间。由前面的分析可知，$[J^{\mathrm{T}}J+\lambda\mathrm{diag}(J^{\mathrm{T}}J)]\delta_p=J^{\mathrm{T}}\varepsilon$ 可表示为

$$\begin{bmatrix} U_1^* & 0 & 0 & W_{11} & W_{21} & W_{31} & W_{41} \\ 0 & U_2^* & 0 & W_{12} & W_{22} & W_{32} & W_{42} \\ 0 & 0 & U_3^* & W_{13} & W_{23} & W_{33} & W_{43} \\ W_{11}^{\mathrm{T}} & W_{12}^{\mathrm{T}} & W_{13}^{\mathrm{T}} & V_1^* & 0 & 0 & 0 \\ W_{21}^{\mathrm{T}} & W_{22}^{\mathrm{T}} & W_{23}^{\mathrm{T}} & 0 & V_2^* & 0 & 0 \\ W_{31}^{\mathrm{T}} & W_{32}^{\mathrm{T}} & W_{33}^{\mathrm{T}} & 0 & 0 & V_3^* & 0 \\ W_{41}^{\mathrm{T}} & W_{42}^{\mathrm{T}} & W_{43}^{\mathrm{T}} & 0 & 0 & 0 & V_4^* \end{bmatrix} \begin{bmatrix} \delta_{a_1} \\ \delta_{a_2} \\ \delta_{a_3} \\ \delta_{b_1} \\ \delta_{b_2} \\ \delta_{b_3} \\ \delta_{b_4} \end{bmatrix} = \begin{bmatrix} \varepsilon_{a_1} \\ \varepsilon_{a_2} \\ \varepsilon_{a_3} \\ \varepsilon_{b_1} \\ \varepsilon_{b_2} \\ \varepsilon_{b_3} \\ \varepsilon_{b_4} \end{bmatrix}$$

，其中 $U_j^* = U_j + \lambda \mathrm{diag}(U_j)$ $(j=1,2,3,\cdots,m)$；$V_i^* = V_i + \lambda \mathrm{diag}(V_i)$ $(i=1,2,3,4,\cdots,n)$。可将上式简写为 $\begin{bmatrix} U^* & W \\ W^{\mathrm{T}} & V^* \end{bmatrix}\begin{bmatrix} \delta_a \\ \delta_b \end{bmatrix} = \begin{bmatrix} \varepsilon_a \\ \varepsilon_b \end{bmatrix}$。注：在存储矩阵 U^* 和 V^* 时，只需要存储 U_j^* 和 V_i^* 即可；在存储矩阵 W 时，只需要保存各幅图像中可视的像点对应的世界坐标点的结果即可，因为如果世界坐标点 M_i 在图像 j 上没有像点，那么 $W_{ij}=0$。世界坐标点可能并不出现在所有的图像上（即某些世界坐标点在某些图像上可能是不可见的），所以矩阵 W 通常也是稀疏的。

通常，当图像数量和世界坐标点的个数较多时，直接计算 δ_a 和 δ_b 的计算量会非常大，而且对计算机内存的要求会非常高，因为其左边的矩阵是一个稀疏矩阵。由于图像的数量通常要远远小于世界坐标点的数量，可以通过以下变换先计算出 δ_a，再计算出 δ_b，即将上式两边同时左乘 $\begin{bmatrix} I & -WV^{*-1} \\ 0 & I \end{bmatrix}$，可得 $\begin{bmatrix} I & -WV^{*-1} \\ 0 & I \end{bmatrix}$ $\begin{bmatrix} U^* & W \\ W^{\mathrm{T}} & V^* \end{bmatrix}\begin{bmatrix} \delta_a \\ \delta_b \end{bmatrix} = \begin{bmatrix} I & -WV^{*-1} \\ 0 & I \end{bmatrix}\begin{bmatrix} \varepsilon_a \\ \varepsilon_b \end{bmatrix}$，即 $\begin{bmatrix} S & 0 \\ W^{\mathrm{T}} & V^* \end{bmatrix}\begin{bmatrix} \delta_a \\ \delta_b \end{bmatrix} = \begin{bmatrix} \varepsilon_a - WV^{*-1}\varepsilon_b \\ \varepsilon_b \end{bmatrix}$，其中 $\underset{n_a m \times n_a m}{S} = U^* - WV^{*-1}W^{\mathrm{T}}$，矩阵 S 被称为舒尔补（Schur complement）。因为矩阵 S 较大且通常是稀疏的，所以需要利用稀疏矩阵进行存储。根据上式即可得出 $S\delta_a = \varepsilon_a - WV^{*-1}\varepsilon_b$，$V^*\delta_b = \varepsilon_b - W^{\mathrm{T}}\delta_a$，从而可以先计算出 $\delta_a = S^{-1}(\varepsilon_a - WV^{*-1}\varepsilon_b)$，再计算出 $\delta_b = V^{*-1}(\varepsilon_b - W^{\mathrm{T}}\delta_a)$。需要注意的是：如果所有的世界坐标点都是控制点，那么 $\delta_b = 0$（即不对控制点进行更新），此时 δ_a 可直接根据 $\delta_a = U^{*-1}\varepsilon_a$（其计算过程较简单，推荐利用该式进行计算）或 $W^{\mathrm{T}}\delta_a = \varepsilon_b$（其计算过程较复杂，不推荐利用该式进行计算）得到，而不需要利用矩阵 S 进行求解，否则可能会导致在迭代计算过程中的收敛速度变慢。

在计算 $S\delta_a = \varepsilon_a - WV^{*-1}\varepsilon_b$ 的过程中，$V^{*-1} = \mathrm{diag}(V_1^{*-1}, V_2^{*-1}, \cdots, V_i^{*-1}, \cdots, V_n^{*-1})$，令

$\underset{n_a\times 3}{Y_{ij}} = W_{ij}V_i^{*-1}$，那么 $\underset{n_a m\times n_a m}{S} = \begin{bmatrix} U_1^* - \sum_{i=1}^{4} Y_{i1}W_{i1}^{\mathrm{T}} & -\sum_{i=1}^{4} Y_{i1}W_{i2}^{\mathrm{T}} & -\sum_{i=1}^{4} Y_{i1}W_{i3}^{\mathrm{T}} \\ -\sum_{i=1}^{4} Y_{i2}W_{i1}^{\mathrm{T}} & U_2^* - \sum_{i=1}^{4} Y_{i2}W_{i2}^{\mathrm{T}} & -\sum_{i=1}^{4} Y_{i2}W_{i3}^{\mathrm{T}} \\ -\sum_{i=1}^{4} Y_{i3}W_{i1}^{\mathrm{T}} & -\sum_{i=1}^{4} Y_{i3}W_{i2}^{\mathrm{T}} & U_3^* - \sum_{i=1}^{4} Y_{i3}W_{i3}^{\mathrm{T}} \end{bmatrix}$，而矩阵 S 由 $m\times m$ 个大小为 $n_a\times n_a$ 的分块矩阵组成。等式右侧的部分 $\varepsilon_a - WV^{*-1}\varepsilon_b = \varepsilon_a - \left(\sum_{i=1}^{4}\left(Y_{i1}\varepsilon_{b_i}\right)^{\mathrm{T}}, \sum_{i=1}^{4}\left(Y_{i2}\varepsilon_{b_i}\right)^{\mathrm{T}}, \sum_{i=1}^{4}\left(Y_{i3}\varepsilon_{b_i}\right)^{\mathrm{T}}\right)^{\mathrm{T}}$。

因此，对 4 个世界坐标点（即 $n=4$），在 3 个视图（即 $m=3$）中的投影来说，以上等式可表示为

$$\underbrace{\begin{bmatrix} U_1^* - \sum_{i=1}^{4} Y_{i1}W_{i1}^{\mathrm{T}} & -\sum_{i=1}^{4} Y_{i1}W_{i2}^{\mathrm{T}} & -\sum_{i=1}^{4} Y_{i1}W_{i3}^{\mathrm{T}} \\ -\sum_{i=1}^{4} Y_{i2}W_{i1}^{\mathrm{T}} & U_2^* - \sum_{i=1}^{4} Y_{i2}W_{i2}^{\mathrm{T}} & -\sum_{i=1}^{4} Y_{i2}W_{i3}^{\mathrm{T}} \\ -\sum_{i=1}^{4} Y_{i3}W_{i1}^{\mathrm{T}} & -\sum_{i=1}^{4} Y_{i3}W_{i2}^{\mathrm{T}} & U_3^* - \sum_{i=1}^{4} Y_{i3}W_{i3}^{\mathrm{T}} \end{bmatrix}}_{S} \underbrace{\begin{bmatrix} \delta_{a_1} \\ \delta_{a_2} \\ \delta_{a_3} \end{bmatrix}}_{\delta_a} = \underbrace{\begin{bmatrix} \varepsilon_{a_1} - \sum_{i=1}^{4} Y_{i1}\varepsilon_{b_i} \\ \varepsilon_{a_2} - \sum_{i=1}^{4} Y_{i2}\varepsilon_{b_i} \\ \varepsilon_{a_3} - \sum_{i=1}^{4} Y_{i3}\varepsilon_{b_i} \end{bmatrix}}_{\varepsilon_a - WV^{*-1}\varepsilon_b}$$

。在求出 δ_a 后即可得出 δ_b 的结果，即 $\delta_b = (\delta_{b_1}^{\mathrm{T}}, \delta_{b_2}^{\mathrm{T}}, \delta_{b_3}^{\mathrm{T}}, \delta_{b_4}^{\mathrm{T}})^{\mathrm{T}}$，其中 $\delta_{b_i} = V_i^{*-1}\left(\varepsilon_{b_i} - \sum_{j=1}^{3} W_{ij}^{\mathrm{T}}\delta_{a_j}\right)$ $(i=1,2,3,4,\cdots,n)$。

需要注意的是：对图像坐标和世界坐标的归一化处理（详见第 3 章的介绍）对提高结果的解算精度非常重要。然而，根据第 9 章的分析，如果各图像的相机内参数的 5 个独立变量都是未知且变化的，那么将无法实现相机自标定。而且，仅利用 $s=0$ 的约束通常是非常弱的，且至少需要 8 幅图像。尽管通过非线性优化可以使结果收敛，但通常会收敛到局部最小点，而不是全局最小点，所以该结果并不是唯一确定的。实际测试表明，如果相机内外参数或者世界坐标点无任何约束，其解算结果对初始值非常敏感，其稳健性差，且精度低。

10.2　带约束条件的光束平差

为了提高解算结果的稳健性和精度，通常需要对相机内外参数或者世界坐标点进行约束。如果相机内外参数带有限制条件，所有世界坐标点都是控制点或者部分（少量）世界坐标点是控制点，那么就需要对其进行特别的处理。例如，①如果已知相机内参数中的 s、k_1、k_2、k_3、p_1、p_2 的某些项（如限定其值为 0），那么这些参数就相

当于常数项，其一阶偏导数需要设置为0，并且各自的增量也需要设置为0；②如果限定 $f_x = f_y = f$ ，只需要将二者对应的偏导数和公式右边的对应项分别相加，即 $\partial f = \partial f_x + \partial f_y$ ， $\varepsilon_{a\_f} = \varepsilon_{a\_f_x} + \varepsilon_{a\_f_y}$ ，即可求出 δf ；③如果已知某些图像的外参数，如在相对定向时，进行光束平差优化的过程中，令第1幅图像的外参数是固定的，那么就需要将其增量设置为0；④如果所有世界坐标点都是控制点，那么需要设置 $\delta_b = 0$ ，即不需要对控制点的坐标进行更新处理；⑤如果部分（少量）世界坐标点是控制点，那么它们不足以影响全局，并将光束平差的外参数优化结果直接转换为控制点定义的世界坐标系下的结果，此时需要先将这些控制点对应的像点作为一般的连接点，对其初始的世界坐标进行更新处理，但在更新后，再利用这些控制点对更新后的最终结果进行绝对定向处理（据此求出二者间的绝对定向参数，所以在一个测区内需要3个或者更多的线性无关控制点），并将所有世界坐标点的坐标，统一转换为控制点定义的世界坐标系下的结果。

需要注意的是：因为 $\mu m = K[R,\tilde{T}]M = KR(\tilde{M} - \tilde{C}) = \lambda^{-1}K(RR_2^{-1})[(\lambda R_2\tilde{M} + \tilde{T}_2) - (\lambda R_2\tilde{C} + \tilde{T}_2)]$ ，其中 $\tilde{T} = -R\tilde{C}$ ，令 $\mu' = \lambda\mu$ ， $R' = RR_2^{-1}$ ， $\tilde{M}' = \lambda R_2\tilde{M} + \tilde{T}_2$ ， $\tilde{C}' = \lambda R_2\tilde{C} + \tilde{T}_2$ ，可得 $\mu' m = KR'(\tilde{M}' - \tilde{C}')$ ，所以在光束平差过程中，在没有控制点的条件下，优化结果定义的世界坐标系很可能与初始的坐标系并不一致。由此可见，光束平差的本质是秩亏自由网平差（即每次迭代进行参数更新后的结果，与更新前总是相差一个绝对定向关系，而绝对定向参数有7个自由度），而这也是通常需要采用Levenberg-Marquardt算法实现光束平差的原因。因为世界坐标点的坐标可以利用任意一个世界坐标系来表示，而这并不影响其在各个视图中的投影结果（即其基本的几何关系不会因采用不同的世界坐标系而改变），所以只要利用少量的控制点进行绝对定向处理，即可将结果统一为控制点定义的世界坐标系下的结果。

此外，在光束平差的过程中，如果限定所有相机的内参数是相同的，那么 J^{T} 、 J 和 δ 分别表示为

$$J^{\mathrm{T}} = \begin{bmatrix} A_{11\_in}^{\mathrm{T}} & A_{21\_in}^{\mathrm{T}} & A_{31\_in}^{\mathrm{T}} & A_{41\_in}^{\mathrm{T}} & A_{12\_in}^{\mathrm{T}} & A_{22\_in}^{\mathrm{T}} & A_{32\_in}^{\mathrm{T}} & A_{42\_in}^{\mathrm{T}} & A_{13\_in}^{\mathrm{T}} & A_{23\_in}^{\mathrm{T}} & A_{33\_in}^{\mathrm{T}} & A_{43\_in}^{\mathrm{T}} \\ A_{11\_ex}^{\mathrm{T}} & A_{21\_ex}^{\mathrm{T}} & A_{31\_ex}^{\mathrm{T}} & A_{41\_ex}^{\mathrm{T}} & 0 & 0 & 0 & 0 & 0 & 0 & 0 & 0 \\ 0 & 0 & 0 & 0 & A_{12\_ex}^{\mathrm{T}} & A_{22\_ex}^{\mathrm{T}} & A_{32\_ex}^{\mathrm{T}} & A_{42\_ex}^{\mathrm{T}} & 0 & 0 & 0 & 0 \\ 0 & 0 & 0 & 0 & 0 & 0 & 0 & 0 & A_{13\_ex}^{\mathrm{T}} & A_{23\_ex}^{\mathrm{T}} & A_{33\_ex}^{\mathrm{T}} & A_{43\_ex}^{\mathrm{T}} \\ B_{11}^{\mathrm{T}} & 0 & 0 & 0 & B_{12}^{\mathrm{T}} & 0 & 0 & 0 & B_{13}^{\mathrm{T}} & 0 & 0 & 0 \\ 0 & B_{21}^{\mathrm{T}} & 0 & 0 & 0 & B_{22}^{\mathrm{T}} & 0 & 0 & 0 & B_{23}^{\mathrm{T}} & 0 & 0 \\ 0 & 0 & B_{31}^{\mathrm{T}} & 0 & 0 & 0 & B_{32}^{\mathrm{T}} & 0 & 0 & 0 & B_{33}^{\mathrm{T}} & 0 \\ 0 & 0 & 0 & B_{41}^{\mathrm{T}} & 0 & 0 & 0 & B_{42}^{\mathrm{T}} & 0 & 0 & 0 & B_{43}^{\mathrm{T}} \end{bmatrix},$$

$$\underset{(2mn)\times(n_{a\_in}+6m+3n)}{J}=\begin{bmatrix} A_{11\_in} & A_{11\_ex} & 0 & 0 & B_{11} & 0 & 0 & 0 \\ A_{21\_in} & A_{21\_ex} & 0 & 0 & 0 & B_{21} & 0 & 0 \\ A_{31\_in} & A_{31\_ex} & 0 & 0 & 0 & 0 & B_{31} & 0 \\ A_{41\_in} & A_{41\_ex} & 0 & 0 & 0 & 0 & 0 & B_{41} \\ A_{12\_in} & 0 & A_{12\_ex} & 0 & B_{12} & 0 & 0 & 0 \\ A_{22\_in} & 0 & A_{22\_ex} & 0 & 0 & B_{22} & 0 & 0 \\ A_{32\_in} & 0 & A_{32\_ex} & 0 & 0 & 0 & B_{32} & 0 \\ A_{42\_in} & 0 & A_{42\_ex} & 0 & 0 & 0 & 0 & B_{42} \\ A_{13\_in} & 0 & 0 & A_{13\_ex} & B_{13} & 0 & 0 & 0 \\ A_{23\_in} & 0 & 0 & A_{23\_ex} & 0 & B_{23} & 0 & 0 \\ A_{33\_in} & 0 & 0 & A_{33\_ex} & 0 & 0 & B_{33} & 0 \\ A_{43\_in} & 0 & 0 & A_{43\_ex} & 0 & 0 & 0 & B_{43} \end{bmatrix},$$

$$\underset{(n_{a\_in}+6m+3n)\times 1}{\delta}=\begin{bmatrix} \delta_{in} \\ \delta_{a_1\_ex} \\ \delta_{a_2\_ex} \\ \delta_{a_3\_ex} \\ \delta_{b_1} \\ \delta_{b_2} \\ \delta_{b_3} \\ \delta_{b_4} \end{bmatrix}$$，其中，$\underset{2\times n_{a\_in}}{A_{ij\_in}}$ 和 $\underset{2\times 6}{A_{ij\_ex}}$ 分别表示相机内参数和外参数的一阶偏导数；B_{ij} 为世界坐标的一阶偏导数；δ_{in} 和 $\delta_{a_j\_ex}$ 为迭代运算对相机内参数和外参数的修正量；δ_{b_i} 为世界坐标的修正量；$i=1,2,3,4,\cdots,n$，$j=1,2,3,\cdots,m$。

因此，矩阵 $J^{\mathrm{T}}J$ 可表示为 $\underset{(n_{a\_in}+6m+3n)\times(n_{a\_in}+6m+3n)}{J^{\mathrm{T}}J}=\begin{bmatrix} A_{in}^{\mathrm{T}} \\ A_{ex}^{\mathrm{T}} \\ B^{\mathrm{T}} \end{bmatrix}[A_{in},A_{ex},B]=$

$$\left[\begin{array}{c|cc} A_{in}^{\mathrm{T}}A_{in} & A_{in}^{\mathrm{T}}A_{ex} & A_{in}^{\mathrm{T}}B \\ \hline (A_{in}^{\mathrm{T}}A_{ex})^{\mathrm{T}} & A_{ex}^{\mathrm{T}}A_{ex} & A_{ex}^{\mathrm{T}}B \\ (A_{in}^{\mathrm{T}}B)^{\mathrm{T}} & (A_{ex}^{\mathrm{T}}B)^{\mathrm{T}} & B^{\mathrm{T}}B \end{array}\right]=\left[\begin{array}{c|cc} C & D & E \\ \hline D^{\mathrm{T}} & U' & W' \\ E^{\mathrm{T}} & W'^{\mathrm{T}} & V' \end{array}\right]$$，其中，$C=\underset{n_{a\_in}\times n_{a\_in}}{A_{in}^{\mathrm{T}}A_{in}}=\sum_{i=1}^{n}\sum_{j=1}^{m}(\underset{n_{a\_in}\times 2}{A_{ij\_in}^{\mathrm{T}}}\underset{2\times n_{a\_in}}{A_{ij\_in}})$，$D_{1,j}=(\underset{n_{a\_in}\times 6}{A_{in}^{\mathrm{T}}A_{ex}})_j=\sum_{i=1}^{n}(\underset{n_{a\_in}\times 2}{A_{ij\_in}^{\mathrm{T}}}\underset{2\times 6}{A_{ij\_ex}})$，$E_{1,i}=(\underset{n_{a\_in}\times 3}{A_{in}^{\mathrm{T}}B})_i=\sum_{j=1}^{m}(\underset{n_{a\_in}\times 2}{A_{ij\_in}^{\mathrm{T}}}\underset{2\times 3}{B_{ij}})$，$U_j'=(\underset{6\times 6}{A_{ex}^{\mathrm{T}}A_{ex}})_j=\sum_{i=1}^{n}(\underset{6\times 2}{A_{ij\_ex}^{\mathrm{T}}}\underset{2\times 6}{A_{ij\_ex}})$，$V_i'=(\underset{3\times 3}{B^{\mathrm{T}}B})_i=\sum_{j=1}^{m}\underset{3\times 2}{B_{ij}^{\mathrm{T}}}\underset{2\times 3}{B_{ij}}$，$W_{ij}'=(\underset{6\times 3}{A_{ex}^{\mathrm{T}}B})_{ij}=\underset{6\times 2}{A_{ij\_ex}^{\mathrm{T}}}\underset{2\times 3}{B_{ij}}$。注：在计算 C 时，

只需要对 n_v 个可视的像点求和即可，没有必要执行两次迭代求和运算；而计算和存储 W' 时，也只需要计算和存储 n_v 个可视的像点对应的 W'_{ij} 即可。矩阵 $J^{\mathrm{T}}J$ 是一个向上箭头型的矩阵，需要采用特别的方法实现其求解（详见附注 10.1 的描述）。

实际测试表明，采用带约束条件的光束平差，将大大提高解算结果的稳健性和精度，尤其是在所有图像的内参数保持不变，且满足 $s=0$ 、$f_x=f_y=f$ 的条件下。此外，利用稀疏矩阵进行光束平差可以大幅度地提高计算效率。采用密集矩阵和稀疏矩阵进行光束平差的时间复杂度和空间复杂度的分析，详见附注 10.2 的描述。

附注 10.1：箭头型矩阵求解线性方程的方法

假设有线性方程 $Ax=b$ ，其中矩阵 A 为箭头型矩阵，如图 10.2 所示，包括向上箭头型和向下箭头型矩阵。

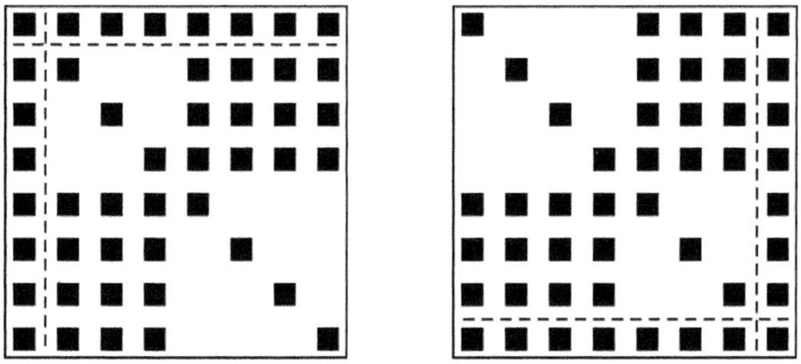

（a）向上箭头型矩阵　（b）向下箭头型矩阵

图 10.2　箭头型矩阵

可将箭头型矩阵写为 $\begin{bmatrix} A & B \\ C & D \end{bmatrix}\begin{bmatrix} u \\ v \end{bmatrix}=\begin{bmatrix} f \\ g \end{bmatrix}$，即 $\begin{cases} Au+Bv=f \\ Cu+Dv=g \end{cases}$。注：在前面介绍的光束平差的计算过程中，$C=B^{\mathrm{T}}$ 。

（1）向上箭头型矩阵求解线性方程的方法。为了简化计算过程，可先求出 u ，然后再求 v 。具体求解过程如下：令 $x=D^{-1}g$（即 $Dx=g$ ），$y=D^{-1}C$（即 $Dy=C$ ），根据 $Cu+Dv=g$ 可得出 $Dyu+Dv=g=Dx$ ，并消去 D 得 $v=x-yu$ 。然后，将 $v=x-yu$ 代入 $Au+Bv=f$ ，可得 $Au+B(x-yu)=f$ ，即 $(A-By)u=f-Bx$ ，由此可得出 $u=(A-By)^{-1}(f-Bx)$ 。最后，将 u 代入 $v=x-yu$ 即可求出 v 。注：光束平差的计算即符合该情形，其中矩阵 D 的结构，与光束平差中的 $J^{\mathrm{T}}J$ 是类似的，只不过其矩阵的大小是不同的（仅包含外参数的一阶偏导数 A_{ex} 的项），所以求解 $Dx=g$ 和 $Dy=C$ 的过程，与光束平差中的方法是类似的。

（2）向下箭头型矩阵求解线性方程的方法。为了简化计算过程，可先求出 v ，然后再求 u 。具体的求解过程如下：令 $x=A^{-1}f$ ，$y=A^{-1}B$ ，由 $Au+Bv=f$ 可得

出 $Au+Ayv=f=Ax$，即 $u=x-yv$。然后，将 $u=x-yv$ 代入 $Cu+Dv=g$，可得 $C(x-yv)+Dv=g$，即 $(D-Cy)v=g-Cx$，由此可得出 $v=(D-Cy)^{-1}(g-Cx)$。最后，将 v 代入 $u=x-yv$ 即可求出 u。

附注 10.2：采用密集矩阵和稀疏矩阵进行光束平差的时间复杂度和空间复杂度

在相机内参数变化的条件下，如果采用密集矩阵直接计算矩阵 $J^{\mathrm{T}}J$，那么会有 $(2mn)^2\times(n_a m+3n)^2$ 次元素相乘并求和运算，其时间复杂度为 $O(m^4)$ 或 $O(n^4)$；因为矩阵 $J^{\mathrm{T}}J$ 的大小为 $(n_a m+3n)\times(n_a m+3n)$，所以其空间复杂度为 $O(m^2)$ 或 $O(n^2)$。但是，如果采用稀疏矩阵进行计算，那么其总计算次数是由计算 m 个 U_j、n 个 V_i 和 n_v 个 W_{ij} 等 3 个部分组成的，所以其总计算次数为 $(2^2 n_a^2 m+2^2 3^2 n+2^2 3 n_a n_v)$，其时间复杂度为 $O(m)$、$O(n)$ 或 $O(n_v)$；很明显，U 的空间复杂度为 $O(m)$，V 的空间复杂度为 $O(n)$，W 的空间复杂度为 $O(n_v)$。

在相机内参数保持不变，且对所有世界坐标点进行优化的条件下，如果采用密集矩阵直接计算 $J^{\mathrm{T}}J$，会有 $(2mn)^2\times(n_{a\_in}+6m+3n)^2$ 次元素相乘并求和运算，其时间复杂度为 $O(m^4)$ 或 $O(n^4)$；因为矩阵 $J^{\mathrm{T}}J$ 的大小为 $(n_{a\_in}+6m+3n)\times(n_{a\_in}+6m+3n)$，所以其空间复杂度为 $O(m^2)$ 或 $O(n^2)$。如果采用稀疏矩阵进行计算，那么其总计算次数是由计算 1 个 C（它是由 n_v 次 $\underset{n_{a\_in}\times 2}{A_{ij\_in}^{\mathrm{T}}}\underset{2\times n_{a\_in}}{A_{ij\_in}}$ 得到的）、m 个 $D_{1,j}$、n 个 $E_{1,i}$、m 个 U'_j、n 个 V'_i 和 n_v 个 W'_{ij} 等 6 个部分组成的，所以其总计算次数为 $[2^2 n_{a\_in}^2 n_v+2^2 6 n_{a\_in} m+2^2 3 n_{a\_in} n+2^2 6^2 m+2^2 3^2 n+2^2 3(6n_v)]$，其时间复杂度为 $O(m)$、$O(n)$ 或 $O(n_v)$；很明显，C 的空间复杂度为 $O(1)$，D 的空间复杂度为 $O(m)$，E 的空间复杂度为 $O(n)$，U' 的空间复杂度为 $O(m)$，V' 的空间复杂度为 $O(n)$，W' 的空间复杂度为 $O(n_v)$。

参考文献

戴华. 2001. 矩阵论. 北京: 科学出版社.

高红铸, 傅若男. 2007. 空间解析几何. 北京: 北京师范大学出版社.

龚健雅, 季顺平. 2017. 从摄影测量到计算机视觉. 武汉大学学报(信息科学版), 42(11): 1518-1522.

胡培成, 黎宁, 周建江. 2007. 一种改进的基于圆环点的摄像机自标定方法. 光电工程, 12: 54-60.

李养成, 郭瑞芝. 2007. 空间解析几何. 北京: 科学出版社.

孟晓桥, 胡占义. 2002. 一种新的基于圆环点的摄像机自标定方法. 软件学报, 5: 957-965.

王东明, 牟晨琪, 李晓亮, 等. 2011. 多项式代数. 北京: 高等教育出版社.

吴福朝. 2008. 计算机视觉中的数学方法. 北京: 科学出版社.

谢敬然, 柯媛元. 2013. 空间解析几何. 北京: 高等教育出版社.

杨文茂, 李全英. 2006. 空间解析几何. 武汉: 武汉大学出版社.

张禾瑞, 郝钢新. 2004. 高等代数(第 5 版). 北京: 高等教育出版社.

张祖勋. 2004. 数字摄影测量与计算机视觉. 武汉大学学报(信息科学版), 29(12): 1035-1039.

赵录刚, 吴成柯. 2007. 一种基于圆环点的相机定标方法. 西安电子科技大学学报, 3: 363-367.

Ansar A, Daniilidis K. 2003. Linear pose estimation from points or lines. IEEE Transactions on Pattern Analysis and Machine Intelligence, 25(5): 578-589.

Arun K S, Huang T S, Blostein S D. 1987. Least-squares fitting of two 3-D point sets. IEEE Transactions on Pattern Analysis and Machine Intelligence, 9(5): 698-700.

Brown D C. 1971. Close-range camera calibration. Photogrammetric Engineering, 37(8): 855-866.

Bougnoux S. 1998. From projective to Euclidean space under any practical situation, a criticism of self-calibration. Bombay: 6th International Conference on Computer Vision.

Faugeras O D, Luong Q T, Maybank S J. 1992. Camera self-calibration: Theory and experiments. Lecture Notes in Computer Science, 588: 321-334.

Fiore P D. 2001. Efficient linear solution of exterior orientation. IEEE Transactions on Pattern Analysis and Machine Intelligence, 23(2): 140-148.

Fischler M A, Bolles R C. 1981. Random sample consensus: A paradigm for model fitting with applications to image analysis and automated cartogramphy. Communications of the ACM, 24: 381-395.

Gao X, Hou X, Tang J, et al. 2003. Complete solution classification for the perspective-three-point problem. IEEE Transactions on Pattern Analysis and Machine Intelligence, 25(8): 930-943.

Hartley R I. 1994. An algorithm for self calibration from several views. Seattle: The Conference on Computer Vision and Pattern Recognition.

Hartley R I, Sturm P. 1997. Triangulation. Computer Vision and Image Understanding, 68(2):

146-157.

Hartley R I, Zisserman A. 2003. Multiview Geometry in Computer Vision. 2nd Edition. Cambridge: Cambridge University Press.

Heinrich S B, Snyder W E, Frahm J M. 2011. Maximum likelihood autocalibration. Image and Vision Computing, 29(10): 653-665.

Heyden A, Aström K. 1996. Euclidean reconstruction from constant intrinsic parameters. Vienna: International Conference of Pattern Recognition: 339-343.

Horn B K P. 1987. Closed-form solution of absolute orientation using unit quaternion. Journal of the Optical Society of America, A4(4): 629-642.

Hu Z, Wu F. 2002. A note on the number of solutions of the non-coplanar P4P problem. IEEE Transactions on Pattern Analysis and Machine Intelligence, 24(4): 550-555.

Kukelova Z, Bujnak M, Pajdla T. 2008. Polynomial eigenvalue solutions to the 5-pt and 6-pt relative pose problems. Leeds: The British Machine Vision Conference.

Lepetit V, Moreno-Noguer F, Fua P. 2009. EPnP: An accurate O(n) solution to the PnP problem. International Journal of Computer Vision, 81(2): 155-166.

Li H, Hartley R. 2006. Five-Point Motion Estimation Made Easy. Hong Kong: 18th International Conference on Pattern Recognition.

Li S, Xu C, Xie M. 2012. A robust on solution to the perspective-n-point problem. IEEE Transactions on Pattern Analysis and Machine Intelligence, 34(7): 1444-1450.

Li S, Xu C. 2011. A stable direct solution of perspective-three-point problem. International Journal of Pattern Recognition and Artificial Intelligence, 25(5): 627-642.

Lourakis M I A, Argyros A A. 2009. SBA: A software package for generic sparse bundle adjustment. ACM Transactions on Mathematical Software, 36(1): 1-30.

Lu C, Hager G, Mjolsness E. 2000. Fast and globally convergent pose estimation from video images. IEEE Transactions on Pattern Analysis and Machine Intelligence, 22(6): 610-622.

Ma Y, Soatto S, Kosecka J, et al. 2004. An Invitation to 3-D Vision from Images to Geometric Models. Berlin: Springer-verlag.

Maybank S J. 1993. Theory of Reconstruction from Image Motion. Berlin: Springer-Verlag.

Nistér D. 2004. An efficient solution to the five-point relative pose problem. IEEE Transactions on Pattern Analysis and Machine Intelligence, 26(6): 756-770.

Pollefeys M, van Gool L. 1996. The modulus constraint: A new constraint for self-calibration. Vienna: International Conference of Pattern Recognition.

Pollefeys M, van Gool L. 1999. Stratified self-calibration with the modulus constraint. IEEE Transactions on Pattern Analysis & Machine Intelligence, 21(8): 707-724.

Press W H, Teukolsky S A, Vetterling W T, et al. 2007. Numerical Recipes(3rd Edition): The Art of Scientific Computing. Cambridge: Cambridge University Press.

Quan L, Lan Z. 1999. Linear n-point camera pose determination. IEEE Transactions on Pattern Analysis and Machine Intelligence, 21(8): 774-780.

Schaffalitzky F. 2000. Direct solution of modulus constraints. Indian Conference on Computer Vision, Graphics and Image Processing, 314-321.

Semple J G, Kneebone G T. 1998. Algebraic Projective Geometry. Oxford: Oxford University Press.

Smith R, Self M, Cheeseman P. 1988. A stochastic map for uncertain spatial relationships. Cambridge: The 4th International Symposium of Robotics Research.

Stewénius H, Engels C, Nister, D. 2006. Recent developments on direct relative orientation. ISPRS Journal of Photogrammetry and Remote Sensing, 60(4): 284-294.

Stewenius H, Nister D, Kahl F, et al. 2005. A minimal solution for relative pose with unknown focal length. San Diego: IEEE Computer Society Conference on Computer Vision and Pattern Recognition.

Sturm P. 1997. Self-calibration of a moving zoom-lens camera by precalibration. Image and Vision Computing, 15: 583-589.

Triggs B. 1997. Auto-calibration and the absolute quadric//The IEEE Conference on Computer Vision and Pattern Recognition.

Triggs B. 1998. Autocalibration from planar scenes. Freiburg: The 5th European Conference on Computer, Vision.

Triggs B, McLauchlan P, Hartley R, et al. 1999. Bundle Adjustment: A Modern Synthesis/The International Workshop on Vision Algorithms. Berlin: Springer-Verlag.

Urban S, Leitloff J, Hinz S. 2016. MLPnP—A real-time maximum likelihood solution to the perspective-n-point problem. Prague: ISPRS Annals of the Photogrammetry, Remote Sensing and Spatial Information Sciences, 3(3):131-138.

Wu F C, Wang Z H, Hu Z Y. 2009. Cayley transformation and numerical stability of calibration equations. International Journal of Computer Vision, 82(4): 156-184.

Wu F C, Zhang M, Hu Z Y. 2013. Self-Calibration under the Cayley framework. International Journal of Computer Vision, 103(3): 372-398.

Zhang Z. 2000. A flexible new technique for camera calibration. IEEE Transactions on Pattern Analysis and Machine Intelligence, 22(11): 1330-1334.

Zheng Y, Kuang Y, Sugimoto S, et al. 2013. Revisiting the PnP problem: A fast, general and optimal solution. Sydney: IEEE International Conference on Computer Vision.